全国船舶工业职业教育教学指导委员会推荐教材

U0292405

轮机工程专业导论

主　编　滕宪斌
主　审　张均东

哈尔滨工程大学出版社
Harbin Engineering University Press

内容简介

本书针对航海类专业特点,面向轮机工程、船舶电子电气工程两个专业学生撰写而成。本书在编写过程中融入了课程思政元素,旨在通过本课程的学习,使学生对本行业及其所学专业有较为系统的认识,以提升对中国航海文化的认知水平,提高学习兴趣,对未来职业发展和规划有更为清晰的认识,树立投身于海洋强国建设的伟大志向。

本书共七章,主要介绍了中国航海简史、航运业的地位与作用、船舶基础知识、船舶组织结构、主要国际法规、船舶动力装置及辅助系统简介、专业发展与职业规划等内容。

本书为全国船舶工业职业教育教学指导委员会推荐教材,可以作为轮机工程和船舶电子电气工程等航海类专业本、专科学生入门课教材使用,也可作为非专业人士了解航海类专业的参考书。

图书在版编目(CIP)数据

轮机工程专业导论/滕宪斌主编. —哈尔滨:哈尔滨工程大学出版社,2023.3
ISBN 978-7-5661-3867-5

Ⅰ.①轮… Ⅱ.①滕… Ⅲ.①轮机-教材 Ⅳ.①U676.4

中国版本图书馆 CIP 数据核字(2023)第 049885 号

选题策划 史大伟 雷 霞
责任编辑 丁月华
封面设计 李海波

出版发行 哈尔滨工程大学出版社
社 址 哈尔滨市南岗区南通大街 145 号
邮政编码 150001
发行电话 0451-82519328
传 真 0451-82519699
经 销 新华书店
印 刷 黑龙江天宇印务有限公司
开 本 787 mm×1 092 mm 1/16
印 张 13.75
字 数 348 千字
版 次 2023 年 3 月第 1 版
印 次 2023 年 3 月第 1 次印刷
定 价 45.00 元
http://www.hrbeupress.com
E-mail:heupress@ hrbeu.edu.cn

前　　言

"欲国家富强,不可置海洋于不顾;财富取之海,危险亦来自海上。"海洋是我们赖以生存的"第二疆土"和"蓝色粮仓",海兴则国强民富;海洋事业关系民族生存发展状态,关系国家兴衰安危。从古时"舟楫为舆马,巨海化夷庚"的海洋战略,到如今的建设海洋强国,海洋已经成为可持续发展的"蓝色引擎"、高质量发展的"战略要地"。党的十九大报告提出"坚持陆海统筹,加快建设海洋强国"的发展目标,党的二十大报告再次强调"加快建设交通强国""加快建设贸易强国""推动共建'一带一路'高质量发展"的要求。

爱国华侨领袖陈嘉庚曾指出:"海洋事业为世重视,各国无不皆然,其技术之重要,前途之远大,生活之安定,为各业冠。"发展航海教育不仅对国家经济发展和社会进步具有重要的现实意义,而且对开发和利用海洋、巩固国防、维护国家海洋权益等都具有重要的战略意义。随着海洋强国战略的提出,对于高素质航海类人才的需求也随之增加,航海教育和航海人才培养面临新的挑战,航海教育亦被赋予新时代的重要使命。

因此,本书结合船舶基本常识知识、船舶人员构成、专业相关的国际法规公约、轮机工程专业的专业认识和职业规划等专业先导知识内容,使学生对本行业及相关专业的发展史和知识有较为系统性的认识,为后续的专业学习奠定良好的认知与理论基础,使学生了解中国航海文化,并立志投身于祖国航海事业,成为国家航运业的栋梁之材。

本书作为校本教材已被6届学生使用,效果较好。正值广州航海学院轮机工程专业被列入2020年广东省一流本科专业建设点之际,在兄弟院校及航运企业同行的支持下,本书得以正式出版。广州航海学院高级轮机长、教授滕宪斌编写了第二章和第四章、范怀谷编写了第三章、副教授葛涛编写了第六章;广州海洋地质调查局杨何伍编写了第五章和第七章;天津海运职业学院轮机长、教授于志民编写了第一章;全书由滕宪斌、葛涛整理,大连海事大学教授张均东主审。书中部分内容来源于网络,对原作者表示感谢。在编写过程中,还得到广东海洋大学教授贾宝柱、泉州师范学院教授俞文胜、中远海运特运有限公司高级轮机长郭芝鸿、华洋海事中心有限公司高级轮机长申石磊等的大力支持和帮助,在此表示感谢!

由于作者水平有限,书中难免存在不足之处,望广大读者批评指正。

编　者

2023 年 2 月

目　　录

第一章　中国航海简史

第一节　中国航海活动

中华民族有着悠久的航海历史和灿烂的航海文明,据考古发现,最早可上溯至 8 000 年以前。从第一批原始先民驾乘桴筏和独木舟泛海出洋的那一天起,到汉唐远洋航路的开辟,再到宋元海上丝路的繁荣,再到明清民间航海的勃兴,中华航海文明长期居于世界领先地位。虽然近代中国航运业一度衰落,但中华人民共和国成立后,航海事业迅速恢复发展,短短几十年便重新跻身世界航运大国之列。航海事业离不开中国海员这一古老的职业群体,正是他们凭借着勇气和智慧,创造着每一个时代的航海伟业。

一、原始先民的航海探索

毋庸讳言,促使原始先民走向海洋的首先必然是对生活资料的需求。原始人类傍水而居,在水边捡拾贝类,采集藻类,继而涉水捕捞鱼虾,逐渐认识到远离岸边的深水中蕴藏着更为丰富的食物,于是产生到达更远的水域乃至对岸的念头,涉水渡河便成为生存中必须面对的课题。江河湖海不仅给原始先民提供了生存所必需的水和食物,还为他们的原始航行提供了试验场。

原始先民们在几千年前的沿海岸航行和海峡横渡,已被大量的考古发现所证实。原始先民的航海起点,是从目力所及的近岸航行开始,渐渐到邻近岛屿之间的跨越。视界不能脱离陆地,是最初航海者遵循的定律,这从我国滨海地区古代文化类型考古结论中得到证实。

随着航海知识的积累和航海工具的改进,原始先民开始尝试向较远的水域推进,视界渐渐脱离陆域目标。这一过程无疑十分漫长,但每前进一步,都是中华航海史的重大突破。根据新石器时代考古资料分析,大约距今五六千年前,我国北方黄海沿岸的文化已经延伸到海外他乡了。如朝鲜半岛的许多文化遗址所出土的器物样式与辽东半岛和山东半岛文化遗址相应时期出土的器物样式极为相似,甚至俄罗斯远东滨海地区文化遗址也出现了辽东半岛新石器文化特征。这些文化的相似性表明,辽东半岛和山东半岛的原始先民早在约5 000 年前就与朝鲜半岛以及俄罗斯远东滨海建立了航海联系。而在距今约 5 000 年前,原本彼此独立的辽东半岛与山东半岛文化也日益显现出融合的迹象,原始先民横渡渤海海峡的航海活动已经相当频繁。

二、夏、商、周时期的航海活动

夏、商、西周时期,航行工具的变化,为航海活动开展提供了更多的便利。人们从捕鱼到征伐、迁徙、贸易,开始了较早的、成规模的海上交通活动。

夏朝,已出现了以航海为主要生存方式的滨海族群。据《史记·越王勾践世家》记载,夏朝少康封地在会稽,为后世越国国君的先祖。据《后汉书·东夷传》记载,少康之子出征东海海滨,居住于此的夷人部分臣服,部分出海外逃。大量史书记载和考古发现表明,夏朝先民已可以组织较大规模的出海捕鱼活动,甚至已具备横渡海峡航行的能力。

商朝建立后,统治者将航运作为立国大计之一。在出土的甲骨文中发现大量涉渡之辞。商朝水运利用广泛,包括征伐、迁徙、贸易等。商前期曾屡次迁都,舟船作为主要交通运输工具发挥了重要的作用,盘庚迁殷时就动用了大量舟船。商朝东海夷人的航海活动也很活跃,据《吕氏春秋》载,商朝君主曾屡次征伐东海,杀其首领,俘虏余众为奴。从殷墟出土的大量产于南海、东海和南洋一带的鲸鱼、贝类、大龟等海洋生物遗体,可以推断,商朝先民已经开始与海外地区进行贸易。

西周时期,水上交通随着生产力的提高而进一步发展。周族本为内陆族群,但建立王朝后积极向东南沿海发展。此时越人出现了一种"断发文身"的航海图腾崇拜。根据《周书》记载,周成王时期,"越人"和"倭人"都有进贡。由此推断,当时东海至黄海沿岸部分航路已经开辟,中原王朝和南方部落以及东方的倭国(今日本)之间的海上交通业已开通。

三、春秋战国时期的航海活动

春秋战国时期,诸侯割据,攻伐不绝,并且从陆地延伸到海上,甚至出现了齐、吴、越等几个"依海做强"的航海大国。海上争霸成为该时期航海活动的主要特征之一。春秋时期的越人,开始有计划、有组织地主动进行海外经略,甚或对台湾施行行政管理。据《越绝书》记载,早在2 500年前左右,生活在现今福建省境内的越人已经驾舟船频繁往来于台湾海峡了。除此之外,据《竹书纪年》记载,周隐王时期,越王曾向中原王朝进贡犀角、象牙等物,而这些物品产于南洋各地,由此可见,越人的航海足迹已开拓至南海甚至南洋各地区。

朝鲜半岛南部出土的大量中国战国时代文物也说明,春秋战国时期先民的航海路线已开辟至朝鲜半岛。根据考古结果,日本多地发现战国时期的中国铜剑、铜铎、钱币等,表明那时确有不少中国人抵达日本列岛,并定居繁衍。

战国时期,内河航运也有所发展。据《华阳国志》记载,秦国大将司马错攻打楚国时,动用大船舶万艘,通过长江上游天然水道运输巴蜀众十万和米六百万斛。而在楚国,民间水运贸易相当发达。公元前323年楚怀王曾赐给鄂地(今湖北鄂城)封君启的通关符节——鄂君启金节,作为水陆通关免税凭证。其中的"舟节",对水运贸易做出了若干规定,反映了政府对水上航运业已经进行有效管理。

四、秦汉时期的航海活动

嬴政扫灭六国,建立了我国历史上第一个统一的中央集权王朝——秦朝。秦帝国疆域辽阔,为保障军事和经济的需要,漕运作为我国古代一种重要的运输方式和经济制度自此开端。秦前期的漕粮大都来自巴蜀和关中地区,采取水运和陆运相结合的方式,称为"飞刍挽粟"。

秦始皇在位的12年间,为宣扬功德和显示武力,先后5次江海巡游,视察了芝罘、琅琊等北方重要港口,表现出发展航海事业的强烈愿望。西汉时期,随着国力的日益强盛,秦始皇发展航海事业的愿望被西汉变为现实。特别是汉武帝时期,航海事业得到全面迅速的发展。汉武帝曾7次巡游海疆并多次亲自出海航行,客观上对宣扬国威、推动航海事业的发展产生了积极的作用。

为扩大汉王朝与海外各国的贸易和交通联系,汉武帝统一南越后,开辟了史籍记载的中国第一条至印度洋远洋的航线。这条航线以徐闻(今广东徐闻)、合浦(今广西合浦)或日南(今越南广治省)为出发地,可通达印度沿海和斯里兰卡,因所运货物以"杂缯"(各种丝绸织物)为主,并与陆路丝绸之路相对应,故后世称为海上丝绸之路。

五、三国、两晋、南北朝时期的航海活动

三国、两晋、南北朝时期,由于政局持续动荡,军阀割据严重,经济与社会发展受到极大影响。就航海而言,虽然作为整体的国家事业失去了秦汉以来蓬勃上升的势头,但长期分裂的态势使南方政权有了自由发展的机遇。

三国时期,东临大海的曹魏和孙吴政权充分利用其地理优势,开展近海和远洋的军事和外交航海,争霸中原。东吴开辟了从长江口抵辽东往朝鲜的航路,显示了其在北方海区的航海能力。从 238 年到 247 年的 10 年间,魏国与倭国之间共有 6 次使节往来,可见当时中日航路已经很成熟了。中日航路为:从魏属带方郡起航,沿朝鲜半岛西岸南下,绕过西南端折而向东达釜山地区,再以对马岛和壹岐岛为中转横渡朝鲜海峡,抵达九州北部沿岸,最后分赴日本列岛各地。

南朝除延续之前的与朝鲜半岛、日本列岛交往外,与南洋诸国的交往也日益频繁。中国帆船航迹遍布北印度洋,开辟了由广州直达阿拉伯海和波斯湾的远洋航线。齐、梁政权继续与南洋诸国保持着密切的航海交往,海外贸易的发展使广州成为中国最大的贸易中心和港口,从广州起航直达南海与印度洋各国的商船络绎不绝。延至陈朝,虽然与南洋诸国的航海交往有所衰减,但仍未断绝。

六、隋唐五代时期的航海活动

隋唐五代,航海事业继续发展。特别是盛唐时期,由于国力强盛、经济富庶、科技文化发达,中国成为世界的中心,亚非各国争相与之往来交流,航海事业进入一个繁荣时期。当时,中国的造船业无论从数量、种类、吨位还是工艺上都远远领先于世界,近海和远洋航线频见中国帆影。以大运河航运为标志的南北河漕的形成和唐朝前期海漕的兴盛,开创了中国航海事业的新时代。南北大运河南起余杭(今浙江杭州),北至涿郡(今北京西南),西至长安(今陕西西安),把长江、淮河、黄河、渤海四大水系联成一个巨大的内河交通运输网,成为后世王朝漕粮运输的主要通道。

隋朝已经建立了与朝鲜半岛和日本群岛的航海联系,至唐朝航海交往更为密切,黄海、渤海水域帆樯交织,一派繁忙景象。当时,唐朝与渤海国、黑水摩羯以至堪察加半岛都建立了惯行航线。隋朝与南洋各国的航海交往也有所发展。隋朝在南洋的航海活动,为唐朝海上丝绸之路的繁荣拉开了序幕。唐朝"通海夷道"将东亚、东南亚、南亚、波斯湾和东非等地区联结起来,无论航程之长还是航区之广均比汉代"海上丝绸之路"大为拓展,在中外航海史上占有重要地位。唐朝海上丝绸之路的贸易通道性质更加突出,对其后的宋元时期远洋航海产生了深刻的影响。

五代时期,北方战乱不休,无暇南顾,让东南沿海一些政权得到了一个相对安定的发展航海事业的黄金时期。北方移民不断涌入,和当地传统航海族群一起促进了闽南地区海贸习俗的形成,为宋元时期航海事业高峰的到来奠定了基础。从 9 世纪末的分裂时代起,闽南虽然名义上附属于福州的闽政权,但实际上处于半独立状态。946 年闽政权被南唐灭后,以泉州为核心的闽南地区完全独立,直到 978 年被宋朝降服。在此期间的近 90 年里,闽南地

区事实上变成一个独立自主的海洋国家,能够根据地方经济的需要放手发展海外贸易。大批外国商船的到来,不仅使泉州很快超越广州成为东方第一大港,还开阔了闽南商人的眼界,他们开始熟悉国际海洋世界的市场状况和商业习惯。

七、宋元时期的航海活动

宋元两朝,中国古代航海事业迎来了第一个高峰。历届政府实行积极的航海贸易政策,将航海事业与国民经济紧密联系起来。与此同时,造船业继续领先世界,而航海技术更是取得了重大突破。航海罗盘的成熟应用,将中国带入计量航海阶段,此项技术比西方领先 2~3 个世纪。中国海员的活动范围空前扩大,遍及西太平洋及北印度洋。中国与东亚、东南亚、南亚、西亚、东非以及北非的许多地区建立了发达的航海贸易关系。同时,内河和近海漕运发达,运河沿线与沿海港口渐趋繁盛。

宋元时期,中国与日本列岛、朝鲜半岛的航线经过上千年的航海实践探索已经十分成熟。在大部分时间里,东北亚地区局势稳定,官方友好往来和民间航海贸易十分频繁。在东北亚各条航线上,中国海商和海员凭借着强大的经济实力和高超的航海技术占据着主导地位。

宋元时期,不仅东北亚近海航线的船舶往来十分繁忙,通往南洋、北印度洋甚至地中海区域的远洋航线更为繁盛。时人慨叹,“东西南数千万里,皆得梯航以达其道路”“虽天际穷发不毛之地,无不可通之理”,宋元的远洋航海,在时人的著作中记述颇为详尽,主要有宋人《岭外代答》《诸蕃志》和元人的《大德南海志》《岛夷志略》等。这些著作中详细记载了贸易货物、航路水程,以及所航达国家和地区的地理物产、风土人情等。

八、明清时期的航海活动

明初的郑和下西洋,在中国乃至世界航海史上,都是标志着帆船时代航海最高成就的重大事件。从永乐三年(1405 年)至宣德八年(1433 年),伟大的航海家郑和七奉钦命,率领当时世界上最庞大的远洋船队,遍航西太平洋与北印度洋的广阔水域,造访亚非几十个国家和地区,书写了人类航海史上辉煌的一页。

以 1433 年郑和最后一次下西洋计算:

时间早:比 1492 年哥伦布到达美洲早 59 年;比 1498 年达伽马绕好望角早 65 年;比 1519 年麦哲伦环球航行早 86 年。

规模空前:船舶数量多(200 艘以上),人数多(2.7 万~2.8 万人),设备先进(航海图、罗盘针),到达范围广(30 多个亚非国家和地区),船只排水量大(最大船只总长 130 m,宽 50 m,排水量 2.5 万 t)。

郑和七下西洋之后,明政府带有明显政治意图的“赍赐航海”急剧衰落,然而明代航海事业的发展势头并未就此戛然而止,代之而起的是民间海外贸易的兴盛。虽然在相当长的时间里,民间海外贸易遭到明政府的明令禁止和严格限制,但在不可逆转的历史规律下,民间航运贸易及船员在艰难而顽强地发展壮大。

明末清初,郑氏集团的崛起,一度使中国航运业在东南亚和东亚的势力大涨,与荷兰的东印度公司分庭抗礼。郑氏商船频繁往来于闽粤沿海、日本、吕宋及南洋各地,特别是对日本运量高出荷兰船队 7~11 倍,成为日本长崎港的最大雇主。南洋是郑氏集团另一个重要贸易地区,郑氏船队满载丝绸、瓷器、铁器等货物,穿梭于柬埔寨、暹罗、占城、交趾、三佛齐、菲律宾、马六甲等地进行贸易，换回苏木、胡椒、象牙、犀角等。郑芝龙还发展了台海航运贸易，崇祯六年至十一年(1633—1638 年)，郑氏船队每年从厦门、安平两港载运生丝、绸缎、砂糖、铁锅、瓷器、金、水银、矾、米麦、盐等货物驶往台湾的商船，少则几十艘，多达 200 ~ 300 艘。

1644 年清兵入关，标志着清王朝开始正式统治中国。为打击东南沿海人民特别是台湾郑氏集团的反清活动，入主中原的清王朝实行严格的"海禁"和"迁海"政策。康熙收复台湾后，才实行了有限的"开禁"。18 世纪以前，中国帆船在东南亚贸易中占有无可争议的主导地位，然而此后，中国商船的贸易地位不断下降，至鸦片战争前夕，在一些主要航线已逐步沦为西方航海强国的附庸。

九、我国航运业近现代史

近代中国长期处于半殖民地、半封建社会，资本主义生产关系未得到充分发展，物质技术基础十分薄弱，航运业因此受到严重阻滞，经历了缓慢、艰难、畸形的发展过程。到 1949 年，我国内河总长度 43 万 km，但能通航轮驳船的航道只有 7 万 km。外贸远洋运输几乎一片空白，绝大部分掌握在外国公司手中。

1. 晚清时期航海概况

1840 年，鸦片战争开始以后，外国航运势力大举扩张中国航线，以致在东南沿海许多大口岸，轮船排挤了中国传统木帆船，侵占了木帆船的航运业务，尤其是沿海贸易权的丧失，沉重地打击了中国帆船业。外国航运公司凭借获得的种种特权以及轮船在技术上所显示的优越性能，在竞争中对中国木帆船产生巨大压力，使中国传统帆船航运业受到了严重的影响，面临着日趋衰落的局面。

中国传统帆船航运衰落的原因是多方面的。第一，先进的生产工具淘汰旧的生产工具是社会发展的必然趋势。轮船相比帆船来说，具有强大的优势：航行速度更快、更安全。第二，外国航运势力通过在军事以及政治上的施压打入中国的航运业，通过不平等条约获得了很多特权，同中国帆船展开不平等竞争。第三，在各国政府大力支持和发展航运业的形势下，清政府不但不支持华商创办新式轮业，还对传统的水运业征收过重的税负。第四，清末时期，海盗猖獗促使商品由帆船运输转向轮船运输。

在被排挤出远洋航线和沿海航线以后，中国的木帆船基本退入了内江内河支流航线从事营运。这些支流航线沿途港口还未对外开放，外国轮船势力不能直接参与进来，木帆船暂时获得了生存空间，帆船也开始趋于小型化。这一时期的内河民船、帆船仍在江河中广泛行驶，继续发挥它们的重要作用。

清末时期，在外国轮船上逐渐有中国海员的身影出现。外国航运势力在中国的迅速发展引起了清政府部分官员的担忧。为了遏制外国轮船公司对中国航运的垄断以及解决清政府漕粮运输的需要，清政府创办了轮船招商局。

由于轮船不同于传统帆船，驾驶轮船需要具备相应的专业知识，而当时中国并没有任何培养高级海员的机构，所以，在轮船招商局最初成立的几十年里，高级海员几乎全部为聘请的外国人，普通海员则为中国人。邮传部高等商船学堂、福州船政学堂的创办，填补了当时高级海员教育的空白，在中国近代科技的产生、发展、传播、运用和近代中国工业、航海、航空、电讯、运输、铁路等行业的产生与发展，以及中西文化交流等方面都发挥了巨大的作用。

2. 北洋政府时期航海概况

辛亥革命后,由于北洋政府采取了一系列鼓励工商业发展的措施,加上第一次世界大战爆发后,参战各国相继撤回了中国航线的船舶,中华民族航运业迎来了第一个发展的黄金时期,各轮船公司纷纷成立,船舶吨位快速增长,对海员的需求也相应大量增加。但随着第一次世界大战结束后,外国航运势力重新占领中国市场,加上国内政局动荡,军阀混战,民族航运业饱受摧残,导致中国航运业濒临破产局面。在第一次世界大战期间,轮船招商局的"飞鲸"号参与了中国海外第一次撤侨行动。

这一时期的航海高等教育发展之路很艰辛。1912年,中华民国成立,邮传部高等商船学堂更名为吴淞商船学校。1915年2月,因办学经费困难,吴淞商船学校被迫停办。1927年,曾留学日本的东北海军副总司令沈鸿烈在哈尔滨创办了东北商船学校。东北商船学校是继上海吴淞商船学校之后旧中国又一所培养海运人才的专门学校,也是东北地区历史上第一所海运院校。1927年3月,爱国华侨陈嘉庚先生将其创办的集美学校实业部水产科更名为集美高级水产航海学校。

3. 南京国民政府时期航海概况

南京国民政府成立后,随即开展"废约"活动,即废除一切不平等条约,其中包括收回中国的航权。海员管理权收回后,南京国民政府先后制定和颁布了一系列法律法规,建立了较为完备的海员管理体制。这一时期,虽受世界经济危机的影响,但由于措施得当,中国经济快速发展,带动航运业迅猛发展,海员队伍不断扩大,面对日本帝国主义的步步侵略,海员的民族团结意识不断增强。

在发展民族航运业方面,除了收回部分航权,设立航政局,编制航政法规之外,国民政府还采取了一系列措施:疏浚航路与建筑港湾;制定航运扶持计划;清查整理轮船招商局;组织开展水陆联运;加强航业合作。应当指出,从1927—1937年,航运高速发展的10年,整个国家一直都在动乱之中,几乎天天都在打仗,在这么恶劣的环境中能有如此成就,航运业的发展应该是值得肯定的。

随着日本帝国主义对中国侵略的加剧,特别是九一八事变以后,中国海员开展了轰轰烈烈的抗日救亡运动:山东海员拒绝青岛海关任用日本人考核海员;马家骏船长驾驶"新铭"号赴日本接回侨胞;海员揭发日船勾结汉奸冒充中国国籍航行内港;中国海员拒绝为日本运送军火;民生公司海员的抗日行动;中国海员团体救国联合会的成立。

高级海员教育方面,吴淞商船学校终得复校;东北商船学校因战乱停办;集美高级水产航海学校变革;继集美高级水产航海学校之后,旧中国又一所培养渔航人才的专门学校——广东省立高级水产学校(广东省立汕头高级水产学校)创建。

4. 卢沟桥事变后的航海概况

卢沟桥事变后,刚刚露出曙光的中国航运业面临空前劫难。广大中国海员夜以继日地战斗在抗日战争运输线上,表现出了高度的爱国热情,付出了巨大的牺牲。第二次世界大战爆发后,除了在国内战场支持抗日战争外,更有3万多海员奔赴欧洲,在英国、美国、荷兰、挪威、澳大利亚和加拿大等国的商船上工作,为世界反法西斯战争的胜利做出了巨大贡献。

5. 解放战争时期航海概况

抗日战争结束后,通过接收敌伪、美国拨赠及售予大量船舶,中国轮船吨位迅速增长,很快超过战前水平。对海员的需求也急剧增加,海员在南京国民政府复员工作中发挥了重要作用。但随着内战爆发,航商为了避免船舶用于军差而停航大量船舶,航运业的繁荣有如昙花一现;海员也因货币贬值、待遇下降,生活日益窘迫,进而加入反内战的行列中。

中国航运业跌宕起伏的历史,也是中国经济进退盛衰和政治上强弱荣辱的历史写照。1949 年 10 月 1 日中华人民共和国成立后,政治上取得独立、经济上走向繁荣的新中国,预示着航运业的大发展。

第二节　中国古代航海技术和知识

一、春秋战国时期的航海技术和知识

在春秋战国之前,古人的航海知识还比较匮乏。从我国新石器时代的文化遗址来看,当时的人们已经掌握了某些简单的天文知识,并学会运用太阳、月亮等天体辨别方向。人们通过观察月亮或其他天体的运行总结出规律,并参照它们的方位进行导航。

春秋战国时期,随着航海区域向远洋不断延伸,人们的地理视野不断扩大,逐渐改变以海为世界边际的狭隘认知,开始把目光投向海外,积累了最初的航海地理知识。这一时期问世的《山海经》《穆天子传》《尚书·禹贡》,以及《周礼·职方氏》等文献关于海陆地理的描写与阐述,表明当时的人们已经懂得"海中有陆"和"百川归海"的道理,并且开始了对近陆水域的划区和命名。

在海洋气象知识方面,这一时期也获得了重大进展。在商代已知东西南北四方风基础上,春秋战国时期又产生了八方风和十二方风的概念,并掌握了"风顺时而行"的规律。由此推测,此时的航海者或许已经能利用风向恒定的季风进行长距离航海了。同时,气象预测也比前代大有进展。

春秋战国时期的航海者对海洋水文也有所认知。了解顺流和逆流,潮汐或高或低,航行难易程度适航情况等,对于海上航行不可或缺。同时,天文学也有了长足的进步。各诸侯国都很重视天文观测与研究,出现了石申、甘德等代表性人物,尤其对恒星与行星观测的定量化为航海天文定向与定位技术打下了坚实的基础。对于夜间航行定向价值最大的北极星,此时已经有了明确和较为科学的记载。《周髀算经》对北极星的运行轨迹做了准确的描述,反映了春秋战国时期对北极星的观测与辨认已经相当精确。《考工记》说得更加明确:"夜考之极星,以正朝夕。"值得注意的是,这一时期已能观测天体高度,相关技术很有可能已应用于航海天文定位中。

二、秦汉时期的航海技术和知识

秦汉时期的航海技术发展,首先体现在天文导航术的明显进步。《汉书·艺文志》所列载的汉代海上导航占星书籍多达 136 卷。虽然这些占星导航书籍久已散佚,但窥其名便可知其大略,很可能是当时的海员在航海实践中的天文手册。这些书籍的作者,无疑是当时具有一定数理学和天文学知识的航海精英人物。他们把天文知识、航海知识结合起来,撰成工具书,供广大航海者使用。从这些仅存的书名推测,当时航海家的航海天文知识和航海气象知识已经达到很高的水平,能够熟练利用各种星体进行定向导航了。

汉代驶帆技术广泛应用于远洋航行,进而懂得利用随季节而变化的季风作为取之不尽用之不竭的动力。季风应季而至,风向亦应季而变,但又很恒定,对航海极为有利。西汉元

鼎五年(公元前 112 年)和六年(公元前 111 年),汉武帝两次派兵远征闽粤,以及著名的汉使远航印度洋纪程,据专家考证就是利用季风航海的例子。可以确信,最迟至西汉时期,中国人对西太平洋及北印度洋上的季风规律已有所掌握,并将之应用于航海活动了。季风又被称为信风或舶棹风,到东汉年间已见诸文献记载。应劭在《风俗通义》中说"五月有落梅风,江淮以为信风"。后崔实在《农家谚》中直接称之为"舶棹风",即为驱动船舶的定期横向风。这种简易、直接名称的出现,从一个侧面反映了季风航海术在当时普遍应用的事实。

秦汉时期虽然开辟了远洋航线,但还是以近海沿岸航行为主,地文导航和陆标定位居于最重要的地位。据文献记载,汉代的地文导航术比前代有了显著的进步。首先是基于对航路的反复熟悉开始对航程与航期进行初步估算,如著名的汉使纪程就是以"月"和"日"为计程单位。其次是对海洋地理地貌有了新的认识。如东汉杨孚在《异物志》中说,"涨海(即南海)崎头,水浅而多磁石"。这里的"涨海"和"磁石",准确地描述了南海的海洋地貌。可以说,地文导航术是当时所有船员必备的技能。

此外,秦汉时期(特别是东汉),人们对潮汐的认识有了突破。了解必要的潮汐涨落规律,既可以避免退潮时造成搁浅或触礁,又可以借助海潮进出港湾或快速航行。掌握潮汐规律是水文导航术的重要内容之一,使船员的行船技能进一步得到完善。

三、三国、两晋、南北朝时期的航海技术和知识

三国、两晋、南北朝时期,航海技术进一步成熟,突出表现在驶帆技术和导航技术上,船员专项技术因此得以提高。

这一时期的船员掌握了可以利用除顶风外各种不同方向的海风驱动船舶的打偏与掉戗技术。三国时期,吴丹阳太守万震对驶帆技术有很详细的记载:遇到偏风,须调节帆与风向的角度,使风吹到帆面上产生推进分力,并在舵的配合下克服横漂风力,以保持预定航向。这样一来,船舶行驶于风浪较大的海域,既能保证速度,又能保证安全性。中国式古代邪张式硬帆比西式古代横软帆优点明显,但操作技术要求更高,需要船员经过长期实践才能掌握。

导航技术也随着航海活动向陌生水域深入而不断成熟。船员们的地文航海知识的提高,主要反映在简陋的航路指南开始有所充实。航海者通过在某一条航线上数次往返,积累的经验越来越多,逐渐总结出一些指示航路的规律性文字——航路指南。最初的航路指南只是船员对航程与航期的简单记录,如著名的"汉使航程"。到这一时期,这种航路指南性质的文字不但有所增多,内容也有所充实,对航海活动和航程、航期的记录更加具体。如三国时吴国沈莹记:"夷洲在临海东南,去郡二千里,土地无霜雪,草木不死,四面是山。"这段文字,标明了夷洲的方位、航行距离以及陆标地形等航路指南要素,对海上航行具有很强的实用指导性。在航路指南越来越充实、完备的基础上,中国最早的海图开始出现,虽然只是简陋的草图,但对于航行于该航路的船员来说指示作用不可低估。

天文导航术也获得了进一步发展,屡见于当时的文献记载,如"并乎沧海者,必仰辰极以得反","大海弥漫无边,不识东西,唯望日月星宿而进"等。这些记载说明天文导航术在当时航海中普遍应用,并成为常识。船员们已经懂得利用北极星、北辰星引导船舶顺利返航。在直航跨距较大的海域时,天体定向导航的作用尤为重要,甚至成为唯一可以依赖的技术手段。

当时的航海者对水文与气象的认识逐步加深。晋代学者杨泉和葛洪对潮汐现象的解释较前代更加科学,显示了水文理论上的进步。这个时期的航海者对于信风的认识更加深入,不仅掌握了一般情况下的信风航行规律,而且能够分析出特殊情况下的信风变化。比如著名的赤壁之战,蜀吴联军取得胜利的关键因素就是利用了特殊天气条件下的风向变化。

四、隋唐五代时期的航海技术和知识

隋唐五代时期对季风的认识有了新的提高,并将之与航行活动紧密联系起来。当时的航海者对北起日本海、南至南海的广大海域季风变化规律也有准确掌握,并成功地用以指导航海实践。在日本海海域,舟师(古代远洋海船上的职务,以其积累的天文、地文、水文、气象等方面的经验和知识为船舶定向导航)已经能够正确地利用秋冬季风与夏季季风,安全便捷地穿越该海域。在黄海与东海海域,以舟师为代表的中国船员经过实践摸索,掌握了季风变化规律,能够快速自如地航行于中日之间。对于南海海域季风的认识和利用,从义净和尚赴印度求法的往返航期即可了然。义净去时在广州启程,选择在冬季出发,东北季风盛行,一路顺风,两旬到佛逝;次年五月,当夏季西南季风盛吹时,再从佛逝穿越马六甲海峡向西北行;最后于隆冬季节乘东北季风驶入孟加拉国国湾,顺风顺流抵达目的港。返程时于夏秋趁西南季风一路顺流东归,顺利抵达广州。而对于印度半岛西面的北印度洋水域的季风规律,唐代船员也已掌握。不仅如此,唐代船员对台风等灾害性天气也有深刻的认识,已经注意到台风发生的主要海区及其气象征候。唐代航海者还对于一些异常的预警信息富有经验:"舟人言,鼠亦有灵。舟中群鼠散走,旬日必有覆溺之患。"而对于"海市蜃楼"之类特殊的气象现象他们也有较为科学的认知。

隋唐五代时期,在地文导航方面,"航路指南"所载内容更加详细,实用意义更强。据《新唐书·地理志》载时人贾耽所述"广州通海夷道"可知,当时的远洋活动在某些区段之间的航向、距离与时间已相对具体,如"广州东南海行二百里至屯门山,乃帆风西行,二日至九州石",甚至航期已可精确到半日。这较之前代的模糊纪程已是明显进步。同时,对航线所经地区的地理位置或地形特征,已有明确的地文定位描述,而且,对海洋地形地貌的辨认与分类愈加细化,有"石、山、洲、硖、大岸"等种种。此外,唐代文献中已有明确的"岛"和"屿"的概念:"海中山曰岛,海中洲曰屿"。"山、洲、岛、屿"等是海上航行非常明显和可靠的导航目标,这些概念的确定对于船员导航技术的提升有很重要的作用。尤其值得指出的是,贾耽的记载中首次出现了人工航标。如在"提罗卢和国"条,贾耽记道:"国人于海中立华表,夜则置炬其上,使舶人夜行不迷。"可见,当时船员利用人工航标导航已很普遍。

隋唐五代时期,天文学发展到很高的水平,著名天文学家僧一行于开元年间主持了世界上第一次对子午线的实测。这一时期天文学在航海方面的应用基本上仍处于定向导航阶段。但是远洋航海的发展,特别是连续几十天跨距极大的横穿某海域的航行,仅凭定向导航难以完成,于是天文定位导航技术已开始萌芽。此外,唐代的海洋潮汐理论也有了新的提高,出现了《海涛志》《说潮》《海潮赋》等海洋潮汐理论研究专著。这些科学知识的传播对水文导航技术的进步与舟师导航手段的丰富具有重要的作用。

五、宋元时期的航海技术和知识

宋元航海贸易的发展使中国船员有了施展技艺的广阔天地。在繁忙的航海实践中,中

国船员的航海技术得以充分运用。同时,在与各国船员的接触和交流中宋元航海技术不断创新,取得了具有世界意义的重大突破。

宋元船舶体势高大,结构复杂,属具齐备,操驾时需要各类船员分工协作。经过在航海实践中的不断磨炼,宋元船员的驶帆、操舵、测深、用锚等船艺技术已达到很高的水平。

宋元船工由于常年航行于西太平洋与北印度洋海域,对于一些海外国家和地区已有较为具体的认识,同时对海域的划分和命名更加细化,航海地理观念比前代有很大提高。宋元船员能明确区分洲、岛、屿、礁等不同地貌,并能形象描述,使之更易于辨认。值得指出的是,元代已经开始在浅险航道设置人工陆标,看标行船成为船工的基本技能之一。

宋元船员的水文知识也比前代有很大提高,并能根据水的颜色和深度进行水文定位与导航。高明的舟师"相水之清浑便知山之近远,大洋之水碧黑如淀,有山之水碧而绿,傍山之水浑而白矣,有鱼所聚必多礁石,盖石中多藻苔,则鱼所依耳"。《海道经》的"占潮门"和"占海门"已经科学地总结了潮汐特点和规律,而且对于航路的记录更为详尽和具体,包含的要素越来越广泛,可谓这一时期航路指南的代表之作。

在航路指南愈加丰富的基础上,航海用图随即问世。早期的海图也许是具有一定文化水准的"舟师"随手画下的简略航路以及陆标轮廓,以作为航行时的大致参照和提示,即所谓"舟子秘本",一般秘而不宣,因此难以流传。而宋代的海图,已经是广为传布,令越来越多的航海者受益。到元代,海图应用更为普遍,绘制水平也更高。《海道经》保存有一份元人底本的《海道指南图》,描绘的是从长江下游至北洋海域的航路,航线清楚,所经港口和锚地分布明确,为当时北洋漕运船户所习用。

天文导航方面,定向导航依然是宋元航海技术的重要内容之一。鉴于宋代横渡印度洋的航路已经开辟,有理由相信当时的船工已经有人掌握了凭借观测天体高度确定船舶位置的定位导航技术。到元代,此种技术已见于明确记载了。马可·波罗乘坐中国海船航经"小爪哇岛"时记"此岛偏南方,北极星不复可见"。此类仰观北极星的记录多次出现。这些记录表明,当时的天文定位导航已经应用得相当普遍,并已达到定量的阶段。

宋元船员的气象知识已相当丰富和深刻。首先是对季风的认识更加科学、准确,尤其对西太平洋和北印度洋的季风规律相当熟悉,在航海中应用也更加娴熟。为了航行安全,宋代开始盛行"祈风"与"祭海"活动。"祈风"与"祭海"一般同时进行。这种仪式性极强的活动可谓是对船员的一次心理疏导。其次,宋元航海者还善于进行气象预测,"审视风云天时而后进",其中技艺高超者,"观海洋中日出日入则知阴阳,验云气则知风色逆顺,毫发无差;远见浪花则知风自彼来,见巨涛拍岸则知次日当起南风,见电光则云夏风对闪,如此之类,略无少差"。

宋元航海技术获得突破的一个重要标志是航海罗盘的应用。在罗盘未应用到船舶上时,船舶航行靠熟悉海道的舟师(海师)指引航向,但仅能作近岸航行。舟师凭借所掌握的地文、水文、天文、气象等知识以及多年航海实践所积累的经验为船舶导航,此为模糊航海阶段。罗盘应用于航海,开创了定量航海的新纪元。宋元航海高峰的形成以及明初郑和下西洋的伟大壮举,莫不与此密切相关。

六、明清时期的航海技术和知识

宋元两代创造了我国古代航海事业的第一个高峰,明初与之相沿袭,因而自然继承了宋元的航海思维和航海文明遗产,这成为郑和下西洋的又一基础性条件。首先,宋元时代大量的航海实践,形成了较为深厚的航海习俗,延至明初,航海已成为滨海人民生产生活的一种自然选择。其次,宋元航海传统造就了一代又一代富有经验、惯熟航海的船工,驶帆、操舵、用锚等船艺愈加精湛。再次,航海罗盘的应用,开辟了定量航海的时代,针盘导航技术的运用也越来越熟练和广泛。最后,有关海外风土及航行指南书籍的大量出现,也为明初远洋航行活动提供了丰富的文字资料,等等。

郑和下西洋时已经绘制了当时世界上很先进的海图,涉及范围广,所绘航线漫长;在绘制风格上,注重写实,一字展开;布局方面图文配合,因地制宜。《郑和航海图》在绘制方法上虽然存在着某些缺陷,但对于当时的航海者来说,一卷在手却是相当实用与方便的。

郑和下西洋中传统的天体定向导航仍然得到足够的重视和应用,在此基础上,定量的天文观测与定位技术以及过洋牵星术的使用,代表了这一时期天文航海的发展水平。"牵星板"是一种专门观测天体高度的航海天文仪器,其使用方法是:一臂伸直,手握牵星板,眼望板上下边缘,如板的上边缘正好对准被测天体,而下边缘正好与水天交线相切,则此板的"指"数即为被测天体的高度。《郑和航海图》载有用此种方法对许多地名的测量"指"数,作为确定航位与修订航迹的依据。通过使用牵星板得来的各地天体定位数据进行定位导航,即过洋牵星术。

明清时期,民间航海的繁荣更加促进了对航海技术的总结和传播,为了保障航行顺利与安全并传授航行经验与知识,"舟子各洋皆有秘本",而一些亲自参与过航海活动的官吏和知识分子也把自己的航行见闻编撰成书,因此,这一时期有关航海科技与航海地理的专门文献频现于世,较之宋元,其技术性和实用性更强,集我国古代航海科技文献之大成。如《两种海道针经》《东西洋考》《海国闻见录》等。

我国古代航海教育有着悠久的传统,其中一个重要特点就是"民军互用":民间总结的航海经验和技术被用于水军训练,而军事航海教育成果也反哺民间船员。这在明清时期体现得尤为明显,由于"捕盗"和"抗倭"等军事需要,一些由水军军官及其幕僚编写的关于水军训练、江防海防等方面的著作相继问世,较重要的有戚继光的《纪效新书》、胡宗宪的《筹海图编》、茅元仪的《武备志》等,这些著作都借鉴了民间航海的诸多经验和技术。而就在中国航海教育史上的价值而言,林君升的《舟师绳墨》的地位和价值不容置疑。作为我国古代唯一一部明确阐明教育目的的航海专著,它反映了新的航海教育思想正在萌发,表明了开展专门的航海教育已十分必要,并为之做了有益的尝试。

第三节 中国高等航海教育发展简史

一、中国近代高等航海教育的萌芽

在清政府开始洋务运动时期,西方的近代航海教育思想已在中国传播,并且已有付诸实践的案例。只不过商船教育尚未成为社会的普遍共识,或虽有置喙,也不过是航运业内人士的呼请而已。但是,随着各类新式学堂的创办和高等教育机构的陆续出现,尤其是随着民族轮船航运业在中国的发展,高级航海技术人才的培养自然就成了人们关心的议题。为此,开设航海技术课程,创办新式商船教育机构,逐渐成为当时朝野的普遍共识。

以郑观应为代表的洋务派人士,深切感受到高等商船教育的重要性,他提出维护海权,力主培养本国航海人才。值得注意的是,郑观应不仅积极呼吁建立新式商船教育学堂,并且身体力行,亲自将西方高等航海教育课程内容加以翻译介绍。郑观应对于西方近代航海教育课程的介绍,在我国高等航海教育发展进程中具有首开先河的特殊作用。

与此同时,清末以潘彦桐、张謇为代表的一些官僚和学者也纷纷提出开办西式航海教育学校、培养航海人才的主张。为了学习国外的高等航海教育体制,当时社会各界也纷纷通过各种渠道介绍国外航海学校的情况,一些教育杂志就经常刊文介绍国外的商船学校。可以说,正是清末社会各界对于近代商船教育的逐渐认知与日益重视,为以后中国近代高等航海教育机构的出现奠定了较好的社会基础。因此,中国高等航海教育一经出现,迅即就得到了社会的广泛认可。

19世纪60年代开始,清政府先后在全国的一些地方开设了一批学习"西文"和"西艺"的新式学堂,专门培养外语和军事技术等洋务人才。这些学堂都标榜以西方现代学校为榜样,借鉴西方学校的教学制度和课程设置,但是尚无具体而明确的模仿对象。轮船航运业作为当时的朝阳产业,其蕴含的先进科学技术和组织管理方式,自然引起了清政府洋务派的重视,先后开办了包含有西方航海技术课程学习的新式学堂。其中对中国高等航海教育产生直接影响的学堂主要有上海广方言馆、北京同文馆、招商局实习学校(练船)、福州船政学堂等。

1. 广方言馆和同文管

清同治二年(1863年),江苏巡抚李鸿章在上海创办我国第一所外国语言文字翻译学校——广方言馆。广方言馆是上海最早设置航海技术与船舶轮机课程的学校,前后历时半个世纪,培养了我国早期一批兼具航海知识的人才。

同文馆设于同治元年(1862年),由恭亲王奕䜣等奏准在北京设立,附属于总理衙门,系培养翻译人员的"洋务学堂",最初只设英文、法文、俄文三班,后陆续增加德文、日文以及天文、算学等班,其所设班级均将部分航海专业知识列为课程学习。

2. 招商局练船

作为我国最早、最具影响力的民族航运企业,轮船招商局比较重视我国自己高级船员的培养。为此,招商局早期曾举办了类似于西式学堂性质的航海实习教育机构——练船(实习船),融航海理论教学和海上实习环节为一体,以达到培养本局高级船员和技术工人的目标。按照招商局的规定,学生在船上需练习绳索、风帆等各种船艺。同时,还需要学习各种天文与地文航海技术。对于轮机专业的学生而言,除了每日功课,还要去生产车间练习工艺,考究制造之法。但是由于开办成本过于高昂,轮船招商局难以承受,因此招商局练船教育实际上并未真正推行开来,但是,这一办法却对后来轮船招商局等国内民族轮船航运企业积极参与甚至直接创办航海教育机构产生了重要影响。

3. 新式海军教育学堂

在清政府创办的各类新式学堂中,与高等航海教育关系最为密切的当属一些新式海军教育学堂,如1866年的福州船政学堂、1880年的天津水师学堂、1890年的江南水师学堂等。在各类新式海军教育学堂中,又以福州船政学堂最为著名。福州船政学堂包括前、后学院两部分,前学堂专门学习船舶制造,后学堂专门学习管轮和驾驶。福州船政学堂在培养军事航海人才的过程中,采取了一系列具有西方航海教育特征的措施:一是公开的招生制度。福州船政学堂实行不受出身限制的公开招生制度,这在中国教育史上还没有先例。这种公开张贴广告的招生,对后来的学校教育产生了重大影响。同时,学堂还明确提出培养目标是为海军培养造船、驾驶人才。二是多科性、实践性的课程体系。学堂的驾驶、管轮的专业课程设置,与后来清政府在 1904 年 1 月颁布的《奏定高等农工商实业学堂章程》中的高等商船学堂课程基本相似,充分说明了船政学堂的课程设置对后世的影响。1877—1895 年,福建船政学堂还先后派出三批学生分赴欧洲各国学习轮船驾驶和制造技术。不少留学生和毕业生后来投身到商船航海活动中,留学英国的船政学堂毕业生萨镇冰就曾出任吴淞商船学校第一任校长,为我国的高等航海教育建设做出了贡献。

上述各类洋务学堂,或者重点定位在航海职业培训,或者重点定位于军事航海教育,均不属于真正意义上的高等航海教育。换言之,此时我国的高等教育制度仍未确立,故此作为高等教育体系重要组成部分的高等航海教育制度,此时仍旧付之阙如,也就不难理解了。但是,高等商船学校的办学模式已初露端倪,专门的高等航海教育机构已呼之欲出。

二、近代中国高等航海教育的出现与早期发展

尽管社会舆论强烈呼吁成立高等航海教育机构,清政府也于 1904 年颁布了专门的《高等商船学堂章程》,甚至还出现了部分讲授近代航海技术课程的新式学校,但是由于各种主客观障碍的存在,1908 年的中国,真正意义的专门专科性高等航海教育机构仍属空白,以轮船招商局为代表的民族轮船航运企业仍需依赖外籍高级船员。这种本国高级船员与本国船公司之间"供需"完全失衡的不正常状况,引起了清政府内部一些有识之士的担忧。基于此,清政府开始考虑与酝酿成立专门的高等航海教育机构,邮传部上海高等实业学堂船政科就应运而生了。

1. 上海高等实业学堂

最早涉及高等航海教育机构设立的,是当时的清政府邮传部上海高等实业学堂。上海高等实业学堂是我国最早建立的大学之一,其前身是南洋公学。1896 年,提倡新政的办理轮船电报事务大臣盛宣怀,筹款在上海徐家汇创办了南洋公学,自任督办,内设师范院、外院、中院和上院四院。南洋公学开办之初,即与航运发生了部分关系,其办学经费的主要来源之一系我国最大的航运企业轮船招商局。

1908 年,盛宣怀出任邮传部右侍郎,成为邮传部的实权人物,中国高等航海教育迎来了一个发展的契机。他领导的邮传部为挽回航权,主张大力发展远洋航运和航海贸易,而"商业振兴,必借航业,航业发达,端赖人才",为此准备开设一所专门的高等商船学校以培养所急需的航海领域的专门技术人才。考虑到减少开办杂务和方便快捷等因素,邮传部倾向于考虑直接在邮传部部属学校中选择一所专办商船学校。当时,邮传部辖下的专门学校有三所,包括上海高等实业学堂、唐山路矿学堂和北京铁路管理传习所。从师资设备、教学管理等内在条件,以及学校濒临海滨的外部区位优势条件来看,上海高等实业学堂是改办商船学堂的首选之地。时任上海高等实业学堂的监督唐文治提议在上海高等实业学堂增设一个航海专科,作为将来另设独立的商船学校的基础,等到条件成熟时再将航海科加以扩充,单独建成商船学校。最终,清政府同意该方案,先在上海高等实业学堂设立船政科。新设立的船政科实施单独招生,并于 1909 年 9 月 9 日在《申报》上刊登船政科招生广告,其中涉及早期高等航海教育的招生制度、考试科目、学费等项内容。

船政科的学习时间,按照前述《高等实业学堂章程》规定,高等商船学堂的学制以 5 年半为限,包括航海实习。由于是新设专业,具体情况不为社会所知晓,当年报考者极少,即便是高等实业学堂内的中院毕业生愿意升学该科者亦为数寥寥,为此招收的学生几乎全部

来自上海高等实业学堂的中院毕业生和专科初年级学生,由学校采用圈定法决定。唐文治挑选学业成绩优良、风度体质较佳、视力良好的学生,直接升入航海班。第一批毕业生中除了进入航海业的大部分人外,还有以后成为体育界名人的郝更生、银行界权威席德懋等人。

尽管 1909 年上海高等实业学堂船政科设立之时,中国高等航海教育尚未形成一个完全自主独立的机构,但是,该航海科在学制设计、课程安排、教学管理等各个方面,均列入清政府正规的高等实业学堂教育体系中,并为民国以后的专门性高等航海院校所一脉传承。可以说,上海高等实业学堂船政科的设立,标志着中国近代高等航海教育的正式产生。

2. 吴淞商船学校

1911 年 1 月,盛宣怀出任邮传部尚书,开始推动全盘筹建商船学校的计划。筹建独立商船学校的进程更加紧迫。由于邮传部的大力支持和授权,上海高等实业学堂的唐文治积极筹备新的商船学校。新学校购买学堂对面 13 亩(当时 1 亩 ≈ 614.4 m^2)屋地,作为即将开办船校的新的暂居之所。同时按照邮传部的要求,在张謇捐赠的百余亩空地上动工兴建吴淞炮台湾新校舍。但是新校舍暂为江防军屯驻,故邮传部高等商船学堂仍在船政科旧地上课。后来,吴淞校区建设因武昌起义而暂停,直到新民国政府黎元洪副总统资助部分资金,吴淞校舍遂得落成。

新学校成立后,按照当时清政府的高等实业学堂章程有关分类规定,学校被命名为"邮传部高等商船学堂",1911 年 9 月开学招生。由于高等商船学堂建设顺利,经费比较充裕,在校生一律公费待遇,毕业出路良好,因此首次招生的报考者相当踊跃,与早期船政科招生时的状况大相径庭。据统计,当时共有 3 000 余人前来报考,甚至还有不少各地高等学堂中肄业一两年的弃学报考者。每个报考的学生都拿到一张《考生须知》,内容共有 5 条:一是本校学生仿照海军传统,必须服从命令;二是本校学生必须一律剪去发辫,穿着制服;三是本校学生的英语水平必须达到直接听讲为标准;四是本校学生毕业后的出路计有出洋留学、服务海军和派往招商局海轮江轮任二副;五是本校学生必须目力良好,无色盲,如果能够游泳者尤为合格。

但是,商船学堂开学后不到两个月,辛亥革命爆发,各省纷纷独立,满清帝制被推翻。上海高等实业学堂和高等商船学堂与北京邮传部失去联系。对商船学堂倍加关注的邮传部尚书盛宣怀以看病为名避往日本,学校经费来源中断。等到南京政府成立,经费问题仍然未能解决,两校度日如年,办学一时陷于停顿状态。

1912 年 3 月,高等商船学堂师生推举代表前往南京,建议延聘萨镇冰担任校长一职。1912 年 3 月 24 日,萨镇冰出任改名后的中华民国交通部吴淞商船学校首任校长。1912 年 9 月 22 日,吴淞商船学校正式迁入吴淞炮台湾新校舍。根据招生简章,高等商船学堂设高等、中学、预科三个层次:高等设船政科,学制 3 年,招收中学毕业、拥有四年级以上程度并能够直接听英文讲课者;中学 3 年,招收高等小学毕业者;预科 2 年,招收高等小学二年级程度者。吴淞商船学校十分重视对学生实干能力的培养,积极组织学生上船实习。当时招商局船上的高级船员职位几乎被外国人垄断,他们从中作梗,导致学生实习未遂。后改变做法,经海军部批准,借调军舰"保民"号为实习船,委任英籍教员伍肯为船长,率领学生驾驶军舰,航行南北洋沿海,上自驾驶员,下至舵工,悉由学生分任操作,实地练习,成绩斐然。值得一提的是,"保民"号是我国高等航海教育史上第一条教学实习船舶,由清政府江南制造局于 1885 年建造,造价 22.33 万两白银。该船系钢板船,长 72 m,宽 11.5 m,载重 1 300 t,

航速 11 kn,功率 1 416 kW(1 900 马力①)。由军舰充任航海教学实习船舶,一方面是由于萨镇冰本人的海军经历,有能力与海军沟通申请实习船舶;另一方面说明了当时航海院校的办学困难,必要的实习活动竟然依靠船龄近 30 年的老旧军舰,可见学校之窘境。勉强维持到 1915 年,吴淞商船学校被并入吴淞海军学校,吴淞海军学校也在 1921 年停办。中国的高等航海教育暂时中止。

尽管早期高等航海教育机构仅仅存在了五六年时间,但是吴淞商船学校存读期间共招收培养了 6 届学生。尽管面临着严苛的就业环境,吴淞商船学校的一些早期毕业生仍然通过自身的拼搏努力,打破了外国人对于高级船员的垄断,在商船上担任了船长、大副、二副等职。

三、北洋政府时期高等航海教育的低迷

辛亥革命推翻了清王朝的统治,但是以袁世凯为代表的北洋势力迅速获取政权。北洋军阀混战时期,吴淞商船学校因办学经费的严重不足而陷于停顿撤销,刚刚兴起的中国高等航海教育也重新陷入低迷状态。

1915 年吴淞商船学校停办后,中国的高等航海教育暂时处于空白状态,高级航海人才的培养陷于停顿。与此相反,辛亥革命后,中华民族轮船航运业有了长足的发展,1921 年,中国轮船航运业的资本总数和轮船总数,比 1911 年分别增加了两倍多和三倍,急需补充高级航海人员。航运领域旺盛的高级船员需求,导致业界要求及早筹复高等航海院校,并得到有关政府机构的支持。这一时期,既有交通部从政府角度出发,拟恢复吴淞商船学校,或筹设唐山航海分校的计划;又有海军方面从恢复航权的角度出发,倡议用本国船员之说;还有船公司从航运经营的角度出发,自行设立航海学校之举;更有相关高校从交通运输的整体角度出发,拟设立航海学科之论。总之,该时期的高等航海教育之路,经历了一段低迷之后的踌躇与徘徊。

1. 吴淞商船学校

1912 年,最早主持高等航海教育的上海高等实业学堂改名为交通部上海工业专门学校。该校具有航海教育的传统,在申请发展成为大学的过程中,上海工业专门学校提议在保留原有学科的基础上,增设机械科与航海科两门新学科。然而,当增设航海科提案递交之时,正值北洋政府国务总理段祺瑞和总统黎元洪之间爆发了一场军阀内部的府院权力之争,政局不稳,形势混乱,北洋政府交通部并未能为上海工业专门学校增设航海科以及改办为工科大学做出任何决定,提案成了一纸空文。尽管如此,上海工业专门学校增设航海科的提议,在相当程度上反映了高等航海教育属于交通运输学科中的重要组成部分,反映出当时高等航海教育机构建设的迫切性。

1915 年交通部吴淞商船学校停办后,正值第一次世界大战(简称一战)期间,外籍船舶及其船员纷纷回国参加战时运输,中国航运业得以暂时舒缓发展。各轮船公司竞相聘任吴淞商船学校毕业生为高级船员,该校毕业同学遂得以施展所学,在工作中表现出熟练技能和丰厚学识,获得国内外航运界的广泛赞扬,一时间吴淞商船学校毕业生供不应求,奇货可居,导致一些航运业界人士也开始着手积极筹划建立商船学校。与此同时,北洋政府交通部也并未打消续办高等航海院校的计划。1922 年 10 月,交通部将部属唐山铁路工业专门

---

① 1 马力 = 0.735 kW。

学校、上海工业专门学校与北平邮电及铁路管理学校,三校合并为交通大学,同时调整科目,将上海的土木工程科归并到唐山。在这一过程中,交通部又计划在河北唐山的交通大学附设商船学校。遗憾的是,由于北洋政府各派军阀忙于争权夺利,高等航海教育无法纳入政府财政拨款之列,交通部的这一构想最终因为经费无着,不了了之。不久,交通部又改变计划,讨论恢复吴淞商船学校。

2. 招商局航海专科学校

作为我国近代史上最大的航运企业,轮船招商局一直与中国高等航海教育有着深刻的历史牵连,早期高等交通运输教育办学经费的相当一部分就来自轮船招商局。1918 年 9 月 11 日,招商局首次创办航海学校,取名为"招商公学",校址在上海提篮桥华德路 65 号。招商公学的设立宗旨,按照住校董事的说法,系由于"商轮驾驶人材均求诸异域,亦无商船驾驶学校。兹我公学设立之旨,首在造就航务人材暨职业教育,逐渐次第举行,非独为我局根本之图,更足为国家富强之助。"但事实上,招商公学的成立,或与招商局面临外籍高级船员的薪资待遇压力有关。1923 年,招商局又成立航海专科学校,并于同年 9 月 1 日开学。教授课程有天文、航海术、造船、装修方法、无线电收发、罗经差、操艇术和救急法等。该校以"华甲"舰(一战后获得的德国海军货船)作为练习舰,预定航行全球开展实习活动,以培养船长人才。同时,船上还载有一批海军军官实习商船业务。1924 年 1 月 12 日,"华甲"舰从上海起航,北上青岛、大连,然后转赴日本横滨,准备从那里开往美洲。后来,该舰因产权发生纠纷,同年 10 月被强行收编加入北洋政府渤海舰队。船上 30 多名学员不愿加入海军舰队,纷纷离舰上岸,招商局航海专科学校宣告解散。尽管该校不属高等航海教育系列,但毕竟是困境中的企业自办航海学校之举,反映了航运企业对于高级航海人才的迫切需求。

四、中国高等航海教育的短暂恢复与繁荣

1. 吴淞商船学校

随着国民政府的成立,高等航海教育重新复兴,吴淞商船学校也得以恢复和发展。1928 年,国民政府交通部决定在上海恢复停办了 13 年之久的吴淞商船学校,定名为"交通部吴淞商船学校"。国民政府关于专科学校的分类"规程"规定:"专科学校分为工业、农业、商业、师范、家政、海事、药学、护理、医技、体育、新闻、艺术、语文、音乐、戏剧及其他等类",将航海海事学校明确列为专科学校的一类。为了执行国民政府有关专科学校的法令规定,吴淞商船学校由"交通部吴淞商船学校"奉令于 1933 年改为"交通部吴淞商船专科学校",并且根据交通部的指令,将《吴淞商船学校章程》等规章相应加上"专科"二字,这也是当时国民政府交通部的唯一部属高等院校,吴淞商船专科学校在当时全国高教界的地位由此可见一斑。

1937 年 6 月 22 日,交通部吴淞商船专科学校的隶属关系发生重大变动,由直接隶属于国民政府交通部改为由教育部管辖。在当年 8 月移转学校管辖权之时,恰逢淞沪会战爆发,教育部忙于处理在沪各国立高校的撤迁事宜,对于新接管的吴淞商船专科学校暂时无暇顾及,短期内未能采取措施,而吴淞商船专科学校已经迁废。从长期来看,这一隶属关系的变化,给我国高等航海教育机构带来了一系列的复杂影响。首先,吴淞商船专科学校不再隶属于交通部,以后的国民政府交通部再未能收回高等航海教育机构的管辖权(如辽海商船专科学校同样归属教育部),此举打破了中国高等航海教育机构自开创起一直隶属于国家

交通主管部门的旧有格局;其次,吴淞商船专科学校等高等航海教育机构从此被纳入国家的整体高等教育行政管理体系,与航运行业的联系有所减弱,直接影响到学校的发展;再次,学校的办学经费由原来的交通部负责改为从政府教育文化预算经费中拨款,这一办学经费来源的变化,对于吴淞商船专科学校的影响颇巨,在其后续办学的过程中陆续显现出来。在1949年前,吴淞商船专科学校培养的高等航海人才最多,从侧面说明了其办学成就,也证明了其在中国近代高等航海教育史上的重要地位。

这一时期,以吴淞商船学校复校为标志,整个高等航海教育形成了以吴淞为中心、多点建设、全面发展的良好局面。东北商船学校、集美高级水产航海学校、招商公学航海专修科等均得到了一定程度的发展,与吴淞商船学校共同构成了这一时期的中国高等航海教育体系。

2. 东北商船学校

东北商船学校以培养江运人才为宗旨,设立有驾驶和轮机两科。学生来源主要是从哈尔滨、奉天(今沈阳)、北平(今北京)三个地方招考。至1932年哈尔滨沦陷后,东北商船学校搬迁到青岛。作为我国有影响的航海学校,东北商船学校从1927年成立到1932年搬迁青岛,存在了四五年的时间,前后共有学生150余人,为我国航海事业和高等航海教育事业培养和储备了一批重要人才。尤其是轮机科的设立,更是填补了旧中国高等航海教育的空白,开创了高等航海教育体系中航海与轮机两科并举的新局面,在中国近现代高等航海教育史上有着十分重要的历史意义。

3. 招商公学航海专修科

吴淞商船学校恢复后,在全国造成了较大影响,一时间形成毕业生供不应求的局面。但是,由于吴淞商船学校地处东南,且为交通部直属学校,这就造成了毕业生的分配过于向以上海为中心的东南沿海航运公司(利益代表为上海航业公会)倾斜,过于向以轮船招商局为核心的交通部属企业倾斜的不均衡格局。鉴于此,1934年10月25日,天津轮船航业同业公会以航字第38号公文,致函吴淞商船专科学校,强烈要求吴淞商船专科学校在天津开设分校。接到天津航业同业公会公函后,吴淞商船专科学校态度积极,在一个月内迅速回复天津轮船航业同业公会。尽管交通部部令不公开反对在天津创办分校,但是又加上了条件许可的限制,态度消极,明显有推诿之意。接获部令后,吴淞商船专科学校立即回复天津市航业同业公会,转达了交通部的意思,办校之事也就不了了之。这一事件,既能够反映出吴淞商船专科学校在航运界的良好声誉,又可以看出吴淞商船专科学校作为交通部直属高校,处处受到交通部辖制的尴尬处境。

1928年,轮船招商局鉴于航海人才的匮乏,决定在招商公学内创设航海专修科,以便培养航海之才,满足招商局所属商船对于高级船员的需求。招商公学航海专修科于1928年10月3日开学,第一届招收航海科学生50人,第二和第三届各招30~40人,并从第二届开始招收轮机科学生,另外还招收了业务科学生(这也是我国最早的海运管理专业)。学生修业期限三年半,其中上课两年半,上船实习1年。1931年2月,结束了课堂教学的第一届学生,均被派往常驻上海黄浦江的"公平"轮实习,充当练习船员。航海专修科办学质量较差,甚至因此导致学生罢课,少部分学生还退学或者改考他校。为此,1929年11月12日,奉交通部令,招商公学航海专修科大部分并于吴淞商船学校。此后,招商公学仍继续小规模办学,其毕业生就职于轮船公司者众多,具有一定成效。

4. 北平税务专门学校

1930年2月,设于北平(今北京)的税务专门学校,在上海姚主教路(今天平路)200号设立了第一分院,专门开设了海事班。1935年,北平税务专门学校内勤班迁至上海,与海事班合并,改为海关总署上海税务专门学校。海事班暨海事专业是税务专门学校的三大专业之一。学制3年,实习1年,招收高中毕业生。海事班除了设置与驾驶相关的航海课程外,还根据学科特点设置了海洋测量等海事课程。学生毕业后,多被派到海关系统的海关缉私船和航标船等关务船舶上担任候补驾驶员,试用2至3年合格后,可派任二等三级驾驶员。应该说,作为我国第一个有着强烈航海色彩的海事专业,上海税务专门学校海事班为我国航海队伍培养了不少高级人才,如方枕流等。

5. 集美学校实业部水产科

1920年2月,著名爱国华侨陈嘉庚创办集美学校实业部水产科,学生以学水产为主,兼学航海。1925年,水产科改称集美学校高级水产航海部,招收初中一年级肄业学生,学制改为5年,水产和航海兼学,以适应社会对水产航海高级人才的需求。1927年春,高级水产航海部独立为集美高级水产航海学校,学校教学大纲进一步提出"本校以养成水产航海人才,开拓海洋,挽回海权为宗旨",突出了航运特色。1932年9月学校增办新学制,学制3年。1935年春,学校又改称福建私立集美高级水产航海职业学校。按照课程要求,集美高级水产航海职业学校学生渔航知识兼学,学制为3年,实际修业时间为二年半,实习半年,即第三学年下学期派往渔轮或商船实习,这也是该校办学的一大特色。由于该校学生掌握的航海知识较为扎实,受到航海界的欢迎,当时航海界待遇与工作环境尚优于水产捕捞业,且同期的渔业公司远少于航运公司,故该校毕业生在航海界就业者为最多,在渔业界很少。

五、1937—1945 年高等航海教育的曲折发展

正当我国的高等航海教育逐渐恢复并发展势头良好之际,1937年7月7日,日本帝国主义制造"卢沟桥事变",发动了全面侵华战争,正在发展中的高等航海教育受到了沉重打击,甚至一度中断。伴随着抗日战争的进程,中国的高等航海教育也经历了一段曲折中谋发展、发展中见曲折的艰难历程。

1. 国立重庆商船专科学校

逆境中撤往内地的原上海吴淞商船专科学校,历经磨难,几经周折,终于在1939年恢复成立了新的商船学校——国立重庆商船专科学校,以此开始了这一期间的高等航海教育。国立重庆商船专科学校隶属国民政府教育部。原在上海的吴淞商船学校一部分图书和部分仪器,也经由滇越铁路和滇缅铁路运到重庆,部分吴淞商船学校的学生同时转入重庆继续学习。复校之初,增设航业管理科之事也只能留给后来的学校续办。复校之初,学校择定江北溉澜溪陈姓基地作为校址,校舍落成前,学校暂时租借招商局4 800载重吨、载客761人的"江顺"客轮作为办学地点,以供临时上课及办公之用。为战时所需,学校首次设置了造船专科,即由驾驶、轮机两科发展为驾驶、轮机和造船三科,从而使得高等航海教育在培养人才方面构成了新的学科体系。鉴于学校是异地开办,一切需要重新建设,随着战事的紧张,物质短缺,通货膨胀,学校财政陷入严重危机。由于经费短缺而导致的校方窘迫处境,直接影响到教职员工和学生的情绪,这种状况直到学校关闭也未得到缓解。1943年5

月,国立重庆商船专科学校学生因学校领导挪用办学经费,出现拖欠学生经费和教师工资的情况,导致群起反对,继而发生在总理纪念周大会上撵走校长的事件。国民政府教育部于5月8日勒令学校解散。后在社会各界的强烈反对下,教育部才不得不改变初衷,同年6月下令将学校并入位于重庆的国立交通大学接办。国立交通大学继续招收上述三科学生,于1943—1945年间,共招收商船驾驶、轮机管理以及造船系新生各三届,总计242人。

2. 高等船员养成所

1931年九一八事变后,东北唯一的一所航海学校——东北商船学校,被迫内迁青岛,东北地区的航海教育随之中断。日伪集团虽然全面控制了东北地区的航运业,但是,由于东北地区航运教育起步较晚,经过专门培训的航业人才极少,因此船员队伍素质低、专门技术人才缺乏的问题,成为航运发展所面临的突出矛盾。航行于黑龙江、松花江水系的机动轮船高级船员多雇用俄国人,人才不足与船员老化的矛盾日趋突出,直接影响到日伪集团对东北的经济侵略,为此需要加速培养专门航海人才。1937年1月,原东北商船学校被伪满洲国交通部从中东铁路管理局接收。同年2月,伪满洲国交通部决定于哈尔滨开办交通部高等船员养成所。同年4月1日,高等船员养成所从奉天(今沈阳)、吉林、哈尔滨等地中日青年中招考新生作为该所第一期学员正式入学上课。当时,因新校舍尚未落成,学生暂在哈尔滨道里炮队街以及“富锦”号轮船上上课。同年12月,坐落在道里井街的新校舍落成,学校旋即迁入。至此,高等船员养成所继东北商船学校之后再次成为东北地区商船教育的专门学校。成立之初的高等船员养成所由伪满洲国“交通部”直辖。1942年,船员养成所由“交通部”改归伪满洲国“民生部”(主管教育事务)管辖,成为其辖下的20所大学之一。1943年后,为了适应日本在太平洋的战略要求,大力加强海上运输,日伪集团于1943年决定将高等船员养成所迁往葫芦岛,并于1944年春,迁入葫芦岛码头东小街建筑校舍,以求扩大办学规模,更多地培养海运高级技术人才。同年秋,葫芦岛新校舍落成。9月18日,原哈尔滨高等船员养成所所有教职员、学生迁入葫芦岛新校舍。迁校之后,高等船员养成所改为“国立高等船员养成所”,由伪满洲国“国务院交通部”直辖。1945年8月日本宣布无条件投降后,高等船员养成所自行解散。直到1946年11月24日,应原高等船员养成所未毕业学生的再三要求,在有关各界的支持下,国民政府决定于葫芦岛原伪满洲国高等船员养成所的旧址,设立“国立葫芦岛商船专科学校”,部分原高等船员养成所未毕业的学生参加了建校的准备工作。高等船员养成所的开办虽然是为日伪集团服务的,但对延续和推动东北地区的航海教育却起了一定的作用,相当一部分毕业生还为新中国的内河海运建设事业做出了积极贡献。

六、抗日战争胜利后高等航海教育的维持与衰退

抗日战争胜利后,中国航运业一度出现了短暂的繁荣,船舶运力急剧膨胀,全国共拥有大小轮船3 000余艘,116余万t。仅仅轮船招商局一家,就在1945年9月—1946年7月接收了各类船舶2 158艘,共计239 141 t。随着船舶运力的激增,针对高级船员又产生了大量需求。但是,由于此前的独立高等航海教育机构惨淡经营以致撤销,高级船员培养数量寥寥可数,并且转而从事其他行业的很多,导致高级船员队伍严重萎缩,高级船员供给极度不足。甚至招商局接收的船舶因为缺少船员,造成了船舶运力的极大浪费。因此,迅速恢复业已中断的独立高等航海教育机构,为航运业输送高素质的合格人才,就成为当时社会的普遍共识和要求。

1. 吴淞商船专科学校

在教育部和交通部的坚持以及社会各界的强烈呼吁下，国民政府遂在1946年2月决定在上海恢复商船专科学校。1946年4月5日，教育部下令定校名为"国立吴淞商船专科学校"。当时，吴淞商船专科学校的复校与迁往内地的一般院校有所不同，原因是学校原班人马未能全部回归。随着1945年11月国立交通大学（重庆总部）迁回上海，1943年归并的原重庆商船专科学校师生也同时迁回。根据教育部的规定，原并入国立交通大学的驾驶、轮机、造船三科仍由国立交通大学办理，其中驾驶、轮机两科办到各在校学生毕业为止，1946年招收的驾驶与轮机科新生各40名划归吴淞商船专科学校。这样一来，吴淞商船专科学校实际上等于重新建立，增加了筹备复校的难度。因吴淞商船专科学校原有校舍已在抗日战争中被毁，后几经奔波，终于在原雷士德工学院旧址正式开学。复校后的吴淞商船专科学校，继续延续1937年6月改由教育部管辖的体制。但是，国民政府的高等教育经费严重不足，直接影响到1946年复校后的吴淞商船专科学校办学。经费紧张，重新兴建校舍、购置设备等事宜一拖再拖，学校只能继续在简陋的条件下维持办学。

2. 国立葫芦岛商船专科学校

1946年10月24日，国民政府正式决定在葫芦岛原伪满洲国高等船员养成所的旧址设立商船学校，定名为国立葫芦岛商船专科学校，并设立建校筹备处，部分原高等船员养成所未毕业的学生参加了建校的准备工作。学校于1947年4月14日正式开学。1948年辽西战局紧张，国立葫芦岛商船专科学校从葫芦岛迁往天津，同年10月再迁北平（今北京），选择武衣库作临时校舍，12月又移于灵境胡同授课。1949年2月，北平（今北京）解放，北平军管会文教部接管学校，同年2月28日，北平军事管制委员会宣布学校由北平迁往沈阳，由东北行政委员会交通部接管。

3. 厦门大学海洋系

1946年上半年，福建著名高校厦门大学在全国率先成立了海洋系，该系包括海洋学基础、水产和航海三个教学研究领域，为此在该系内设航海组，培养航海专业人才，专门讲授航海课程。1946年6月开始招生，学制4年，按照英美模式组织教学工作。1950年初，又设立了三年校课制的航海专修科，开始招收新生，并与原航海组各班合为三班。当时专业课程均仿照上海航务学院、东北航海学院的新订办法进行，学时与进度教学则按照厦门大学的整体安排进行，基本学科如数、理、语文等课程则由厦门大学其他外系帮助讲授。由于航海组暨航海专修科新建不久，办学条件简陋，师资匮乏，因此实际实习也根本无法进行。1951年初，航海专修科一度迁移到福建内陆的闽西龙岩，实习更是完全停止。在1952年秋院系调整中，厦门大学航海专修科并入集美水产商船专科学校，成立福建航海专科学校，仅设航海一科。

4. 福建私立集美水产商船专科学校

卢沟桥事变后，集美学校内迁至福建安溪和大田县，在艰苦的条件下坚持办学。1938年改建为福建私立集美联合中学（水产航海科），1939年更名福建私立集美职业学校，1941年再改为私立集美高级水产航海职业学校。1945年8月28日，水产航海学校由福建安溪迁回集美，大部分校具器物也随同回来，9月4日在原址"允恭楼"开学。在组织机构上，学校基本延续了以前的架构，唯进一步强化了教导处的工作职能。1947年9月，集美高级水产航海职业学校开始分设航海、渔捞两科，打破了沿用27年的渔航混合设置。战后校舍遭受重创,尽管面临着实习等多方面困难,学校仍旧坚持办学。1946—1949 年,该校培养了一大批高级航海人才,为民族轮船航运业做出了重要贡献。该校办学至 1951 年,由中华人民共和国教育部批准成立"福建私立集美水产商船专科学校"。

5. 国立武昌海事职业学校

抗日战争胜利后,1945 年底,国民政府教育部于武昌设立了国立武昌海事职业学校。1946 年 1 月,国立武昌海事职业学校、广东省立潮汕高级商船职业学校的一部分(1945 年 11 月创建)合并组建为新的国立武昌海事学校,校址位于武昌下新河。1949 年 6 月,武汉市军管会交通接管部接管国立海事职业学校。1949 年 5 月军管会接管前夕,全校共拥有教职工 102 人(其中教师 24 人),在校生 248 人,图书杂志 1 500 余册。同年 11 月 18 日,以国立海事职业学校为基础,成立了中南交通学院。1951 年改名为武汉交通学院,1952 年更名为武汉河运学院。

6. 广东省立海事专科学校

1945 年春,抗日战争胜利在即。根据国民政府教育部的规划,为培养战后急需的航运、水产人才,决定分别在适当地区设立海事专门学校。同年 8 月,广东省立海事专科学校在汕头筹备成立,规划开设航运及水产等多种学科,初期先招收渔捞(海洋捕捞)、航海驾驶、轮机等三科各一班,每班 40 人,并于 10 月间开课,校址设在汕头市中马路原西木愿寺小学旧址。1946 年,学校迁到广州西村,经教育部核准正式定名为"广东省立海事专科学校",分为水产和商船两部,水产部设立鱼捞、制造、养殖三科;商船部设立驾驶、轮机两科。1949 年 10 月广州解放,广州市军管会派军代表钟杰明对学校进行接管,1950 年 2 月,学校奉令结束。

7. 福建省立林森高级商船职业学校

1944 年,福建省教育厅设立省立林森高级商船职业学校,设有航海、轮机、造船三科,校址设在将乐。1945 年 9 月,福建省立林森高级商船职业学校与私立马江勤工工业职业学校迁回福州马尾。1946 年两校合并,成立福建省立林森高级航空机械商船学校(简称高航),设有航海、轮机、造船、航空机械四科。1949 年中华人民共和国成立后,改称福建省立高级航空机械商船学校。1952 年 8 月全国院系调整,学校被分别并入福州工业学校、集美航海学校、上海造船学校。

七、新中国高等航海教育的恢复与初步发展

1949 年 10 月 1 日中华人民共和国成立。新中国的中央和地方各级人民政府对航海教育工作极为重视,对于高等航海人才的培养十分关注。在国民经济三年恢复时期,经过调整、合并和扩充,全国高等航海院校设置了航海、轮机、港务工程、造船修船以及海运管理等专业,逐步形成了一套较为完整的高等航海教育的体系,既促进了新中国航海教育事业的整体发展,又为第一个五年计划的实施培养了大批港航建设人才。

1949 年间,新中国接收的各类航海学校共有 9 所,包括设在上海的吴淞商船专科学校、设在大连的东北商船专科学校、设在广州的广东海事专科学校、设在武汉的国立海事职业学校、设在汕头的潮汕商船职业学校、设在福州的私立集美水产航海学校和林森航空商船职业学校,设在上海的交通大学航务系,以及厦门大学航海学。

作为新中国高等航海教育的发轫期,从 1949 年至 1953 年间,高等航海教育工作的重点

是接管旧的高等航海院校,整顿内部院务,同时积极打破以吴淞商船专科学校为代表的旧中国遗留的高等航海教育格局,有计划地进行相关院系的调整,形成了一些新的高等航海教育院校。尽管三年期间的毕业学生数量不多,但是招收的新生大大超过了旧中国几十年的历史;师资队伍建设得到了重视与发展;专业及其课程建设开始有条不紊地进行,各院校的航海教学工作快速步入规范化、正规化的轨道。这一切,为迎来1953年我国高等航海教育的"三校合一"——成立大连海运学院,提供了必要的组织基础。

1. 上海航务学院

1949年上半年上海即将解放时,吴淞商船专科学校已陷入无政府状态。1949年5月27日上海解放,6月22日,上海军事管制委员会高教处正式接管学校。1950年3月,吴淞商船专科学校改由中央人民政府交通部领导,委托上海市军管会财经接管委员会航运处(后改为上海区航务局)代管。被接管后的吴淞商船专科学校,仍然设立有航海、轮机两科,学制5年,其中在校修业3年,上船或到工厂实习2年。1950年上半年,学校增设无线电信科,学制两年半,其中在校修业2年,实习半年。

1950年6月,华东教育部与交通部上海区航务局共同研究后初步认为,交通大学航业管理系和轮机工程系与吴淞商船专科学校航海与轮机两科的专业性质相近,为了集中有限的人力物力办好高等航海教育,提议将两校相同的海上专业合并,成立一个新的独立航务学院。此后,交通部上海区航务局在并校过程中开始发挥外部主导的作用。1950年9月22日,"国立上海航务学院"正式成立。断续存在了近40年的吴淞商船专科学校名称自此撤销。尽管"吴淞商船"一词作为中国高等航海教育的一段历史被载入史册,但是以吴淞商船学校为代表的中国航海教育前辈越挫越勇,为中华民族航海事业奋斗到底的精神,也为后来延续下来的上海航务学院、大连海运学院等所传承弘扬。

2. 东北航海学院

如前所述,辽海商船专科学校于1949年2月10日由北平军管会文教部接收。同年3月3日迁至沈阳,由东北行政委员会交通部接管,改校名为东北商船专科学校。东北交通部遂决定将该校与东北邮电学校合并,成立东北交通专门学校,原机构解散,师生员工进行政治学习。东北商船专科学校作为培养航海人才的专门学校,校址设于远离沿海的沈阳,不仅为师生所不适应,对教学和实习以及学生水上训练也极为不利。经上级批准,学校于1949年底迁往大连,1950年2月2日迁校结束,开始进入全面的恢复与发展。1950年9月,学校又改名为东北航海专门学校。同一时期,随着全国局势的渐趋稳定,尤其是航运事业的恢复与发展,学校的班级、师资力量、教学实验设备等亦逐渐扩充。1951年5月经中央人民政府教育部批复同意,将"东北航海专门学校"改为"东北航海学院"。至此,继上海航务学院之后,新中国又一所经过接收改造的新型高等航海院校产生了。学院最初由东北人民政府教育部直接领导、中央交通部指导,经费由东北人民政府供给,学生全部实施供给制。1952年起,学院直属中央交通部领导,学制5年,经费也同时改由中央交通部供给。

3. 福建航海专科学校

1949年至1952年,除了吴淞商船专科学校与交通大学航务系合并调整成为上海航务学院、东北商船专科学校发展为东北航海学院、广东海事专科学校奉令结束停办、国立海事职业学校改为河运为主的中南交通学院外,其余学校大都属于中等专业性质的航海学校,故不一一赘述。但是,以福建私立集美水产商船专科学校等学校整合形成的福建航海专科学校,曾经短期发展成为大专性质的独立航海院校,随即又于1953年归并于"三校合一"的大连海运学院,故此有必要对其进行介绍。

福建历来具有航海传统,也为近代航海学校集中之区。拥有以集美水产航海学校为代表,包括林森航空商船职业学校、厦门大学海洋系航海组在内的航海教育机构。1952年夏天,福建私立集美水产商船专科学校与厦门大学航务专修科合并,同年9月正式成立国立福建航海专科学校(简称福建航专)。学校由华东人民政府高教部领导,一切经费由政府负担,校址仍设在集美。9月18日,福建省又将林森航空商船职业学校的航海学科并入福建航专。福建航专建校初期,借用集美学校校舍,同时由陈嘉庚集资建设新校舍。通过连续建设,1952年秋季的校舍使用面积(室内面积)已达6 766平方米,初具规模。

4. 大连海事大学

为了培养国家需要的高级航运人才,更为了下一步高等航海教育的健康与可持续发展,中央人民政府教育部和交通部高瞻远瞩,根据全国航运业所处的国内外环境,以及高等航海教育资源的分布状况,决定集中全部力量,全力打造一所以航海类专业为主的综合性新型高等航海学府——大连海运学院。1953年3月正式成立的大连海运学院,标志着中国高等航海教育进入了"三校合一"的新时代,大连海运学院一度成为新中国高级航海人才来源的唯一渠道。"三校合一"指的是上海航务学院北迁至大连与东北航海学院合并,成立大连海运学院,同年11月福建航海专科学校再北迁并入大连海运学院的历史事件。大连海运学院成立前后,一直受到中央和地方各级政府给予的大力扶持。这一期间,新兴的大连海运学院从组织机构的建设,师资力量的引进,培养目标的确定,学科的调整,教学计划的改革,学生的实习等各方面,乃至学生的毕业分配,都得到了国家主管部门的大力扶持与帮助。同时,大连海运学院也不负国家厚望,努力奋进,培养出了一批批国家需要的合格航海人才,肩负起了为国家输送高级港航人才的使命,成为国家高级航运人才来源的主渠道。1960年,大连海运学院被确定为全国重点大学。1963年,国务院批准大连海运学院航海类专业实施半军事管理。1994年,学校更名为"大连海事大学"。1998年,大连海事大学成为"211工程"项目院校。

5. 上海海事大学

上海航务学院迁往大连与另外两校合并成立大连海运学院后,作为现代高等航海教育发源地的上海高等航海教育一度中断。1958年交通部决定在上海恢复高等航海教育,筹建上海海运学院。1959年,上海海运学院正式成立,初设航海和轮机专业,继而增设船舶机械和港口机械两个专业。1962年交通部对所属院校进行专业调整,将上海海运学院的航海、轮机专业调往大连海运学院,将大连海运学院的水运管理专业调到上海海运学院。在1963年和1965年又先后将上海海运学院的船舶机械和港口机械两个专业调往武汉水运工程学院,将武汉水运工程学院的水运经济与组织专业调到上海海运学院。到1966年,上海海运学院共有水运经济、水运管理、远洋运输三个系六个专业,成为一所管理性质的学院。1972年,上海海运学院先后恢复海洋运输类各专业。2004年,学校更名为"上海海事大学",开始了新一轮的快速发展。2008年,上海海事大学主体搬迁至临港新城。

6. 集美大学

1953年,福建航海专科学校迁往大连成为大连海运学院一部分后,福建私立集美高级水产航海学校这个老航海教育基地,也开始了有计划的发展。1955年中央决定将渔捞、养殖、轮机三个专业由农业部负责指导并安排毕业生,航海专业由交通部负责指导并安排毕业生。到1956年,该校学生人数达千余人,比解放前最高年限增加5倍多。1958年初,航海、水产分开建校,航海学校称福建省厦门市私立集美航海学校。1964年归交通部领导,改名集美航海学校,设海洋船舶驾驶、轮机管理、船舶电工三个专业。1994年,集美师范高等专科学校、集美航海学院、集美财经高等专科学校、厦门水产学院、福建体育学院合并组建集美大学。

7. 武汉理工大学

1949年5月武汉解放后,将国立海事职业学校(1946年1月于武昌下新河创办)并入新创立的中南交通学院,成为该院的航业系。航业系设驾驶、轮机、造船、航政等四个专业。1951年中南交通学院归交通部领导,改名武汉交通学院,将航业系分成航运和轮机两个系,驾驶、航政专业归属航运系,轮机、造船专业归属轮机系,并将驾驶专业过去专习航海培养海船驾驶员,改为江海兼习以江为主培养江船驾驶员。1952年全国高等学校进行调整,学校改名武汉河运学院。航运系改为水运管理系,停办驾驶专业,设立水运管理专业;轮机系改为船机系,停办轮机专业,改设船舶机械及机器专业。1956年学校再次更名为武汉水运工程学院,复设江船驾驶与轮机管理专业,仅办两届,又停办,该校从此就不再办这两个专业。1993年学校更名为武汉交通科技大学,隶属原交通部。2000年,武汉工业大学、武汉交通科技大学、武汉汽车工业大学合并组建武汉理工大学。

8. 广州航海学院

1964年,广州海运学校创办,校址选在广州东郊的南海神庙(菠萝庙)。1981年,广州水运工业学校并入广州海运学校。1992年,广州海运学校与武汉水运工程学院广州航海分部合并组建为广州航海高等专科学校。2002年,广州航务工程学校并入广州航海高等专科学校。2013年,广州航海高等专科学校升格为普通本科院校并更名为广州航海学院。

思政一点通

在璀璨的中国历史长河中,涌现出大批的航海人物和他们的英勇事迹,明朝初期郑和七下西洋的航海活动,时间之长、规模之大、范围之广都是空前的,它不仅在航海活动上达到了当时世界航海事业的顶峰,而且对发展中国与亚洲各国家政治、经济和文化友好关系,做出了巨大的贡献。同时也充分体现了中华民族热爱和平、睦邻友好、自强不息的优良传统。智慧的中国先人们披荆斩棘,向海而生,逐梦大海,在长期的航海活动中,促进了航海技术的发展,发明了先进可靠的航海工具,如指南针等,开辟了前所未有的海上航路,为我们留下了宝贵的物质财富和精神力量。

恰逢国家"海洋强国"重大战略时期,作为航海学子,除了为我们的先辈们感到自豪,更应秉承先辈们勇于探索、不怕艰险的精神,热爱航海,投身航海,奉献航海事业,勇敢闯出更加宽阔的一片碧海蓝天。

思考题

1. 概述中国古代航海活动的主要脉络。
2. 列举中国古代主要的航海技术和知识。
3. 论述近代中国航海发展概况。
4. 查阅资料,对比中西方古代航海技术的发展,列表说明。

第二章 航运业的地位与作用

现代社会每个国家都依赖廉价的原料,使得工厂能够正常地运作,以及使住所或者办公场所得到照明或供暖。一些国家生产大量的廉价燃料以满足世界各国的需要,这些燃料从矿井中开采出来,然后通过油轮运送到世界各地;有的国家生产的制成品,通过集装箱运输到另外一些国家。现代社会各国之间的联系如此紧密,是因为几个世纪以来,国际航运已经形成了网络运输系统,该运输系统高效地将世界各国紧密地联系在一起。因此,国际航运市场对于现代经济,尤其是对经济全球化,具有重要的促进作用。

第一节 中国航运业的发展与现状

运输业亦称"交通运输业",是从事运送旅客和货物的物质生产部门,它主要运用各种工具设备,实现旅客和货物空间位置的转移。其过程不创造新的物质产品,不改变劳动对象的物质形态,也不增加其数量,只改变劳动对象的空间位置和增加产品价值,满足社会的需要。随着社会化生产的发展,运输业在国民经济中及人民的物质文化需要中的地位愈加重要。

运输业结构的内容主要包括五方面。

(1)部门结构:各种运输方式分别完成的客货运量和周转量(见运输量)在所有运输方式完成的总运量和总周转量中所占的比重。它的变化情况反映运输业内部各部门发展的趋势、运输同国民经济的发展,以及人民生活提高的适应程度。

(2)运量结构:各种运输方式完成的货物运输量中各种工农业产品数量的构成。它的变化情况反映运输和工农业生产发展的趋势,以及运输业发展同产业结构和产品结构的适应程度。

(3)地区结构:各种运输方式的营运线路长度、运输工具数量和客货运输量的地区分布。它反映运输能力在空间上布局的合理化程度,以及运输同工农业在地区上分布的适应程度。

(4)技术结构:各种运输方式采用的技术手段的构成。它的变化情况,如铁路牵引动力电气化和内燃化的发展,运输工具的专用化和大型化,货物运输的集装化和散装化,运输信号的自动化,装卸、养路和施工作业的机械化等,反映运输装备的技术发展水平。

(5)投资结构:各种运输方式建设投资的比例。它反映运输业内部各种运输方式之间以及各种运输方式内部各个环节之间的相互关系、运输业扩大运输能力的投资方向,以及运输建设同国家经济、文化和国防建设的适应程度。

运输业结构合理化的标志是以最少的劳动消耗、最好的服务质量满足社会对运输的需要。建立合理的运输业结构,首先必须认真分析各种运输方式的技术经济特点及其发展趋势,确定各种运输方式在运输体系中的地位和作用,寻找其运输旅客和货物的最佳经济范围。其次,在全国范围内根据各种运输方式的合理分工和经济发展对运输的需求,建立综合运输网,在各个地区和主要运输方向上因地制宜发展相应的运输方式。

运输业结构是国民经济结构的重要组成部分。运输是发展国民经济的基础,在社会扩大再生产过程中处于纽带地位,因此,在建设上要超前,在运输能力上要保有后备,以便发挥运输业的先行作用。建立合理的运输业结构,是以提高经济效益和满足社会需要为目标,既要充分发挥各种运输方式的技术经济优势,又要保持各种运输方式的平衡衔接和按比例协调发展。

一、航运业的战略地位

作为运输业结构中重要组成之一的水路运输——航运业是国民经济重要的基础性和服务性产业,是综合运输体系的重要组成部分。航运业在我国能源、原材料等大宗货物远距离运输中始终发挥着主导作用,已成为我国经济和对外贸易发展的重要支撑和保障。

- ·水运承担了93%的外贸运输量和北煤南运的重任;
- ·港口接卸了我国95%的进口原油和99%的进口铁矿石;
- ·水路货物周转量占全社会总量的比例由1978年的38%提高到2006年的62%;
- ·长江作为横贯我国东中西部的运输大通道,承担了沿江企业生产所需80%的铁矿石、72%的原油和83%的电煤。

根据国家统计局发布的国民经济和社会发展统计公报统计数据,如表2.1和图2.1所示,2001—2007年我国水路货物周转量占全国货物周转量的比重基本保持逐年增长。

表2.1　2001—2007年水运发展情况一览表

年份	全国货物周转量 /亿 t·km	水路货物周转量 /亿 t·km	所占比重/%	港口吞吐量 /亿 t
2001	47 710.00	25 988.90	54.47	24
2002	50 686.00	27 510.60	54.28	26.8
2003	53 859.00	28 715.80	53.32	33.99
2004	69 445.00	41 428.70	59.66	41.23
2005	80 258.00	49 672.28	61.89	48.53
2006	88 953.00	55 485.75	62.38	55.7
2007	97 348.52	62 182.17	63.88	64

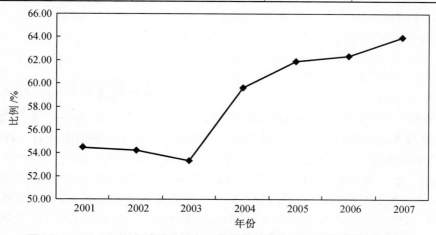

图2.1　2001—2007年我国水路年份货物周转量占全国货物周转量的比重

二、航运业面临的挑战

航运业为周期性行业(Cyclical Industry,指和国内或国际经济波动相关性较强的行业,其中典型的周期性行业包括大宗原材料如钢铁、煤炭等以及工程机械、船舶等)。近年来,航运市场高点使得船东增加了大量的船舶订单,新造船不断投入运营,造成运力严重过剩局面,即使不考虑需求下降因素,航运业也会因供求失衡而进入下行周期和结构调整期。2008年9月爆发的全球经济危机使航运业雪上加霜,加速了航运业的下滑。在货运需求下降,航运运力过剩的双重打击下,航运企业经营状况普遍恶化:

(1)由于干散货、油轮、集装箱三大市场形势严峻,导致航运企业盈利普遍下降,全球班轮公司将合共亏损200亿美元;

(2)日本三大船公司2009年7月27日宣布当年4—6月全部亏损,合计净亏损468.2亿日元(5亿美元);

(3)2008年我国共有4家小型船公司终止业务,2009年又有多家航运企业申请破产保护或正式清盘。

我国作为社会主义大国,现有运输线路里程(包括水路、铁路、公路、航空和管边运输)与我国的大国地位、国土面积和人口相比很不相称,而且尚未形成全国综合运输网络,五种运输方式的发展程度与发达国家还存在一定差距。

"十二五"以来特别是党的十八大以来,面对国内外复杂多变的环境,党中央、国务院团结带领全国各族人民,审时度势,克难攻坚,砥砺前行,有力实施宏观调控,积极应对风险挑战,加快结构调整步伐,不断改善人民生活,实现了经济持续稳定增长,为全面建成小康社会奠定了坚实基础。

2011—2014年,我国国内生产总值年均增长8%,2014年达到63万亿元,折合10.4万亿美元,占世界的份额达到13.3%,比2010年提高4.1个百分点;2014年我国人均GDP为46 629元,扣除价格因素,比2010年增长33.6%。我国人均国民总收入由2010年的4 300美元提高到2014年的7 380美元,在中等收入国家中的位次不断提高;2014年末,我国铁路营运里程、公路里程、高速公路里程分别达到11.2万km、446.4万km、11.2万km。2014年高速铁路运营里程突破1.6万km,位居世界第一;2014年,我国制造业产值占全球制造业产值份额上升至25%,稳居世界第一制造大国地位。在世界500种主要工业品中,我国有220种产品产量位居世界第一;国家统计局提供的数据显示,2011—2014年,我国经济对世界经济增长的贡献率超过四分之一。

回顾"十二五",加快转变经济发展方式这条主线贯穿始终:从农业看,综合生产能力稳步提高,粮食产量实现新中国成立以来首个"12连增";从工业看,一手抓化解过剩产能,一手抓改善品质质量,以数字化、网络化、智能化为特征的智能制造成为新生力量;从服务业看,2012年服务业增加值占GDP比重历史上首次超过第二产业;从新兴产业看,节能环保、新一代信息技术、高端装备制造等七大战略性新兴产业,占工业主营业务收入比重提高到14.8%,产业高端化步伐明显加快。

伴随着全球经济的复苏,经济一体化进程不断加速,世界各国、各地区经济贸易往来日趋频繁,资本、资源以及产品等在全球范围内的合理配置和流动,进一步促进世界产业结构调整和重新布局,推动了贸易的高速增长,为航运业带来巨大的运输需求,也为中国航运业的发展奠定了良好的国际空间。

航运业是实现国际贸易的重要保障,也是推进经济结构调整和经济全球化的重要基础,航运业为中国的对外贸易发展,巩固世界主要贸易大国的地位提供了便利的运输服务。

　　2009—2020 年中国水运发展情况及 2001—2020 年中国水运发展趋势如表 2.2 和图 2.2 所示。

表 2.2　2009—2020 年中国水运发展情况一览表

年份	全国货物周转量 /亿 t·km	水路货物周转量 /亿 t·km	所占比重 /%	港口吞吐量 /亿 t
2009	121 211.30	57 439.90	47.39	69.1
2010	137 329.00	64 305.30	46.83	80.2
2011	159 014.10	75 196.20	47.29	90.7
2012	173 145.10	80 654.50	46.58	97.4
2013	186 478.40	86 520.60	46.40	106.1
2014	184 619.20	91 881.10	49.77	111.6
2015	177 400.70	91 344.60	51.49	114.3
2016	185 294.90	95 399.90	51.49	118.3
2017	196 130.40	97 455.00	49.69	126
2018	205 451.60	99 303.60	48.33	133
2019	199 290.00	103 963.00	52.17	140
2020	196 618.30	105 834.40	53.83	145

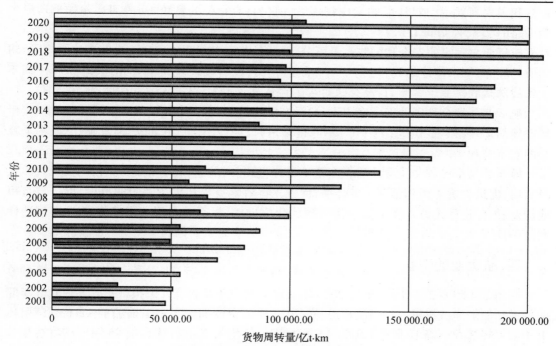

图 2.2　2001—2020 年中国水运发展趋势

我国港口货物吞吐量也从 2008 年金融危机以来逐步恢复,并快速提升,如图 2.3 所示。

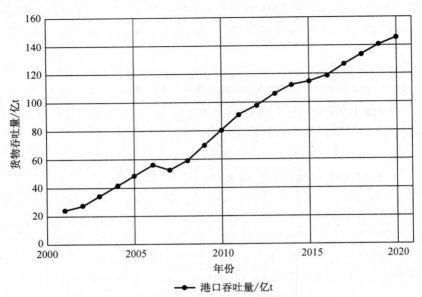

图 2.3 我国 2001—2020 年港口货物吞吐量发展趋势

三、航运业的社会效应

相比于其他运输方式,水路运输特别是内河运输有着成本低、能耗低的特点:美国内河航运的运输成本为铁路的 1/4,公路的 1/5;德国内河航运的运输成本为铁路的 1/3,公路的 1/5;我国内河航道、港口、船舶均比较落后,但仍具有很强的竞争力,内河运输的平均成本为铁路的 2/3,公路的 1/3。

航运业与国家的安全和国防密不可分:部队的集中与分散、军需品的生产和供应、边防哨所的驻守、军事基地的设置,无一不和航运相关;没有现代航运工具和运输路线,便谈不上作战部队的快速反应能力;没有四通八达的交通网,便难以将各种军需物资输送到位。

航运业与社会秩序的稳定密不可分:没有航运业,人民的生活必需品不能保证供应,生活设施的运转(供水、供电、供气等)不能正常进行,便谈不上人民的安居乐业,更谈不上社会的安定与和谐。

航运业与全民族文化素质的提高密不可分:便利的航运,将方便地区间的文化交往、人员交流,促进先进思想和新观念的传播,促进先进科学技术和生产经验的推广,促进教育事业的发展,促进思维方式和生活习俗向现代化方向演进,会为各种文化事业的发展创造便利的条件。

四、航运业的现状

如图 2.4 和表 2.3 所示,根据 2020 年交通运输行业发展统计公报,由 2016—2020 年船舶数量和船舶净载重量发展情况可见,在 2020 年末全国拥有水上运输船舶 12.68 万艘,比上年末下降 3.6%;净载重量 27 060.15 万 t,比上年增长 5.4%;载客量 85.99 万客位;集装箱箱位 293.03 万 TEU(Twenty-foot equivalent unit)。

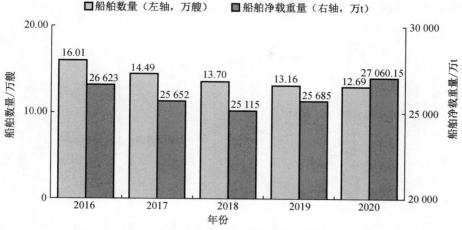

图 2.4 2016—2020 年我国水上运输船舶拥有量及净载重量

表 2.3 2020 年全国水上运输船舶构成

指标	计量单位	实绩	比上年增长/%
内河运输船舶			
运输船舶数量	万艘	11.50	−3.8
净载重量	万 t	13 673.02	4.5
载客量	万客位	60.07	−4.2
集装箱箱位	万 TEU	51.31	31.0
沿海运输船舶			
运输船舶数量	艘	10 352	−0.1
净载重量	万 t	7 929.83	12.0
载客量	万客位	23.63	0.6
集装箱箱位	万 TEU	60.91	−3.7
远洋运输船舶			
运输船舶数量	艘	1 499	−9.9
净载重量	万 t	5 457.30	−1.2
载客量	万客位	2.29	−3.3
集装箱箱位	万 TEU	180.80	48.9

  如图 2.5 所示,2016—2020 年水路固定资产投资额及增长速度,其中 2020 年全年完成水路固定资产投资 1 330 亿元,比上年增长 17.0%。其中,内河完成 704 亿元,增长 14.8%;沿海完成 626 亿元,增长 19.5%。

  航运业的地位不可替代;航运业的经济效益、社会效益、环境效益至关重要;大力发展内河航运是可持续发展的必然需求。

  新中国成立后,我国的航运业获得新生和腾飞,经过全国人民 70 多年的不懈努力,取得了巨大的成就。航运能力有了大幅度的增长,形成了繁忙的远洋、近海和内河的客、货运输

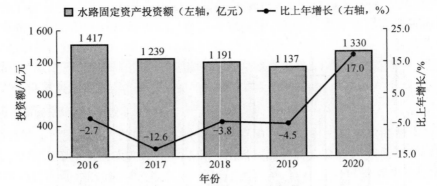

图 2.5　2016—2020 年我国水路固定资产投资额

网络,对于促进国民经济的发展、满足人民物质文化生活的需要和加强国防建设,都起到了极为重要的作用。

根据交通运输部正式发布的《2020 中国航运发展报告》显示,我国水运业经受了国际金融危机的严峻考验,在我国经济回升向好的带动下,港口业率先走出低谷,保持了较快增长:

(1) 2020 年全国港口货物吞吐量完成 145.5 亿 t,目前我国港口规模居世界第一。港口集装箱吞吐量完成 2.6 亿 TEU,港口货物吞吐量和集装箱吞吐量都居世界第一位。在全球港口货物吞吐量前 10 名当中中国港口有 8 席,集装箱吞吐量排名前 10 名的港口当中中国占有 7 席。

(2)海运团队规模持续壮大。到 2020 年底,我国海运船队运力规模达到 3.1 亿载重吨,居世界第二位。中远海运集团、招商局集团经营船舶运力规模分别已经达到全球综合类航运企业第一位和第二位。同时,内河货运量连续多年居世界第一位。2020 年全国内河货运量完成 38.15 亿 t,到 2020 年底,全国内河航道通航里程超过 12 万 km,居世界第一,长江干线连续多年都成为全球内河运输最繁忙、运输量最大的黄金水道。

完成货运量 76.16 亿 t,比上年下降 3.3%,完成货物周转量 105 834.44 亿 t·km,下降 2.5%。其中,内河货运量 38.15 亿 t、货物周转量 15 937.54 亿 t·km;海洋货运量 38.01 亿 t、货物周转量 89 896.90 亿 t·km。

全国港口完成旅客吞吐量 4 418.8 万人,比上年下降 49.3%。其中,内河港口完成 74.6 万人,下降 85.3%;沿海港口完成 4 344.2 万人,下降 47.1%。

全国港口完成货物吞吐量 145.50 亿 t,比上年增长 4.3%。其中,内河港口完成 50.70 亿 t,增长 6.4%;沿海港口完成 94.80 亿 t,增长 3.2%。完成集装箱铁水联运量 687 万 TEU,增长 29.6%。

港口是国民经济的重要基础设施,在综合运输体系中发挥着重要的枢纽作用,是国民经济发展和参与全球经济一体化进程的重要战略资源;中国经济在未来较长时期内继续保持稳步增长的态势,为港口业的持续发展提供了强劲的动力,继续坚持扶持港口发展的各项政策,保证港口适应国民经济和对外贸易发展的需要。

全球科学技术领域的交流合作和日益进步,现代航海技术、管理技术和高新技术等在航运业的广泛应用,使航运服务的便捷、高效和低成本成为可能,从而给航运业带来巨大的推动力,无人智能船舶将成为未来发展的趋势。

第二节 国际航运的重要性

国际航运对现代社会具有非常重要的作用,只要有国际贸易的地方,人们总是要直接或者间接地从事与国际航运有关联的活动,因而国际航运从某种程度上影响着人们的生活。此外,国际航运在某种意义上又是人类重要的稀缺资源,它不仅仅是将旅客或者货物从一个地区运送到另一个地区,而且还是人类重要的行为活动。当今国际航运已经与我们的现代生活息息相关,为什么国际航运对现代社会如此重要,其原因如下。

1. 国际贸易的需求

地球是一个充满丰富自然资源的大星球,但每一个地区的资源禀赋不一样,地区之间存在差异。这些差异包括气候、矿产和土地肥沃程度等。这些自然差异导致有些地区盛产农产品,这些农产品除满足本地区消费之外,还存在剩余,可以用来进行国际贸易。通常这种交易是双向的,一个地区用一种农产品去换取另一个地区的其他产品。运输,尤其是国际航运是这些贸易得以实现的一个有力工具。例如,由于冷冻集装箱的产生,以及快速的航运速度使得食品的贸易得以在国际进行交易。此外,气候的变化,会使得一个国家农产品的产量发生较大变化。食品或者救济品只有迅速地、经济地和有效地通过有组织地运送,才能安全、高效地到达目的地。

2. 市场之间的联系

一种产品的生产没有必要在任何地区都设立工厂,工厂必须设立在生产最有效率的地区,实现规模经济,即生产规模的扩大可以降低单位产品的成本,以实现利润的最大化。因此,在市场和工厂之间,必须有一个高效的运输系统。历史证明,没有一个高效的运输系统尤其是廉价的国际航运系统,要实现市场和工厂之间的联系,以利于工厂进行规模生产,是不可能的。

3. 社会交流

人类是一种群聚动物,只有一小部分人希望独居。即使在交通运输非常艰难的年代,人类也希望通过彼此的联系,增加社会关系,促进思想的交流。国际航运在社会关系的扩展中,起着非常重要的作用。

4. 国家凝聚力

一个国家拥有一支有效的世界级商船队,对于一个国家的安全具有非常重要的作用。对于一个由许多分散领土构成的国家,该国领导者的政策和国家认同必须通过航运系统得到执行。此外,国际航运能培养较好的海员。在战时,海员、商船都能成为战争获得胜利的基础。

5. 经济全球化与贸易增长

经济全球化导致世界各国之间商品贸易迅速增长。为了追求制造业的竞争和经济性,生产制造业中心开始超越国界转移其生产基地。消费者每天所消费的农产品和制造业产品也来自世界各地,尽管世界经济不断遭到地区性经济危机的冲击。

国际航运的重要性还可从其实现的功能有所体现。国际航运市场的功能可以理解为运输的功能,即人们将商品和货物运送到另外的地点。人们到另外一个地点是为了商业和旅游;货物运到另外一个地点是为了获得较高的价格。因此,国际航运的功能有旅客运输和货物运输两个方面。

（1）旅客运输,是将旅客从现在所在的地点运送到旅客将来希望所在的地点。

（2）货物运输,是将货物从现在所在的地点运送到较高价值的地点,即增加位置效用。因而我们可以将国际航运看成改变商品和旅客位置,即使旅客和货物的位置与在未来所期望的位置的差距得到缩小。经济学家认为生产是产生效用的,那么国际航运的目的是增加位置的效用。换句话说,国际航运的效用是实现从生产地点到消费地点效用的增加。例如农民所种植的粮食,如果在国内,它们的价值有限。当这些粮食被包装、运送到国外市场,粮食的价值就得到增加。国际航运通过将农民所种植的粮食运送到潜在的市场,使粮食的价值得到增加。

第三节　世界主要运河与航区

一、世界主要航区

1. 大西洋航区

一个世纪以来,大西洋地区一直是世界航运中心,周边地区(尤其在北大西洋)分布着主要的航运强国。大西洋非常适合于海运贸易,东西两岸主要工业国之间的距离很少超过3 000 n mile,或相当于商船10天的航程。西欧仍是最大的贸易区,海运贸易量占全球的25%,而北美(包括北美西岸)占13%,二者一起创造了原材料和制成品的巨大贸易量。而另外4个地区的贸易量则少得多。位于地中海的10个非欧洲国家占7%,加勒比和中美洲地区为3%,南美东岸为6%,西非为5%。大西洋的贸易模式如下:大西洋东西航线上船只密集,而南北航线的船只较少。就地形而言,大西洋呈"S"形,南北向较长,东西向较窄。整个大西洋贸易区内有18个主要的海区和海湾。

（1）西欧的海运贸易。欧洲海运贸易包括13个国家。最大进口国是荷兰,其次是英国、意大利和法国。在欧洲经济共同体(EEC)和斯堪的那维亚,这些成熟工业经济体在20世纪70年代进口下滑,其中,英国从2亿t急剧下降到1.36亿t(同时也反映了北海石油产业的发展)。相比之下,在发达程度较低的欧洲其他国家,进口却有所增长,尤其是西班牙、葡萄牙。

欧洲有大量的河流和港口。位于最北的纳尔维克港(Narvik)出口铁矿石,而位于波罗的海的各个港口则中转以下各国和地区的贸易货物:芬兰、俄罗斯、波兰、德国北部以及瑞典。木材产品、石油、煤炭以及普通杂货经过以下各港运输:圣彼得堡(St Petersburg)、文茨皮尔斯(Ventspils)、格坦斯克(Gdansk)、罗斯托克(Rostock)、斯文诺斯切(Swinoujscie)、斯德哥尔摩(Stockholm)、马尔默(Malmo)。往南有汉堡港(Hamburg)和不来梅港(Bremen),服务于德国及其腹地。这些都是重要的散货港口,储运谷物、化肥、钢铁和汽车。但近年来,集装箱业务凸显,汉堡港、不来梅港都进入全球集装箱大港行列。

再往南有欧洲最重要的内陆水道-莱茵河,经鹿特丹港流入北海。莱茵河通过运河与其他多条河流相连,每年货运量约有5亿t。鹿特丹港是欧洲最大港口,又是全球最繁忙的港口之一。鹿特丹还是欧洲的主要集装箱中转港,而附近的安特卫普港、法国北部的勒阿弗尔港(Le Havre)、英国的费利克斯托港(Felixstowe)、南安普敦港(Southhampton)和蒂尔伯里港(Til-bury)都是世界性大港口。

欧洲地中海港口服务于西班牙东部工业区以及从马赛(Marseilles)至意大利北部特里雅斯特(Trieste)之间的工业地带。马赛、热那亚、特里亚斯特都是重要港口,从事谷物、铁矿石、石油、小宗散货以及集装箱的装卸业务。最大的集装箱码头位于西班牙南部的阿尔赫西拉斯港(Algeciras)和意大利的拉斯佩齐亚港(La Spezia)。总之,西欧仍然对航运市场有重要影响力,其海运贸易量巨大,且在其经济成熟之后,贸易增长已从原材料进口转向制成品和半成品贸易,贸易变得更为均衡。

(2)北美的海运贸易。全球海运贸易中,北美地区占总量的13%。北美是全球最大经济区,人口超过3亿人,财富为全球的1/3,耕地19亿hm²,6倍于西欧。美洲大陆中部种植粮食作物,中西部是全球最大的集约化连续耕种地区,而北美有丰富的原材料。作为全球最富有的地区,北美对制成品有巨大的需求。多年来,北美产品几乎可以全部满足本地市场需求,但最近几年,工业制成品越来越多依赖于从中国进口。

近数十年来,北美贸易有了实质性发展。出口货物主要是资源密集型很高的产品,包括煤炭、谷物、林产品、铁矿石、硫黄以及各种小宗矿物。北美是全球最大的谷物出口地,粮食出口市场也得益于水路运输体系,尤其是密西西比河和五大湖区,而西岸所处地理位置更便于满足快速成长的亚洲市场需要。出口量第二的是煤炭,主要来自东岸并行的阿巴拉契亚山脉(Appalachians)的煤田以及西岸的加拿大煤田。

北美进口贸易量主要是原油和原油制品,虽然美国是一个主要的石油生产国(油田位于南部,主要在得克萨斯州),但现在国内产油量下降,需要由进口石油补充。与亚洲和欧洲的制成品贸易也非常重要,北美已成为汽车和制成品贸易的最重要的国际市场。

北美东岸和海湾沿岸是非常繁忙的海运地区。在美国东岸,从北到南港口有:波士顿、纽约、费城、巴尔的摩、汉普顿、莫尔黑德城、查尔斯顿以及萨瓦纳。东岸是主要的工业区,集装箱船频繁停靠这些港口。最大的3个集装箱港口分别是纽约、汉普顿和查尔斯顿。出口的主要散货是煤炭,经汉普顿和巴尔的摩运出。

美国海湾是散货进出美国的主要路线,原油和成品油达到进口货量的76%,而干散货占出口货量的80%以上,尤其是谷物、油料籽(oilseeds)、饲料和煤炭。另外,还有重要的冷藏货进口到海湾地区。多数货物从密西西比河沿岸的各码头装运出口,沿岸共有11个谷物输送带,最远的在内陆的巴顿鲁治(Baton Rouge)。美国海湾也是最大的石油进口地,由于历史原因,美国石油提炼和配送中心位于该地区。石油进口到海湾地区,加工后通过河运和管道进行输送。在新奥尔良港外的LOOP码头是唯一的深水码头,能够停靠超大型油轮(VLCC)。在新奥尔良以东,有莫比尔(Mobile)、坦帕(Tampa)和佛罗里达(Florida),莫比尔出口煤炭,坦帕出口磷矿石。而在新奥尔良以西,有查尔斯湖(Lake Charles)、波蒙(Beaumont)、亚瑟港(Port Arthur)、休斯敦(Houston)、加尔维斯敦(Galveston)以及克珀斯-克里斯堤(Corpus Christi),全都储运石油货物。其中,休斯敦港最大,装卸石油、谷物、集装箱和化学品货物。由于水深所限,150 000载重吨以下的油轮可以进港,来自中东的更大型油轮只能在港外转船。

北美西岸具有非常不同的海运特点。西岸以落基山脉为界,没有主要的可航河流,内陆货物主要通过铁路和公路运输。最北处的瓦尔迪兹港(Valdez)有阿拉斯加原油出口码头。鲁珀特王子港(Prince Rupert)则出口煤炭和谷物。该港以南有温哥华港,位于温哥华岛对岸的大陆边,这个大港向加拿大出口以下原材料:煤炭、谷物、林产品、钾碱和硫黄等其他矿物。再往南 100 n mile 有西雅图港,主要出口谷物和林产品,该港也是这个地区的主要集装箱港口之一。再往南,波特兰、奥克兰、旧金山、洛杉矶及长滩各港服务于美国西岸地区,这些港口的主要业务是集装箱运输。

(3)南美洲的海运贸易。南美洲仍然主要生产初级产品,每年大约出口货物 5 亿 t 和进口货物 2 亿 t。在过去数十年间,出口量上升但波动大,但自 20 世纪 70 年代后,进口几乎没有增长。为便于分析,按通常方法将南美划分成 2 个区域,即加勒比和中美洲地区以及南美东岸地区。

加勒比和中美洲地区范围如下:加勒比岛屿、墨西哥北部到巴拿马之间的沿岸地带,包括沿岸国家伯利兹、洪都拉斯、尼加拉瓜和哥斯达黎加。人口总数 1.45 亿,GDP 约相当于北美的 1/12,土地面积共 2.67 亿 hm²,包括环墨西哥南岸的许多岛屿和沿岸国家。在出口货物中墨西哥石油几乎占该区域石油出口总量的 80%,主要出口到美国海湾地区,少量到欧洲。加勒比其他地区出口货物如下:牙买加出口铝矾土,特立尼达和多巴哥以及荷属安的列斯出口经提炼的进口原油到美国,古巴出口白糖和香蕉。

南美东岸地区(ECSA)沿着大西洋海岸,北起哥伦比亚、委内瑞拉、圭亚那和苏里南,经过巴西,南至阿根廷。该地区陆地面积 18 亿 hm²,人口数量 2.4 亿,二者规模均与北美相当,但是经济规模却小得多。可以想象得到,该地区以初级产品出口为主导,而事实上也是如此。这条非常漫长的海岸线,主要出口原材料和半制成品。

巴西和委内瑞拉主要出口铁矿石、数量较少的煤炭、化肥粗料、木材产品、小宗矿物以及原油和非金属矿石。巴西是全球最大的铁矿石出口国,2009 年开始已占到全球铁矿石出口量的 1/3,铁矿石出口的主要港口为:图巴朗(Tubarao)、蓬塔多乌布(Ponta do Uba)、塞佩蒂巴(Sepetiba Bay)、马德拉(Ponta da Maderia)。此外,ECSA 与北美、西欧以及亚洲之间均有很多班轮航线。

(4)西非的海运贸易。南大西洋的另一岸是非洲。从事海运贸易的国家多达 40 个之多,出口以初级产品为主导,3/4 出口货物是石油,产自阿尔及利亚、利比亚、尼日利亚和喀麦隆。出口干货主要有:铁矿石(毛里塔尼亚)、磷矿石(摩洛哥)、铝矾土(几内亚)以及各种农产品。

西非从丹吉尔(Tangiers)至好望角(Cape of Good Hope)。该地区面积 10 亿 hm²,3 倍于欧洲,人口数量 2.89 亿。然而,与欧洲和北美工业化国家相比,16 个西非国家的经济水平非常低,与瑞典的 GDP 相当。可以想象得到,贸易量也相对很低,仅占全球的 5%。

2. 跨太平洋和印度洋航区

太平洋和印度洋的海运特点非常不同于大西洋。其中之一是范围,太平洋占地球表面的 1/3,2 倍于大西洋,跨度也大得多。中国南海位于太平洋的西侧,距离南美西岸 10 000 n mile 以上,若按 13 kn 航速计算,需航行 33.6 天才能到达。

2007 年,亚欧航线超过跨太平洋,成为世界最大的集装箱海运贸易地区,总计达到 2 770 万 TEU。其中,从亚洲输入欧洲的集装箱总量达到 1 770 万 TEU,而从欧洲输入亚洲地区的集装箱为 1 000 万 TEU。

(1)中国的海运贸易。中国从 1979 年改革开放后,进出口贸易量稳步上升,到 2007 年,中国进出口贸易额达到创纪录的 2.56 万亿美元。尤其是加入 WTO 后,中国迅速融入世界经济体系之中,进出口贸易量连续以两位数增长。其中 2005 年、2006 年和 2007 年出口增长率分别达到 25%,22% 和 19.5%;而进口增长率也分别达到 11.5%,16.5% 和 13.5%。

伴随着商品进出口贸易量的增长,中国的海运贸易量也迅猛增加,迅速跃升为世界航运中心。中国主要港口包括上海、宁波、深圳、广州、青岛、天津、厦门等。

(2)日本的海运贸易。日本是亚洲海运经济中心。20世纪90年代初,贸易量已达到8亿t,成为全球最大的海运进口国,而支撑这个贸易量的是大规模的工业基础。炼钢所需的所有铁矿石和焦炭均为进口,同时还进口了其他原材料,包括:动力煤、原油、木材产品、谷物、有色金属矿物以及制成品。过去30年间,日本也经历了一个与西欧相似的贸易发展周期。20世纪五六十年代,进口贸易增长很快,1971年达到6亿t。之后是一段停滞期,20世纪80年代后期恢复增长,增速较为适中。日本出口在20世纪50—80年代增长极为迅速,从1950年400万t上升至1984年9500万t,之后就停滞不前。大多数货物是制成品,主要由班轮和专用船承运,以汽车、钢铁制品、资本设备以及消费品为特色(日本因此而出名)。出口停滞反映了日本制造业经营模式的变更,同时也反映了增值贸易、日本海外制造厂的重要性。

日本主要港口均位于东京和大阪的工业地带。就货物装卸量而言,最大港口包括横滨、神户、名古屋、大阪以及东京。这些港口均有许多由制造公司所拥有的货主码头。

(3)东南亚地区贸易。东南亚地区是个典型的海运贸易地区,其贸易量由13个国家共同创造。这些国家环绕着4000km长的海洋盆地,从东北端的韩国至西南端的新加坡。韩国和日本处于这个区域的一个端部,新加坡和泰国位于另一端,而亚洲大陆和印尼群岛、马来西亚以及菲律宾则分处该区的两边缘,难以想象有比这更适合于海运的区域布局。新加坡和中国香港已确立了贸易和航运中心地位,重复着北大西洋的安特卫普和阿姆斯特丹、地中海的威尼斯和热那亚等"城邦国家"的贸易中心经历。

由于东南亚地区的贸易增长迅速,过去20年间贸易量增长到原先的4倍之多,且进出口贸易量接近平衡。该地区明显处于贸易发展周期的初期阶段,而当回顾单个国家经济进程时就更为明显。1991年韩国贸易量达到2.6亿t,其20世纪七八十年代的发展轨迹与较早20年的日本相似。与日本一样,韩国集中发展钢铁、造船、汽车、电子和耐用消费品产业,依赖出口这些制成品以支付原材料和能源进口所需的外汇,而且经济发展由少数大型企业所控制,同时政府也密切参与。韩国经济尚处于原材料密集型阶段,虽然贸易发展迅速,但与日本相比,贸易量就小得多,其面积、人口和GDP分别为日本的1/4、1/2和1/12,韩国的主要港口包括釜山港、浦项港和蔚山港。东南亚地区的西南一带有印度尼西亚、马来西亚、菲律宾以及中国台湾,这些经济体规模小,且都处于发展中阶段。

二、世界主要运河

1. 苏伊士运河(Suez Canal)

苏伊士运河位于埃及境内,于1869年通航。如图2.6所示,苏伊士运河是连通欧亚非三大洲的重要国际海运航道,它沟通了红海与地中海,把大西洋和印度洋连接起来,大大缩短了东西方航程。与绕道非洲好望角相比,从欧洲大西洋沿岸各国到印度洋和太平洋两岸,可缩短航程8000~10000km,苏伊士运河是一条在国际航运中具有重要战略意义的国际海运航道。为了吸引更多的船舶使用苏伊士运河,以确保埃及靠苏伊士运河所得的收入不会下降,苏伊士运河管理局对运河多次扩建。目前,苏伊士运河深度已达到20m,载重量为220 000 t的重载船舶和370 000 t的放空船舶均可双向通过。

对于船东而言,利用运河所节省的成本包括:经过运河的实际成本(主要是燃油费和运

图2.6　苏伊士运河实景图

河通航费)和绕道好望角长航线成本之间的差额部分。运河通航费按照船舶的苏伊士运河净吨位(Suez Canal Net Tonnage,SCNT)来征收。费率计算单位为美元/苏伊士运河净吨,按重载航次和空载航次分别计算。苏伊士运河净吨相当于船舶甲板下载货舱容,这种吨位由船级社或正式的贸易机构核定,并签发苏伊士运河特殊吨位证书。

2. 巴拿马运河(Panama Canal)

如图2.7所示,巴拿马运河位于巴拿马共和国的中部,于1914年通航,是沟通太平洋和大西洋的重要航运要道。从大西洋到太平洋的航程经巴拿马运河可缩短11 000~14 000 km。运河总长约83 km,水深13~26.5 m,河宽150~304 m,可以通航载重量为60 000~80 000 t、船宽不超过32.3 m的船舶。运河设有6座船闸,船闸用途是把船升高或降低,以适应运河各段的水位。运河入口处为大西洋一侧的克里斯托瓦尔港和太平洋一侧的巴尔博亚港。

图2.7　巴拿马运河实景图

由于运河航道拥堵常常发生,2006年4月24日,巴拿马运河管理局正式向外界公布了扩建计划。根据计划,2007—2014年,巴拿马政府将斥资52.5亿美元将现有河道挖深1.2 m,新建两座三级船闸、一座海上指挥作业平台、一条单行局部航道。扩建工程完成后,运河的通航能力将增加1倍,货物年通过量将从目前的约3亿t增至6亿t。

巴拿马运河通航费以船舶的巴拿马运河净吨位(Panama Canal Net Tonnage,PCNT)为基础计算,对集装箱船则以船舶的箱位运力为基础计算。此外,巴拿马运河管理局早在1982年就推出班轮通航巴拿马运河预先登记办法,分为24小时以内、1个月内和1个月至

1 年三个时间阶段预先登记,但是预先登记保留船舶通航巴拿马运河的远洋承运人必须缴纳每标准箱 5.30 美元的预先登记费,集装箱船运力越大,预先登记费用越高。

第四节　当代国际航运格局

在国际航运市场,从事国际航运的 35 个国家,几乎控制了 95% 以上的国际航运市场份额。因此,国际航运市场的格局基本在这 35 个国家之间变化。控制国际航运市场,必须从两个角度进行分析:第一个视角是在国际航运市场的力量。这种市场力量来自对国际航运市场需求的控制或对国际航运市场供给的左右。第二个视角是对国际航运市场的运作程序或航运法规的制定。

一、世界主要航运需求大国

在 20 世纪 70 年代,控制航运市场、获得市场利润的方法一般通过控制班轮公会来实现;到 20 世纪 80 年代,获得市场利润可以通过联合国贸易和发展组织(UNCATD)的政治力量,以及发展中国家货载保留程度等方式获得。到 20 世纪 90 年代,获得利润取决于该国家在世界贸易组织中的地位。到 21 世纪初,获得利润的方法只有通过在世界航运市场的竞争性力量,即通过成本和服务质量等来获得利润。截至 2008 年,全球 GDP 总量已经超过 56 万亿美元,世界海运货物总运量已经超过 80 亿 t,总计有 167 个国家在国际航运市场上进行国际航运活动。

表 2.4 阐述了 2008 年世界主要大国的航运需求和船舶供给占世界的份额。从表中可以看出:当前世界航运的格局,按照需求的角度分析,美国仍然是世界航运需求最大国,其占世界需求的份额为 11.38%;日本商船所占的世界份额最大,其次是中国和德国。

表 2.4　2008 年世界主要航运需求大国及其控制的船舶吨位情况

国家/经济体	国际贸易份额 价值/%	世界商船份额(挂旗) 载重吨/%	世界商船份额(产权) 载重吨/%
美国	11.38	1.09	3.84
中国	10.37	8.62	11.4
德国	8.51	1.34	9.07
日本	4.77	1.32	15.58
法国	4.16	0.71	0.63
英国	3.76	1.42	2.50
荷兰	3.72	0.56	0.83
意大利	3.55	1.19	1.71
比利时	3.01	0.58	1.17
加拿大	2.88	0.28	1.81
韩国	2.62	1.89	3.63
西班牙	2.18	0.25	0.43
俄罗斯	2.16	0.64	1.74
墨西哥	2.04	0.14	
新加坡	2.02	4.97	2.76

二、世界主要航运供给大国

仅仅从航运需求大国及其控制的船舶吨位角度，还不足以了解国际航运市场的现状，在此我们从航运供给的角度做进一步的分析。2008年，世界商船吨位总计11.2亿载重吨，35个世界航运大国控制了95%以上的商船吨位，表2.5显示了其中的9个世界航运供给大国拥有的商船吨位。从表2.5可以看出：2008年，排在第一的是希腊，总计拥有1.74亿载重吨的船舶，其中挂本国国旗的船舶为0.56亿载重吨，挂方便旗的船舶为1.18亿载重吨，占世界商船吨位总额的16.81%。挪威、丹麦等国家也跃居世界航运供给大国。

表2.5 2008年9个世界航运供给大国拥有的商船吨位

国家/地区	本国旗/载重吨	方便旗/载重吨	合计/载重吨	占世界商船份额/%
希腊	55 766 365	118 804 106	174 570 471	16.81
中国	52 579 670	65 726 472	118 306 142	11.4
日本	11 620 381	150 126 721	161 747 102	15.58
德国	14 588 066	79 634 721	94 222 787	9.07
挪威	14 182 841	32 689 255	46 872 096	4.51
美国	20 301 154	19 526 996	39 828 150	3.84
韩国	19 122 776	18 580 931	37 703 707	3.63
新加坡	16 440 270	12 192 284	28 632 554	2.76
丹麦	10 466 920	16 967 723	27 434 643	2.64

三、国际航运法规

国际航运市场是一个比较古典的市场，其经营原则基本遵循航运惯例和海运法规。由于国际航运市场是一个国际性市场，船舶的营运活动一般遵循如下公约或法规。

（1）船舶登记。通过船舶登记表明一个国家对船舶的所有，以及该船舶登记国的法律是否适应于该船舶的管辖。

（2）国内法。该船舶和船东受该船舶登记国的法律管辖，这些管辖包括该国家的公司法、税法。甚至在诸如每艘船舶所雇佣的船员数量、船舶的安全、船舶防污染等方面，也适应于该国家的法律管辖。

（3）领土法。船舶同时受到所航行水域国家的法律的管辖。

最早关于海上经营的法律是1876年的"Pimsoll Act"法律，该法律的主要内容是关于船舶"适航"的规定，接着英国又制定了大量关于海上经营的法律，这些法律立即被其他国家引用。国际上有关海上法律的制定最早开始于1889年，当时的美国政府邀请了37个国家参加有关国际海事会议。在这次会议中，许多议题是有关海运业发展中所遇到的问题。最后该会议确定了如下几个方面的议题。

①避免海上航行发生"碰撞"的规定。

②关于船舶"适航"的规定。

③关于船舶"适载"的规定。

④关于海上航线"航标"的规定。

⑤关于海难船的生命和财产救护原则。

⑥关于海员和海上经营企业所必需的条件的原则。

⑦海上航行时,夜晚通信标志。

⑧海上风暴"警告"。

⑨海难船舶的报告、标志、打捞。

⑩海上航行危险的通知。

⑪海上航行的浮标和信号的设置。

⑫创立长期的国际海事委员会。

实际上,这一次会议最后只就避免海上航行发生"碰撞"达成了协议。在其他议题上,都没有任何结论。但是它为以后的国际航运会议提供了讨论的议题。在以后的国际性海事会议上,任何一项国际惯例要成为国际性法律,一般需经过如下三个程序。

①协商。有关法律问题经过确定后,在国际性会议上经过协商,达成一致意见。

②草案的审批。当一个议题通过协商,达成了一致意见后,该议题将在国际性会议上进行审批,即交给大会进行集体签署。

③报批。任何一个在国际会议上签署的草案必须交给本国有关部门报批,成为本国法律的一部分,因而这些草案才具有法律效力。

对于这些有关海运的国际法律,需要投入大量的时间和精力。因而需要建立有关海运方面的国际性组织。在20世纪80年代,联合国就有关海运的事宜建立了三个国际性组织,分别是国际海事组织、国际劳动组织、联合国贸易和发展组织航运委员会,每一个国际性组织都负责处理有关航运的一个领域。

(1)国际海事组织。该组织原名政府间海事协商组织,最早成立于1958年。主要功能是处理有关海上安全和防污染事宜。1982年该组织正式更名为国际海事组织,其负责领域开始拓宽,从海上生命安全到石油污染,以及船舶吨位测量等。

(2)国际劳动组织。该组织是一个最古老的政府间组织,现为联合国所管辖,最早成立于1919年。所处理的主要问题为海上劳工问题,即海上船员的安全、待遇等问题。这些问题包括船员配置、工时、退休金、假期,以及疾病待遇等。自从船员工资成为船舶运输成本的一个重要组成部分后,国际劳工组织就成为一个重要的国际性组织。

(3)联合国贸易和发展组织航运委员会。该组织最早成立于1964年,主要处理有关发展中国家海运方面的事宜。

以上三个组织的功能虽然在不断演变,但有关海上安全、防污染和船员罢工的问题一直是这三个组织工作的核心。

思政一点通

国际航运话语权"争夺战"

尽管有着郑和七下西洋的辉煌航海历史,但明清五百多年的历史中,中国的外交政策总体上是闭关锁国的,几乎完全停止了参与国际长途海上贸易。民国时期,面对着西方帝国主义的霸权,中国更是没有海权。中华人民共和国成立时,国家船队规模很小,但经过70多年的发展,我国已成为造船大国、海员大国、航运大国,中国在国际海运界的地位和影响力也越来越高,也正因如此,我国自 1989 年起,连续 17 次连任 A 类理事国,体现了国际海运界希望中国在全球海运治理中发挥更加积极作用的认同和期待。除中国外,日本、韩国、意大利、希腊、巴拿马、英国、挪威、美国和俄罗斯也当选了 A 类理事国。

截至目前,中国在船舶货物运输、船舶运输吨位保有量等硬实力方面已经走在了世界的前列,尤其是近年来的集装箱港口吞吐量稳居世界第一,同时集装箱海运量世界第一、集装箱制造量世界第一。而在国际标准的制定、海事仲裁、航运保险和保赔、中介服务、船舶经济、航运金融及衍生产品、航海心理学等海运软实力领域,中国为增强海运软实力做出了各种努力,也取得了一定成绩,但在参与行业规则制定,提升中国航运业整体话语权方面,仍有很大提升空间。

思考题

1. 论述国际航运的重要性。
2. 世界运河主要分布在哪些海洋?
3. 阐述世界航运基本格局。
4. 查阅最新资料,列举世界上最主要的十大港口,并对其进行简要说明。

第三章　船舶基础知识

第一节　船舶的基本组成

如图 3.1 所示，船舶由主船体（main hull）、上层建筑（superstructure）和其他各种配套设备（equipment）所组成。

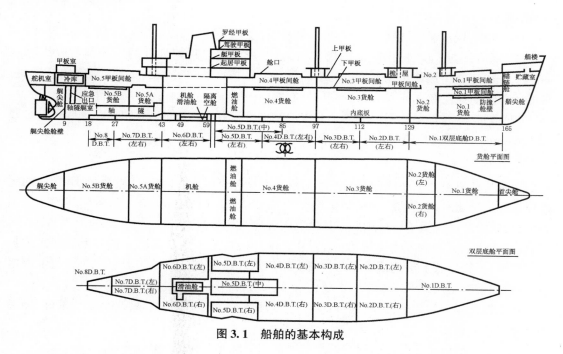

图 3.1　船舶的基本构成

1. 主船体

主船体是指由包括上甲板（upper deck）在内的甲板（deck）、舷侧（broadside）、船底（bottom）、艏艉（fore and aft）及舱壁（bulkhead）等所组成的水密（watertight）空心结构，为船舶的主体部分。

主船体各组成部分的名称如下。

（1）甲板：为主船体垂向上成上下层并沿船长方向水平布置的大型纵向连续板架，是主船体的垂向分隔。

①上甲板：为主船体的最上一层艏艉统长甲板（又称上层连续甲板），该层甲板为定义的强力甲板。

②下甲板（lower deck）：是上甲板以下各层甲板的统称。按自上而下位置的不同，依次有二层甲板（第二甲板，second deck）、三层甲板（第三甲板，third deck）等。某船主船体如仅有上甲板而无下甲板，则称其为单甲板船，上、下甲板齐全的，则称其为多甲板船，可装载件

杂货的多用途船为多甲板船。

③平台甲板(platform deck):为强力甲板以下沿船长方向布置并不计入船体总纵强度的不连续甲板,如舵机间甲板即为平台甲板。

(2)舷侧:为主船体两侧的直立部分。

(3)船底:为主船体的底部结构,有单层底(single bottom)和双层底(double bottom)两种结构形式。

(4)舭部(bilge):为主船体横向船底与舷侧间以圆弧形式逐渐过渡的区域。

(5)艏艉与舯:主船体两舷舷侧在过渡至近前后两端时,逐渐成线型弯曲接近并最终会拢,其中,前端的会拢部分称船首,线型弯曲部分称艏舷(又称艏部,bow),后端的会拢部分称船尾,线型弯曲部分称艉舷(又称艉部,quarter),主船体长度的一半(中间)处为舯(midship)。

(6)外板:构成船底、舷侧及舭部外壳的板,称船舶外板,俗称船壳板(hull plate)。

(7)艏艉线与正横:过主船体艏艉,并将其分成左右对称两部分的直线称艏艉线(fore and aft line)。在主船体最大宽度处与纵中线垂直的方向称正横(abeam)。由艉向艏看,在主船体左侧的称左舷(port side),右侧的称右舷(starboard side)。

(8)舱壁:为主船体内垂向方向上布置的结构,有横舱壁(transverse bulkhead)和纵舱壁(longitudinal bulkhead)两种。

2. 上层建筑

上层连续甲板上由一舷伸至另一舷的或其侧壁板离船壳板向内不大于4%船宽 B 的围蔽建筑称上层建筑,即艏楼、桥楼和艉楼,同时具备艏楼、桥楼和艉楼的船舶称其为三岛式船舶,现代船舶已淘汰了该种船型。其他的围蔽建筑称甲板室。

(1)长上层建筑与短上层建筑:长度大于 $0.15L$,且不小于其高度6倍的上层建筑为长上层建筑,不符合长上层建筑条件的为短上层建筑。客船及客货船的上层建筑属长上层建筑,其他船舶的上层建筑一般属短上层建筑。

位于艏部的上层建筑称艏楼(forecastle),其作用是减少艏部上浪,改善航行条件,艏楼的舱室可作贮藏室用。

用来布置驾驶室及船员起居与服务处所的上层建筑为桥楼(bridge)。

位于艉部的上层建筑称艉楼(poop)。艉楼在减少船尾上浪的同时,其内的舱室也可用作船员居住舱室或派其他用途。现代船舶基本都为艉机型或中艉机型船,桥楼直接设在近船尾处,故称无艉楼。

(2)长甲板室与短甲板室:长度大于 $0.15L$,且不小于其高度6倍的甲板室为长甲板室。不符合长甲板室条件的为短甲板室。船舶的桅屋(masthouse)基本属短甲板室。

(3)上层建筑各层甲板:根据船舶种类、大小的不同,上层建筑(桥楼)所具有的甲板层数及命名方法均有所不同。如有的船舶从上层建筑下部的第一层甲板开始向上按 A、B、C……的方式命名各层甲板;有的船舶则按各层甲板的使用性质不同命名,如罗经甲板(compass deck)、驾驶甲板(bridge deck)、船长甲板(master deck)、高级船员甲板(office deck)、艇甲板(boat deck)、船员甲板(crew deck)及起居甲板(accommodation deck)等。

3. 主船体内各舱室的名称

除上层建筑内具有各种功能不同的舱室外,主船体亦由各甲板与舱壁将其分隔成若干舱室,这些舱室按其用途的不同主要有以下几个方面。

（1）机舱（engine room）：是用于安装主机、辅机及其配套设备的舱室,为船舶的动力中心。机舱一般位于桥楼正下部的主船体区域,并将机舱位于船中部的称中机型船,位于中部偏后的称中艉机型船,位于船尾的称艉机型船。现代船舶除集装箱船较多采用中艉机型或中机型外,其他船舶几乎均采用艉机型布置。

（2）货舱（cargo hold）：是用于载货的舱室。根据船舶种类的不同,有干货舱、液货舱及液化气体货舱等。每一货舱一般仅设置一个货舱口（cargo hatch）,但对一些大尺寸的货舱,有时设置纵向方向或横向并列的两个货舱口,如集装箱船、油船及大型的杂货船等。

（3）压载舱（ballast tank）：是指船舶用于装载压载水以调节吃水差、纵横倾及重心高度,改善船舶操纵性能的舱室。如货舱下部的双层底舱（double bottom tank）,位于船首和船尾的艏、艉尖舱（fore&aft peak tank）,边舱（side tank）及上、下边舱（upper&lower side tank）等。

（4）深舱（deep tank）：为双层底以外的压载舱、船用水舱、货油舱（如植物油舱）及按闭杯试验法闪点不低于 60 ℃的燃油舱等。深舱由船舶中纵剖面处设置的纵舱壁或制荡舱壁分隔为左右对称的舱室,以减小自由液面的影响。

（5）其他舱室：除上述主要舱室外,还有以下舱室。

①燃油舱（fuel oil tank）：是用于贮存主、辅机所用燃油的舱室,一般为双层底内的若干舱室,大型船舶也有将深舱作燃油舱使用的。

②滑油舱（lubricating oil tank）：是用于贮存主、辅机所用润滑油的舱室,一般设在机舱下部的双层底内。

③淡水舱（fresh water tank）：专用来贮存饮用水与生活用水的舱室。

④污油水舱（slop tank）：专用于贮存污油的舱室。

⑤隔离空舱（caisson）：用于隔开油舱与淡水舱、油船的货油舱与机舱的专用舱室。隔离空舱一般是一个仅有一个肋骨间距的狭窄空舱,故又称干隔舱,其作用是防火、防爆、防渗漏。

⑥舵机间（steering gear room）：位于艉尖舱顶部平台甲板,用于安装舵机及其转舵装置。

4. 各种配套设备

船舶的配套设备主要有：主机、辅机、锅炉及配套、电气、各种管系、甲板（锚、舵、系泊及起重）设备、安全（消防、救生）设备、通信导航设备及生活设施配套设备等。

第二节　船舶的种类及特性

从事水上运输、捕鱼、作战以及其他水上活动的工具统称为"船舶"。现代船舶种类繁多,用途广泛,在交通、运输、生产、科研、对外贸易和国防等方面发挥着越来越大的作用,其在我国的社会主义经济建设和国防建设中占有十分重要的地位。

一、船舶的分类方法

由于船舶在用途、航行区域、航行状态、推进方式、动力装置、造船材料等方面各不相同,因此现代船舶分类方法很多。

1. 按船舶的用途分

（1）民用船舶：用于运输、渔业、工程船、港务工作船、特种场合的船舶。

（2）军用船舶：用于军事目的的船舶。

2. 按船舶的航行区域分

（1）海洋船舶：航行于大洋中的船舶。

（2）内河船舶：航行于江、河、湖泊中的船舶。

（3）港湾船舶：航行于港湾区域的船舶。

3. 按船舶在水中的航行状态分

（1）浮行船：是指水上浮行的船舶，属排水型船。

（2）潜水船：是指水下潜行的船舶，属排水型船。

（3）滑行船：是指船航行时，船体绝大部分露出水面并沿水面滑动的船。

（4）腾空船：是指船身在完全脱离水面的状态下运行的船舶。

4. 按船舶推进方式分

（1）人力推进的船舶：依靠原始的撑篙、拉纤、划桨、摇橹等方式来推进的船舶。

（2）风力推进的船舶：依靠风帆、风车、风筒等方式来推进的船舶。

（3）机械推进的船舶：依靠明轮、喷水、水下螺旋桨、空气螺旋桨等来推进的船舶。

5. 按动力装置的不同分

按动力装置的不同可分为往复蒸汽机船、柴油机船、蒸汽轮机船、燃气轮机船、电力推进船、联合动力装置推进船和核动力装置船。

6. 按造船所用材料的不同分

按造船材料可分为木船、水泥船、钢船、铝合金船、玻璃钢船等。

7. 按用途的不同分

（1）运输船：包括客船（客货船）和货船。

（2）渔业船：包括拖网渔船、围网渔船、钓鱼渔船、捕鲸船等、渔业加工船、渔业调查船、渔业指导船、渔政船、渔业救助船等。

（3）工程船：包括挖泥船、起重船、布设船、救捞船、破冰船、打桩船、浮船坞、海洋开发船、钻井船和钻井平台等。

（4）港务工作船：包括拖船、引航船、消防船、供应船、交通船和助航工作船等。

（5）特种船舶：包括水翼船、气垫船、地效翼船、双体船、玻璃钢船和超导船等。

（6）军用舰艇：包括巡洋舰、驱逐舰、护卫舰、航空母舰、登陆艇、扫雷艇、布雷艇、潜艇、快艇、运输舰、修理舰、消磁船和医院船等。

二、民用船舶的分类和特点

运输货物和旅客的船舶叫作运输船。在民用船舶中，运输船所占的比重最大，所以我们主要介绍运输船的种类和特点。运输船主要包括客船、货船、渡船和驳船队，具体分类如下。

1. 客船（passenger ship）

客船（图3.2）是用来载运旅客及其行李的船舶。兼运少量货物的客船称为客货船。增设观景娱乐场所、提高客舱等级、适应旅游需要的客船，称为旅游船。按其航区又分为远洋客船、沿海客船和内河客船。

图 3.2　客船

由于客船大多为定期定线航行,通常称为客班轮。在广为发展洲际航空之前,国际的邮政业务主要靠快速远洋客船承担,所以这种客船又有邮船之称。《国际海上人命安全公约》规定,凡载客 12 人以上的海船均须满足客船设计的有关要求,视为客船,而不论是否以载客为主。客船设计的主要要求如下:

(1)安全可靠:除有足够的抗沉性和结构强度外,客船应配备足够数量的救生设备,在布置和装饰选材方面均应有防火措施,船上有完善的通信照明设备,有的还装有空调系统。客船多采用双机双桨,以增加航行时的安全,同时有利于船舶的操纵性。

(2)快速:客船一般有较高的航速。我国客船的航速一般为 14~18 kn,高速客船可达 20 kn 以上。

(3)舒适:客船要求耐波性好,摇摆幅度小。客船应为旅客提供舒适的休息、娱乐和就餐等设施,如起居室、盥洗室、餐厅、阅览室、诊疗室、小卖部、电影放映室等。大型豪华远洋客船还设有游泳池、室外运动场等。

2. 干货船(cargo ship)

干货船是以载运干货为主的专用船舶,其大部分舱位用于堆贮货物的货舱。干货船的船型很多,杂货船、散货船、集装箱船、木材船、滚装船等都属于干货船。干货船大小悬殊,排水量可从数百吨至数十万吨。

(1)杂货船(general cargo ship)

杂货船(图 3.3)亦称普通货船、通用干货船或统货船,主要用于装载一般包装、袋装、箱装和桶装的件杂货物。

杂货船一般的特点是:货舱为上下两层或多层[防止底部货物被压损;舱口附近通常设有起货设备(SWL 为 3~5 t,个别舱口还设有大型起货设备)];对货物种类与码头条件的适应性较强;装卸效率不高。

杂货船应用广泛,曾经在过去很长一段时间内是海上货物运输的主流船型。由于件杂货物的批量较小,杂货船的吨位亦较散货船和油船为小。典型的载货量为 1~2 万 t。在内陆水域中航行的杂货船吨位有数百吨、上千吨,而在远洋运输中的杂货船可达 2 万 t 以上。杂货船要有良好的经济性和安全性,而不必追求高速。杂货船通常根据货源具体情况及货运需要航行于各港口,设有固定的船期和航线。杂货船有较强的纵向结构,船体的底多为双层结构,船首和船尾设有前、后尖舱,平时可用作储存淡水或装载压舱水以调节船舶纵倾,受碰撞时可防止海水进入大舱,起到保护安全作用。船体以上设有 2~3 层甲板,并设置几个货舱,舱口以水密舱盖封盖住以免进水。机舱或布置在舯部或布置在艉部,各有利弊,布置在舯部可调整船体纵倾,在艉部则有利于载货空间的布置。在舱口两侧设有吊货扒杆。为装卸重大件,通常还装备有重型吊杆。为提高杂货船对各种货物运输的良好适应性,能载运大件货、集装箱、件杂货,以及某些散货,现代新建杂货船常设计成多用途船,既能运载普通件杂货,也能运载散货、大件货、冷藏货和集装箱。

图 3.3　杂货船

(2)散货船(bulk carrier)

散货船(图 3.4)是指专门用来载运谷物、煤炭、矿砂等粉状、粒状、块状大宗散体货物的运输船舶。按载运的货物不同,其又可分为矿砂船、运煤船、散粮船、散装水泥船等。

图 3.4　散货船

散货船的特点是:不怕挤压,通常只设单甲板;船体结构强,适应集中荷载要求;为适应舱内作业和提高装卸效率,采用大舱口;散装船常常是单程运输,因此设有较大容积的压载水舱,以保证稳性;船上一般不设起重设备。

散货船通常分为如下几个级别：

①巴拿马型散货船（Panamax bulk carrier）

顾名思义，该型船是指在满载情况下可以通过巴拿马运河的最大型散货船，即主要满足船舶总长不超过274.32 m，型宽不超过32.30 m的运河通航有关规定。根据需要，调整船舶的尺度、船型及结构来改变载重量，该型船载重量一般在6~7.5万t之间。

②好望角型散货船（Capesize bulk carrier）

它是指载重量在15万t左右的散货船，该船型以运输铁矿石为主，由于尺度限制不可能通过巴拿马运河和苏伊士运河，需绕行好望角和合恩角。近年来苏伊士运河当局已放宽通过运河船舶的吃水限制，该型船多可满载通过该运河。

③灵便型散货船（handysize bulk carrier）

它是指载重量在2~5万t的散货船，其中超过4万t的船舶又被称为大灵便型散货船。众所周知，干散货是海运的大宗货物，这些吨位相对较小的船舶对航道、运河及港口具有较强的适应性，载重吨量适中，且多配有起卸货设备，营运方便灵活，因而被称为"灵便型"。

④大湖型散货船（lake bulk carrier）

它是指经由圣劳伦斯水道航行于美国、加拿大交界处五大湖区的散货船，以承运煤炭、铁矿石和粮食为主。该型船尺度上要满足圣劳伦斯水道通航要求，船舶总长不超过222.50 m，型宽不超过23.16 m，且桥楼任何部分不得伸出船体外，吃水不得超过各大水域最大允许吃水，桅杆顶端距水面高度不得超过35.66 m。该型船一般在3万t左右，大多配有起卸货设备。

（3）集装箱船（container ship）

集装箱船（图3.5）又称箱装船、货柜船或货箱船，是一种专门载运集装箱的船舶。

图3.5 集装箱船

由于件杂货种类繁多，形状、大小、质量差异很大，装卸效率缓慢，并且极易产生货差货损，20世纪60年代后期集装箱船迅速发展起来。它以专门的集装箱作为货物运送单元，通常以载运集装箱TEU的数目表示其装载能力，目前国际上广泛应用的标准箱有1A、1AA、1C、1CC四种。国际运输中多采用ISO系列的1AA和1CC两种类型，即长度为40 ft[①]（40 ft×8 ft×8 ft）和20 ft（20 ft×8 ft×8 ft）两种规格。

①　1 ft≈30.48cm。

集装箱船的特点有：货舱和甲板均能装载集装箱，货舱盖强度大；大多为单层甲板，舱口宽且长，舱口总宽度可达 0.7~0.8 倍船宽，舱口总长度为船长的 0.75~0.8 倍；为保证船体强度和提高抗扭强度，船体设计为双层船壳；同时为了防止货箱移动和固定货箱，货舱内设有格栅式货架（箱隔导轨系统，cell guide system）；甲板上设有固定集装箱用的专用设施；主机功率大、航速高，远洋高速集装箱船的方形系数 C_B 小于 0.6；通常不设起货设备，而利用码头上的专用设备装卸；半集装箱船因货源不稳定而在部分货舱装运集装箱，其他货舱装运杂货或散货，船上通常设有起货设备。

集装箱船的货舱口宽而长，货舱的尺寸按载箱的要求规格化。装卸效率高，大大缩短了停港时间。为获得更好的经济性，其航速一般高于其他载货船舶，最高可达 30 kn 以上。

集装箱船还可分为部分集装箱船、全集装箱船和多用途集装箱船三种。

①部分集装箱船

它仅以船的中央部位作为集装箱的专用舱位，其他舱位仍装普通杂货。

②全集装箱船

它指专门用以装运集装箱的船舶。它与一般杂货船不同，其货舱内有格栅式货架，装有垂直导轨，便于集装箱沿导轨放下，四角有格栅制约，可防倾倒。集装箱船的舱内可堆放 3~9 层集装箱，甲板上还可堆放 3~4 层。

③多用途集装箱船

其货舱内装载集装箱的结构为可拆装式的。因此，它既可装运集装箱，必要时也可装运普通杂货。

（4）滚装船（roll on/roll off ship，ro/ro ship）

滚装船（图 3.6）是主要装运车辆和集装箱的船舶（开上开下船或滚上滚下船）。装卸方法是在船尾、舷侧或船首部设有跳板并放到码头上，利用汽车或拖车通过跳板进行货物装卸，由拖车将货箱拖入船舱。

图 3.6　滚装船

滚装船的结构较特殊，上层建筑高大，上甲板平整，无舷弧和梁拱，露天甲板上无起货设备；甲板层数多（一般 2~4 层），货舱内支柱极少，一般为纵通甲板，主甲板以下设有双层船壳，两层船壳之间可作为压载水舱；为便于拖车开进开出，货舱区域内不设横舱壁，采用强横梁和强肋骨保证横强度;在各层甲板上设有升降平台或内跳板供车辆行驶。滚装船多数在舰部开口,即舰门;龙门跳板靠机械或电动液压机构开闭,并保证水密;门跳板分直跳板和斜跳板,为保证装卸作业的安全,直跳板的工作坡度应小于8°(跳板与水平面的夹角),通常为4°~5°,斜跳板可向船的一个舷侧方向偏斜30°~40°;另还有旋转跳板、舷侧跳板和艉门跳板,其结构不同,工况也有差异;装卸作业时,因为跳板与码头的坡度不能太大,所以要求船舶吃水在装卸过程中变化不能太大,因此,必须用压载水来调节吃水、纵横倾和稳性等;滚装船大多数装有艉侧推装置,以改善靠离码头的操纵性;滚装船的方形系数 C_B 不大于 0.6;滚装船空船质量大、压载量大、舱容利用率低、造价高,航速 16~18 kn。另外,滚装船为纵通甲板,抗沉性较差,航行安全问题突出。

(5)木材船(timber carrier)

木材船指的是专门运输木材的船舶。现在的一些多用途船,也可以用于运输木材。

木材船一般具有以下特点:货舱内无支柱等障碍物,以利木材积载;甲板起重机平台位置较高,以便在甲板上装载木材;甲板两舷侧处设有可移动的立柱,在甲板上装木材时,将其竖立起来起拦护作用,不装木材时,拆卸放倒;甲板装载木材必须用索具绑扎固定;木材船其他特征与杂货船类似。

(6)载驳船(barge carrier)

载驳船即专门载运货驳的船舶,又称母子船,其运输方式与集装箱运输方式相仿,因为货驳亦可视为能够浮于水面的集装箱。其运输过程是:将货物先装载于统一规格的方形货驳(子船)上,再将货驳装上载驳船(母船),载驳船将货驳运抵目的港后,将货驳卸至水面,再由拖船分送各自目的地。载驳船的特点是不需码头和堆场,装卸效率高,便于海—河联运。但由于造价高,货驳的集散组织复杂,其发展也受到了限制。

(7)多用途船(multi-purpose cargo ship)

多用途船是能满足多种类型货物运输要求的一种干货船,是为适应航运市场需要由杂货船演变出来的船型。多用途船通常设计为 2~3 种货物的多用途船。

重吊船既是一种多用途船,又是一种特殊的杂货船。其特点是甲板上配备了起重负荷非常大的起重机,以便吊装重大件货物。

3.液货船(liquid cargo vessel)

液货船是专门载运液体货物的船舶。液体货物主要有油、液化气、淡水和化学药液等,其中运量最大的是石油及其制品。按载运的货物不同,其又可分为原油船、成品油船、液体化学品船、液化气船等。

(1)油船(oil tanker)

油船是专门用于载运原油的船舶,简称原油船。原油运量巨大,原油船载重量亦可达50 多万吨,是船舶中的最大者。油船在结构上一般为单底,随着环保要求的提高,结构正向双壳、双底的形式演变。上层建筑设于船尾。甲板上无大的舱口,用泵和管道装卸原油。设有加热设施在低温时对原油加热,防止其凝固而影响装卸。超大型油船的吃水可达25 m,往往无法靠岸装卸,而必须借助于水底管道来装卸原油。

另外一种专门载运柴油、汽油等石油制品的船舶叫作成品油油船。它的结构与原油船相似,但吨位较小,有很高的防火、防爆要求。

油船(图 3.7)很容易与其他轮船区别开来,油船的甲板非常平,除驾驶台外几乎没有其他耸立在甲板上的东西。油船不需要甲板上的吊车来装卸货物,只在油船的中部有一个小吊车,这个吊车的用途是将码头上的管道吊到油船上与油船上的管道系统接到一起。油船上的管道系统从远处就可以看到。

图 3.7　油船

油船卸货时所使用的泵直接放在船上。如今的油船几乎与其他所有海船一样配有货物计算机,这部计算机可以监视货物的装卸以及计算装卸过程中船所受的所有的力。

除油箱和管道外油船上还配有锅炉、螺旋桨、发电机、泵(大的油船上的装卸泵可以每小时泵上万吨液体)和灭火装置。目前,装载易燃液体的油船都采用不燃气体充入油船中的空的油箱的方法来防止燃烧或爆炸。这些不燃气体排挤掉含氧的空气,使得油船内空油箱里几乎完全没有氧气。有些船使用船本身的动力机构排出的废气来提炼上述的不燃气体,有些船则在卸货时从码头上充入不燃气体。

油船的航速一般在 15 kn 左右,属于比较慢的船。

(2)液化气船(liquefied gas carrier)

液化气船是专门运输液化气体的船舶(图 3.8),所运输的液化气体有液化石油气、液化天然气、氨水、乙烯、液氯等。这些液货的沸点低,多为易燃、易爆的危险品,有的还有剧毒和强腐蚀性。因此液化气运输船货舱结构复杂,造价高昂。液化气运输船按液化气的贮存方式分为三类:压力式、冷压式和冷却式。在压力式液化气船中,货物在常温下装载于球型或圆筒型的耐压液罐内。冷压式和冷却式液化气船对货物的温度和压力都进行控制,需要液罐的隔热和货物的冷却装置。

图 3.8　液化气船

现在海上运输使用最多的是液化天然气船（liquefied natural gas，LNG）和液化石油气（liquefied petroleum gas，LPG）船。

（3）液体化学品船（liquid chemical tanker）

它是专门用于运输有毒、易挥发、属于危险品的液体化学品（如甲醇、硫酸、苯等）的船舶。

液体化学品船外形与内部结构同油船相似，其装运的液体化学品多为有毒、易燃和强腐蚀性物质，且品种多。因此，船舶多为双层底，液舱分得多而小且水密，具有多个泵舱，采用蒸汽带动的泵装卸货；货舱区域均为双层壳结构，以降低船舶受损时货品溢出的危险；货舱与船员起居处所、饮水和机舱等处用空舱隔离；货舱容积按其装运的货物的危险程度受到一定的限制；有的船部分或全部液舱采用不锈钢材料，以增强抗腐蚀能力。

4. 其他船型

（1）冷藏船（refrigerated cargo ship）

冷藏船是专门运输鱼、肉、蛋、水果等需要冷冻（冷藏）保鲜的货物的一种船舶。

冷藏船外形与杂货船相似，货舱分隔比较多，甲板层数亦多，以利隔热及货物积载；货舱舱盖及船体部位均有良好的隔热保温设施；设有专门的制冷机供应货舱；冷藏船舶吨位不大，多在万吨以内；船速较快。

（2）工程船

通常将从事航道保证、救助打捞、海上施工、水利建设、港口作业和船舶修理的船舶称为工程船舶，包括挖泥船、起重船、敷缆船、航标船等。

（3）工作船舶

为船舶航行安全提供服务或从事与航行直接相关的专业工作的船舶称为工作船舶，包括拖船（图 3.9）、供应船、海难救助船、破冰船、消防船等。

图 3.9　拖船

拖（顶）船的强度大、功率大、稳性和浮性较好，但船体较小。

船舶体积小、功率大、船速快，具有良好的适航性能，并备有各种救助设备的船舶称为海难救助船。

破冰船设有大的压载舱，用于为他船开辟航路，结构坚固，功率大。

第三节　船舶的标识

船舶根据需要,在其船体外壳板上、烟囱及罗经甲板两侧均勘划着各种标识(mark),现将一些主要标识简述如下。

1. 球鼻艏和侧推器标识

球鼻艏标识(bulbous bow mark,BB mark)为球鼻型艏船舶的一种特有标识,主要用以表明在其设计水线以下艏部前端有球鼻型突出体,并勘划于船首左右两舷重载水线以上的艏部(bow)。

对装设有侧推器的船舶,均需用侧推器标识(thruster mark)来加以表明,以引起靠近船舶的注意。图3.10所示的为艏侧推器标识(bow thruster mark,BT mark),该标识勘划于侧推器所在船首位置左右两舷的正上方,并位于球鼻艏标识的正后面。如船舶同时装设有艉侧推器,则艉侧推器标识(ster thruster mark,ST mark)勘划于该侧推器所在船尾位置左右两舷的正上方,并与球鼻艏标识处于同一水平位置。

图3.10　球鼻艏和侧推器标志

2. 吃水标识

船舶靠离码头、通过浅水航道、锚泊及采用水尺计重时,均需精确观测船舶吃水。

为保证船舶的操纵安全及便于散货船采用水尺计重法计算货物装载量,在船舶首、中、尾左右两舷船壳板的六处,均勘划有吃水标识(draft mark),通常称为六面水尺,用以度量船舶的实际吃水。吃水标识(水尺)的标记方法有两种:一种是公制,用阿拉伯数字表示,其数字的高度规定为10 cm,上下相邻两数字间的间隔距离也是10 cm;另一种是英制,用阿拉伯数字或罗马数字表示,每个数字的高度为6 in,上下相邻两数字间的间隔距离也是6 in[1],如图3.11所示。

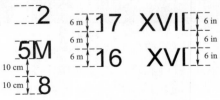

图3.11　吃水标识线

---

[1]　1 in=2.54 cm。

吃水的读取方法是以水面与吃水标识相切处按比例读取吃水,当水面与数字的下端相切时,该数字即表示此时该船的吃水。在有波浪时应至少分别读取波峰和波谷面与吃水标识相切处的读数各三次,以所求的平均值为该船当时的吃水。

3. 甲板线

甲板线(deck line)为一条长 300 mm、宽 25 mm 的水平线,勘划于船中处的每侧,其上边缘一般应经过干舷甲板(freeboard deck)上表面向外延伸与船壳板外表面之交点,如图 3.12 所示。如果干舷甲板经过相应的修正,甲板线也可以参照船上某一固定点来划定。参考点的定位和干舷甲板的标定,均应在国际船舶载重线上标写清楚。

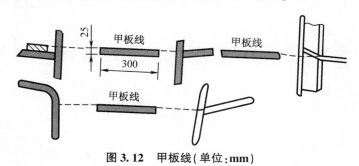

图 3.12　甲板线(单位:mm)

4. 载重线标识

(1)目的与作用

为确定船舶干舷,保证船舶具有足够的储备浮力和航行安全,船级社根据船舶的尺度和结构强度,为每艘船勘定了船舶在不同航行区带、区域和季节期应具备的最小干舷,并用载重线标识(load line mark)的形式勘划在船中的两舷外侧,以限制船舶的装载量。

某一时刻的水面至甲板线上边缘的垂直距离,即为该船当时的干舷,表示船舶当时所具有的储备浮力,干舷越大,储备浮力相对越多。

(2)载重线标识勘划的方法与要求

载重线标识由外径为 300 mm,宽为 25mm 的圆圈与长为 450 mm,宽为 25 mm 的水平线相交组成。水平线的上边缘通过圆圈中心。圆圈中心应位于 1966 年《国际载重线公约》1988 年议定书附则 B 修正案(MSC. 143(77))所规定的船长中点处,从甲板线上边缘垂直向下量至圆圈中心的距离等于所核定的夏季干舷。勘划载重线时,应在载重线圆圈两侧并在通过圆圈中心的水平线上方或圆圈的上方和下方加绘表示勘定当局的简体字母。

所勘划的载重线的各线段,均为长 230 mm,宽 25 mm 的水平线段,这些线段与标在圆圈中心前方长 540 mm,宽 25 mm 的垂线成直角,为不同区带、区域和季节期的最大吃水限制线,度量时应以载重线的上边缘为准。对圆圈、线段和字母,当船舷为暗色底时,应漆成白色或黄色,当船舷为浅色底时,应漆成黑色。船舶两舷只有在正确和永久地勘划载重线标识并清晰可见后,方可取得国际船舶载重线证书(international load line certificate)。

(3)国际航行海船载重线标识

载重线的内容较多,本处仅列出不装载木材甲板货船和客货船的载重线标识。

①不装载木材甲板货船的载重线标识

不装载木材甲板货船舶的载重线标识为除木材船、可装载木材甲板货的多用途船、客船、客货船等以外的船舶载重线标识,如液货船、非装载木材的其他干货船等。图3.13所示为不装载木材甲板货船舶的载重线标识。

②客货船的载重线标识

根据海船分舱和破舱稳性规范的相应规定,国际航行客货船的载重线标识为在不装载木材甲板货船舶载重线垂线的北大西洋冬季载重线下端再增加C1(客船分舱载重线)与C2(交替载运客货分舱载重线),如图3.14所示。"C1"表示主要载客时应保留的最小干舷,"C2"表示交替使用的舱室作为客运舱室时应保留的最小干舷。

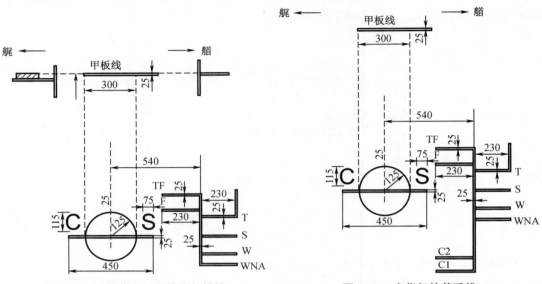

图3.13 不装载木材甲板货船舶的
载重线标识(单位:mm)

图3.14 客货船的载重线
标识(单位:mm)

③所用字母与各载重线的含义

CS(China Classification Society)——中国船级社;

TF(tropical fresh water loadline)——热带淡水载重线;

F(fresh water loadline)——夏季淡水载重线;

T(tropical loadline)——热带载重线;

S(summer loadline)——夏季载重线,其上边缘通过圆圈中心;

W(winter loadline)——冬季载重线;

WNA(winter north atlantic loadine)——北大西洋冬季载重线;

C1——客船分舱载重线;

C2——交替载运客货分舱载重线。

5. 其他标识

(1)船名和船籍港标识(ship's name and port of registry mark)

每艘船舶均在船首左右两侧明显位置处勘划船名,中国籍船还在船名下方加注汉语拼音。船首船名字高与船舶大小及船名字数多少有关,以正常视距范围内及早清晰可见为准。

每艘船舶还在船尾(艉封板或艉部两舷)明显处自上而下勘划船名、船名汉语拼音及船籍港与船籍港汉语拼音,其中船名字高比船首字小 10%~20%,船籍港字高为船名字高的 60%~70%。有的船舶还在驾驶台顶罗经甲板的两舷舷侧勘划船名,如图 3.15 右所示。

图 3.15　船名和船籍港标识

（2）烟囱标识（funnel mark）

用以表示船舶所属公司的标识,该标识勘划于烟囱左右两侧的高处。烟囱标识由各航运公司自行规定其颜色和图案(同一公司所属船舶船体的油漆颜色往往也是统一的),以便识别,如图 3.16 所示。

图 3.16　烟囱标识

（3）分舱与顶推位置标识（subdivision and push location mark）

在货舱与货舱、压载舱与压载舱或压载舱与其他舱室之间舱壁所在位置的两舷舷侧外板满载水线以上或以下通常勘划有表示各舱位置的分舱标识,在该标识位置处大多数船同时标注船舶的肋骨编号。此外,为避免因拖轮盲目顶推而造成船壳板凹陷甚至损坏,在两舷艏、舯、艉舷侧外板满载水线以上的适当位置(该位置不仅能最大限度地发挥拖轮的作用,同时也是船体骨架所在的位置,具有足够的强度)勘划有拖轮的顶推位置标识,大型船舶还在上述相应位置的正下方(满载水线以下)勘划同一标识。顶推位置标识主要有两种标识法,一种为正向的"T"型标识,另一种为将"TUG"置于垂直向下箭头正上方的组合标识,如图 3.17(右)所示。

图 3.17　分舱与顶推位置标识

　　(4)引航员登、离船位置标识

　　为确保引航员登、离船安全,按 SOLAS 公约规定,大型船舶在其平行船体长度范围内(一般在船中半船长范围内)的两舷舷侧满载水线附近或稍低位置处勘划引航员登、离船位置标识(pilot transfer location mark)。该标识颜色与国际信号规则规定相同,为上白下红,如图 3.18 所示。

图 3.18　引航员登、离船位置标识

　　(5)船识别号(IMO 编号)

　　按国际海事组织规定,100 总吨及以上的所有客船和 300 总吨及以上的所有货船均应有一个符合国际海事组织通过的 IMO 船舶编号体系的识别号,即船舶识别号(ship identification number),用于识别船舶身份。该识别号除应按规定载入相应证书中外,还应在船舶适当位置永久清晰地勘划。船舶识别号的勘划位置有:船尾船籍港标识的下方、桥楼正前方的上部、机舱明显处、客船可从空中看见的水平表面、油船货油泵舱明显处及滚装船滚装处所等,但较普遍的勘划位置是船尾船籍港的下方,图 3.19 所示为勘划在船尾的船舶识别号。

图 3.19　船识别号

（6）公司名称标识（company name mark）

公司名称标识是航运公司经营理念改变的一种体现,主要勘划在公司所属的集装箱船上。该标识有两种勘划方式,一种是公司名称的全称,另一种是公司英文名称的缩写。勘划于船舶左右两舷满载水线以上,除用于表示船舶所属的船公司外,还有一定的广告效应,如图 3.20 所示。

图 3.20　公司名称标识

（7）可变螺距螺旋桨标识（controllable pitch propeller mark,用 CP 表示）

一些具有可变螺距螺旋桨的船舶,包括双车船,往往在其螺旋桨（推进器）正上方的船尾两侧满载水线以上明显处用车叶（螺旋桨）状的标识来表示,并加上文字或缩写（如 CP）,以引起对水下螺旋桨的注意。

（8）液化气船标识（liquefied gas carrier mark）

液化气船中的液化天然气船和液化石油气船两类船舶,应特别强调其种类与危险性,在主船体两舷舷侧满载水线以上显眼处分别用"LNG"和"LPG"表示,以提醒他船注意,如图 3.21 所示。

图 3.21 液化气船标识

第四节 船舶的尺度和吨位

一、船舶尺度

1. 船舶尺度及其用途

船舶尺度(ship dimension)根据用途的不同,可分为最大尺度、船型尺度和登记尺度三种。

(1)最大尺度

最大尺度(overall dimension)又称全部尺度或周界尺度,是船舶靠离码头、系离浮筒、进出港、过桥梁或架空电缆、进出船闸或船坞以及狭水道航行时安全操纵或避让的依据。最大尺度包括以下三类。

①最大长度(length ovrall,LOA)

最大长度又称全长或总长,是指从船首最前端至船尾最后端(包括外板和两端永久性固定突出物)之间的水平距离。

②最大宽度(extreme breadth)

最大宽度又叫全宽,是指包括船舶外板和永久性固定突出物在内并垂直于纵中线面的最大横向水平距离。

③最大高度(maximum height)

最大高度是指自平板龙骨下缘至船舶最高桅顶间的垂直距离。最大高度减去吃水即得到船舶在水面以上的高度,称净空高度(air draught)。

(2)船型尺度

船型尺度(moulded dimension)是《钢质海船入级规范》中定义的尺度,又称型尺度或主尺度。在一些主要的船舶图纸上均使用和标注这种尺度,且用于计算船舶稳性、吃水差、干舷高度、水对船舶的阻力和船体系数等,故又称为计算尺度、理论尺度。船型尺度包括船长、船宽和型深。

①船长 L(length between perpendiculars)

船长指沿夏季载重线,由艏柱前缘量至舵柱后缘的长度,对无舵柱的船舶,则由艏柱前缘量至舵杆中心线的长度,但均不得小于夏季载重线总长的96%,且不必大于97%。船长又称垂线间长。

②型宽 B(moulded breadth)

型宽指在船舶的最宽处,由一舷的肋骨外缘量至另一舷的肋骨外缘之间的横向水平距离。型宽又称船宽。

③型深 D(moulded depth)

型深指在船长中点处,沿船舷由平板龙骨上缘量至上层连续甲板(上甲板)横梁上缘的垂直距离;对甲板转角为圆弧形的船舶,则由平板龙骨上缘量至横梁上缘延伸线与肋骨外缘延伸线的交点。而在船长中点处,由平板龙骨上缘量至夏季载重线的垂直距离称为型吃水 d(moulded draft)。

(3)登记尺度

登记尺度(register dimension)为《1969年国际船舶吨位丈量公约》中定义的尺度,是主管机关登记船舶、丈量和计算船舶总吨位及净吨位时所用的尺度,它载明于船舶的吨位证书中。

①登记长度(register length)

登记长度指量自龙骨板上缘的最小型深85%处水线总长的96%,或沿该水线从艏柱前缘量至上舵杆中心线的长度,两者取大值。

②登记宽度(register breadh)

登记宽度系指船舶的最大宽度,对金属壳板船,其宽度是在船长中点处量到两舷的肋骨型线,对其他材料壳板船,其宽度在船长中点处量到船体外面。

③登记深度(register depth)

登记深度系指从龙骨上缘量至船舷处上甲板下缘的垂直距离。对具有圆弧形舷边的船舶,则是量至甲板型线与船舷外板型线之交点。对阶梯形上甲板,则应量至平行于甲板升高部分的甲板较低部分的延伸虚线。

2. 船舶主尺度比(dimension ratio)

船舶的主尺度仅表示船体的大小,而主尺度比却是船体几何形状特征的重要参数,其大小与船舶的各种性能关系密切。

(1)船长型宽比 L/B(length breadth ratio)

船长型宽比为垂线间长与型宽的比值,其大小与快速性和航向稳定性有关。比值越大,船体越瘦长,其快速性和航向稳定性越好,但港内操纵不灵活,反之亦然。

(2)船长型深比 L/D(length depth ratio)

船长型深比为垂线间长与型深的比值,其大小主要与船体强度有关。比值大对船体强度不利。

(3)船长型吃水比 L/d(length draft ratio)

船长型吃水比为垂线间长与型吃水的比值,主要与船舶的操纵性有关。比值大,船舶的操纵回转性能变差。

(4)型宽型吃水比 B/d(breadth draft ratio)

该比值的大小与稳性、横摇周期、耐波性、快速性等因素有关。比值大，船体宽度大，稳性好，但横摇周期小，耐波性变差，航行阻力增加。

（5）型深型吃水比 D/d（depth draft ratio）

该比值的大小主要与稳性、抗沉性等因素有关。比值大，干舷高，储备浮力大，抗沉性好，但船舱容积增大，重心升高。

二、船舶吨位

船舶吨位的度量方法有质量吨和容积吨两种。

1. 质量吨（weight tonnage）

表示船舶质量，也可表明船舶的载运能力，计量单位有吨和长吨两种（1 长吨等于1 016 kg）。质量吨分排水量和载重量两种。

（1）排水量（displacement）：指船舶在静水中自由漂浮并保持静态平衡后所排开同体积水的质量，也等于该吃水时船舶的总质量。排水量一般可分为满载排水量、空船排水量及装载排水量三种。

①满载排水量（dead displacement）：指船舶满载，即船舶在装足货物、旅客、燃油、润滑油、淡水、备品、物料及核定船员与行李使船舶吃水达到某载重线（通常指夏季载重线）时的排水量。

②空船排水量（light displacement）：即空船质量，指处于可正常航行的船舶，但没有装载货物、燃油、润滑油、压载水、淡水、锅炉给水和易耗物料，且无乘客、船员及其行李物品时的排水量。空船排水量可通过倾斜试验的方法求得。

③装载排水量（load displacement）：指除满载及空船排水量外，任何装载水线时的排水量。

（2）载重量：指船舶在营运中所具有的载重能力，分总载重量和净载重量两种。

①总载重量（deadweight，DW）：系指船舶在相对密度为 1.025 的海水中，吃水达任一水线时所装载的最大质量，它包括货物、旅客、燃油、润滑油、淡水、备品、物料、船员和行李及船舶常数等的质量。吃水不同，总载重量也有所不同，如夏季满载吃水时的总载量为满载排水量与空船排水量的差值，而任一吃水时的总载重量则为装载排水量与空船排水量的差值。

②净载重量（net deadweight，NDW）：指在具体航次中船舶所能装载的最大限度的货物质量，即净载重量为总载重量减去燃油、润滑油、淡水、备品、物料、船员和行李及船舶常数后的质量。因此，每航次均应精打细算，以求最大限度地增加净载重量。

2. 容积吨（capacity tonnage）

指依据船舶登记尺度丈量出船舶容积后经计算而得出的吨位，它表示船舶所具有空间的大小，又称登记吨。根据丈量范围和用途的不同，容积吨可分为总吨位、净吨位及运河吨位三种。

（1）总吨位（grostonnage，GT）：总吨位简称总吨，是根据《1969 年国际船舶吨位丈量公约》的各项规定丈量测定出船舶总容积后，再按公式计算得出。船舶总吨位的计算公式如下：

$$GT = K_1 V$$

式中　V——船舶所有围蔽处所的容积,m^3;

　　　$K_1 = 0.2+0.021gV$。

总吨位的主要用途有:

①国家及公司统计船队规模和比较船舶大小的依据;

②规则、规范及国际公约划分船舶等级,对船舶进行技术管理和设备要求的依据;

③船舶登记、检验和丈量等收费的依据;

④估算造船、买卖及租赁船舶所需费用的依据;

⑤保险公司计算船舶保险费用及计算海损事故赔偿费的依据;

⑥国际劳工组织对船舶配员要求的依据;

⑦计算船舶净吨位的依据。

(2)净吨位(net tonnage,NT):是根据《1969年国际船舶吨位丈量公约》的各项规定丈量测定出船舶的有效容积(各载货处所的总容积,m^3)后,并在结合总吨位的前提下,按规定的计算公式求得。净吨位本质上就是从总容积中扣除不能用于载货或载客的容积,如机舱、物料间、船员居住舱室等。

净吨位是港口向船舶收取各种港口使用费(如港务费、引航费、灯塔费、拖轮费、靠泊与进坞费等)和税金(如吨税)的依据。

(3)运河吨位(canal tonnage,CT)是指按巴拿马运河管理当局和苏伊士运河管理当局所规定的丈量规范核定的船舶总吨位和净吨位。运河吨位在数值上要稍大些。运河吨位的主要用途是在船舶过运河时,作为向运河管理当局交纳过运河费的计费依据。

思政一点通

船舶——"流动的国土"

船舶是一片流动的国土。中华人民共和国的船舶、航空器,不论是民用或者军用,也不论是航行或者停泊在公海或者外国领域内,视为领土的延伸,都属于中华人民共和国领域范畴。国家主权不容侵犯,海员作为船上的工作人员,是这片国土的捍卫者,也是对外交往的使者,展现中华民族的优秀文化,代表中国人民的形象。因此,作为一名涉外工作者,应维护国家尊严,时时严格要求自己,懂礼仪、有文化、讲文明,尊重船舶停靠港口国家人民的风俗习惯。

思考题

1. 描述船舶的基本组成。

2. 阐述常见船舶的类型和特点。

3. 查找资料,掌握船舶各种标识的含义。

4. 查阅最新资料,说明船籍、船级、船旗、方便旗等专业名词的含义。

第四章　船舶组织结构

第一节　船舶人员组织结构

为了保证船舶的安全营运,各种类型的船舶均配有一定数量的船员。船员,是在船上任职和专门从事船上工作的乘员的总称,海船船员又称为海员。《中华人民共和国船员条例》规定:船员,是指依照本条例的规定经船员注册取得"船员服务簿"的人员,包括船长、高级船员、普通船员。一般又分为管理级、操作级和支持级,管理级包括船长、大副、轮机长、大管轮,操作级包括二副、三副、二管轮、三管轮、电子电气员,支持级包括水手长、木匠、水手、机工长、机工、厨工、服务员等。从事国际航行的船舶的中国籍船员,必须持有中华人民共和国海事局颁发的海员证和有关证书。

一、配员要求

船舶的种类、大小及航线要求不同,船上船员的配备需求也有所区别。为确保船舶的船员配备,足以保证船舶安全航行、停泊和作业,防治船舶污染环境,依据我国实际情况及参加的有关国际条约,制定《中华人民共和国船舶最低安全配员规则》。要求船舶所有人(或者其船舶经营人、船舶管理人)应当按照本规则的要求,为所属船舶配备合格的船员,但是并不免除船舶所有人为保证船舶安全航行和作业增加必要船员的责任。以 500 GT 及 750 kW 以上一般货船为例,所需的最低配员如表 4.1 所示。

表 4.1　海船船员最低配员标准(部分)

甲 板 部			
	船舶种类、航区、吨位或总功率	一般规定	附加规定
普通船舶	3 000 GT 及以上	船长、大副、二副、三副各 1 人,值班水手 3 人	航程不超过 300 n mile 或连续航行时间不超过 36 h,可减免三副和值班水手各 1 人
	500 GT 及以上至未满 3 000 GT	船长、大副、二副(三副)各 1 人,值班水手 3 人	连续航行时间不超过 36 h,可减免值班水手 1 人;连续航行时间不超过 8 h,可再减免二副(三副)1 人

表 4.1 （续）

轮机部			
	航区和总功率	一般规定	附加规定
普通船舶	3 000 kW 及以上	轮机长、大管轮、二管轮、三管轮各 1 人，值班机工 3 人	（1）连续航行时间不超过 36 h，可减免三管轮和值班机工各 1 人； （2）AUT-0 自动化机舱可减免二管轮、三管轮和值班机工 2 人； （3）AUT-1 自动化机舱可减免三管轮和值班机工 2 人； （4）BRC 半自动化机舱可减免值班机工 2 人
	750 kW 及以上至未满 3 000 kW	轮机长、大管轮各 1 人、值班机工 2 人	连续航行时间超过 16 h，须增加轮机员三管轮 1 人和值班机工 1 人（自动化机舱及 BRC 半自动化机舱除外）

二、组织结构

船员具备一定规模后，为了相互间有效地工作，就应建立一定的组织结构。目前，一艘船舶通常有甲板部、轮机部，有的还设事务部，客船还有客运部等，各公司船员组织机构大同小异，通常都和船舶的吨位、功率大小及船舶的航区等有关。随着船舶自动化程度的迅速提高，智能船舶将是未来发展的方向。为适应新形势的发展需要，1978 年海员培训、发证和值班标准国际公约（STCW）提出功能发证，船员可跨部门从事其适任证书许可的职能。表现为一职能多人和一人多职能，可根据情况需要灵活地组织值班。目前比较普遍的是全球海上遇险与安全系统（GMDSS）操作员由驾驶员兼任，一些国有航运公司的船舶政委也由职务船员中的某个党员兼任，另外有些船舶存在同时持有水手和机工值班证书的普通船员。基于职能配员的船员的组织结构，打破了部门的界限，共享人力资源，能随时调集足够的技术力量解决某职能的问题，职能配员使船员总人数得到较大幅度的减少。

第二节　船员职责分工

船舶实行船长负责制。一般货船设甲板部、轮机部两部门。部门长分别为大副、轮机长。部门长负责本部门工作。各部门设兼职安全员，通常由水手长、机匠长兼任。业务工作对部门长负责；兼职安全员的工作向船长负责，有权监督本部门安全管理。每个公司都会建立自己的安全管理体系（SMS）。每个船员（包括船长）都必须遵守和执行公司的安全和环境保护方针，熟悉公司的安全管理体系，按 SMS 文件规定做好本职工作。船员的职责分工在 SMS 中都有较详细的描述，各个公司根据自身的实际情况做出的规定会有一定的差异，但总体包括以下职责内容。

一、船长和政工人员

1. 船长

（1）船长是船舶负责人，在公司最高领导层领导下，向公司最高管理层负责，领导全船，指挥全船。

（2）安全管理职责,《安全管理手册》船长的责任：

①安全管理的组织、监督,与公司的联系及与外界的联系；

②执行公司的安全和环境保护方针,激励船员遵守该方针；

③参与本船风险识别和评价工作,按要求上报本船新增风险；

④严格控制本船的船舶操作风险、人员健康安全风险和环境管理风险；

⑤船舶操纵指挥,船舶应急指挥；

⑥以简明的方式发布相应的命令和指令；

⑦复查安全管理体系,并向岸上管理部门报告其不足之处,保管 SMS 文件；

⑧负责对船员进行考核、培训。

（3）安全管理权力：

①船舶安全管理的全面、绝对的权力。

②为保证安全和保护环境可以做出任何常规和非常规的决定。特别是在恶劣天气和严重情况时,船长根据自己的专业判断,为了安全航行而做出的任何决定,不受船东、租船人或其他人约束。

③要求公司给予支持。

④指挥全船。

（4）海上事件、意外事故的报告。船长发现下列情况须立即向所属沿岸当局和公司安监部报告：

①任何影响船舶安全的事件或事故,例如碰撞、搁浅、损坏、功能失灵或故障、进水或者货物移动、任何船体或结构缺陷；

②任何危及航运安全的事件或者事故,例如很可能影响船舶机动和适航性的故障,或者影响推进系统或者操舵装置的缺陷,电力系统、航行设备或者通导设备的缺陷；

③任何导致成员国水域或海岸污染的情况,例如排放或者威胁将污染物质排放入海的情况；

④发现在海上有任何漂浮的造成污染的原料、集装箱或者包装物质。

报告信息至少包括船舶的识别信息,船位驶离港、目的港、船载危险和污染货的地址,船上人员、事件的细节和海上事件、意外事故相关的措施。

2. 政工人员

（1）船舶政工人员是船舶领导之一,在上级党政领导下,协助船长管理部分行政工作。维护船长安全与防污染的绝对权力,密切配合船长,抓好船舶安全宣传教育工作。

（2）政工人员的安全管理主要职责有：

①对船员进行安全教育,防止各类安全事故及各类案件的发生；

②了解和掌握运输生产各个环节船员思想动态,有针对性地采取措施帮助解决思想上的疑难问题；

③协助船长做好培训教育工作,动员和提高船员的学习自觉性,完成上级规定的培训教育计划；

④指导船上业余文化生活,开展各类健康的文体活动；

⑤担任船舶保安官,认真履行保安官职责；

⑥完成公司交办的其他工作。

二、甲板部船员

1. 大副

(1)在船长领导下,对船长负责;是船长的替代;甲板部部门长,领导甲板部工作。

(2)安全管理职能(按公司规定和船长指示):

①按船长指示和公司规定制订部门各项安全管理工作的计划和措施、保养检修计划、甲板操作规程、发布相应指示;审核具体要求遵守情况,督促纠正不符合情况。

②船舶航行值班,靠离泊船部指挥;保证值班和靠离泊操作安全。

③货物管理;保证装卸和运输中货物安全。

④船舶及设备(甲板部分管部分)使用和维护管理;定期检查和测试分管的船舶及设备,报告不符合规定的情况,使之保持良好技术状况;协助轮机部安全管理工作。

⑤船舶设备档案(甲板部分管部分)、SMS 文件及相关资料管理。

⑥厂、坞修安全和质量管理。

⑦甲板部人员管理。

⑧全船船员生活安排,伤病救治。保证船舶环境卫生和饮食卫生,伤病得到及时救治;保证船舶垃圾管理符合 MARPOL 附则 V 的要求。

2. 二副

(1)在大副领导下,对大副负责;是大副的替代;值班和维护时指挥协助人员。

(2)安全管理职责:

①船舶航行值班,靠离泊部指挥;

②通导设备使用和维护管理,无线电通信及设备的技术资料管理;

③航海资料管理;

④定期检查和测试分管设备,报告不符合规定情况,保持通信设备技术状况良好,采集、保管航海资料,使之处于最新有效状况;

⑤编制航次计划报船长,保证符合有关规定。

3. 三副

(1)在大副领导下,对大副负责;是二副的替代;值班和维护时指挥协助人员。

(2)安全管理职责:

①船舶航行值班,船舶运行值班时指挥值班人员工作;靠离泊协助船长。

②协助船长做好船舶 SMS 文件管理。

③消防、救生设备管理,定期检查和测试,报告不符合规定的情况,使之保持良好技术状况;船舶消防救生设备维护时指挥协助人员工作。

4. GMDSS 操作员

(1)持有 GMDSS 证书的驾驶员在船长领导下,对船长负责,执行公司规定,保持船舶与公司及外界联络。

(2)全面负责本船无线电通信导航设备和广播系统的技术管理,做好无线电通信设备的管、用、养、修以及无线电导航设备的管理和修理工作,努力使设备保持良好的技术状态。

5. 水手长

(1)在大副领导下,对大副负责;兼职安全员,对船长负责。

（2）安全管理职责：

①组织和带领木匠和水手完成大副布置的工作，并督促、检查；

②靠离泊船部工作，任兼职安全员，在工作之前负责对船员进行相关的安全知识教育并有记录，协助船长监督部门生产安全；

③保管船舶自用危险品，有权制止违章指挥、违章操作；

④监督甲板部安全管理，及时发现和报告甲板部不符合规定的情况。

6. 木匠

（1）由水手长领导，对水手长负责（水密检查向大副负责）。

（2）是操作岗位，其直接安全责任为：

①维护水密设备，使之处于良好技术状况；

②监测船体和隔舱水密，及时发现和及时报告不正常情况；

③按当值驾驶员指示，负责注入和驳移压舱水；

④管理堵漏器材，使之处于良好技术状况；

⑤规范地操纵锚机。

7. 水手

（1）由水手长领导，是操作人员，其直接安全责任为规范操作。

（2）与其他岗位关系：

①船舶航行值班和靠离泊时，服从船长、驾驶员、水手长指挥；

②装卸作业时，服从当值驾驶员、水手长（木匠）指挥；

③维护、保养听从水手长指挥。

8. 大厨

由大副领导，是操作岗位，直接安全责任为保证食品卫生，厨房、储藏室卫生。

9. 服务生

由大副领导，是操作岗位，直接安全责任为保证食器和餐具卫生，餐厅、娱乐室、走廊等公共场所卫生。

10. 随船船员

由大副领导，是操作岗位，直接安全责任为货物检查、加固，装卸货，参加船舶的维修保养工作等。

三、轮机部船员

1. 轮机长

（1）轮机部部门长，由船长领导，对船长负责，领导轮机部工作。

（2）是全船机械、动力、电气设备的技术总负责人（无线电通信导航和甲板部使用的电子仪器除外）。

（3）安全管理职责：

①制定本船各项机电设备的操作规程、保养检修计划、值班制度，贯彻执行各项规章制度和 SMS 文件，保证安全生产；

②负责组织轮机员、电机员制定厂、坞修和航（抢）修的修理单及安全质量管理，组织和

领导对修船工作的验收;

③负责燃润料、物料、备件的申领,造册保管,节约能源,降低成本;

④负责保管轮机设备的有关检验证书、图纸资料、技术文件,公司下发的文件及 SMS 文件;

⑤管理轮机部人员,培训和考核轮机部人员,监督和签署轮机员、电机员的交接班工作;

⑥监督各轮机员、电机员对分管设备进行定期检查和测试,报告不符合规定的情况,使之保持良好技术状况;

⑦在发生紧急事故时指挥机舱人员进行抢修和抢救工作;

⑧实时监控和检查 PSC 检查项目并纠正不符合规定的情况,重要情况向船长和公司及时汇报。

2. 大管轮

(1)在轮机长领导下,对轮机长负责,是轮机长的替代,协助轮机长管理机舱。

(2)负责领导轮机部人员进行机电设备的管理、操作、保养和检修工作,负责维持机舱工作秩序、教育所属人员严格遵守工作制度、操作规程和劳动纪律,保证船舶按时、安全地完成轮机部的航次任务。

(3)安全管理职责:

①分管设备管理,定期检查和测试分管设备,及时报告不符合规定的情况,使其技术状况保持良好。

②对机舱安全设备、防污染设备及其他应急设备进行监控;检查并督促主管轮机员的维护保养,并汇报轮机长。

③督促各轮机员、电机员做好预防检修计划,编制修理单、自修单;做好防火、防盗、防爆、防漏水、防电击及防污染工作。

④督促轮机部人员做好机舱、舵机舱、备件物料间的整洁卫生及油漆工作。

⑤负责安排航行及停泊时的检修工作,航行时轮值航行班,停泊时与二、三管轮轮流留船值班,根据轮机长的指示安排人员值航行及停泊班。

⑥对机舱人员的日常工作管理及培训。

3. 二管轮

(1)在轮机长和大管轮领导下,对轮机长负责,值班和维护时指挥协助人员。

(2)安全管理职责:

①分管设备管理,定期检查和测试分管设备,及时报告不符合规定的情况,使其技术状况保持良好;

②参加由大管轮统一安排的日常检修及抢修工作;

③负责完成预防检修计划中主管项目,编制修理单及自修单;

④负责加装燃油、管理燃油,及时向轮机长汇报燃油的消耗、存量及申请量;

⑤负责检查、保养所管应急设备并向大管轮和轮机长汇报;

⑥负责主管设备备件的造册、清点、申请及整理保管。

4. 三管轮

(1)在轮机长和大管轮领导下,对轮机长负责,值班和维护时指挥协助人员。

（2）安全管理职责：

①分管设备管理；定期检查和测试分管设备，及时报告不符合规定的情况，使其技术状况保持良好。

②参加由大管轮统一安排的日常检修及抢修工作。

③负责完成预防检修计划中主管项目，编制修理单及自修单。

④负责检查、保养所管应急设备并向大管轮和轮机长汇报。

⑤负责主管设备备件的造册、清点、申请及整理保管；机舱航行值班。

⑥值班时机舱航行指挥；实施部门安全管理工作计划和措施。

5. 电子电气员

（1）在轮机长和大管轮领导下，对轮机长负责，主管全船电子电气、通信网络部分。

（2）安全管理职责：

①全船电子电气、通信网络设备、应急照明、报警和遥控的电气部分、电气自动设备管理和检查测试；

②在做好本职工作的前提下，参加由大管轮统一安排的日常检修及抢修工作；

③负责完成预防检修计划主管部分的工作，编制修理单及自修单；

④负责检查、保养所管应急设备并向大管轮和轮机长汇报；

⑤负责主管设备备件的造册、清点、申请及整理保管；

⑥实施部门各项安全管理计划和措施；

⑦分管设备技术状况保持良好；

⑧协助甲板部、装运货物电气设备管理工作。

6. 机工长

（1）在大管轮领导下，对大管轮负责；任兼职安全员，对船长负责。

（2）安全管理职责：

①组织机匠完成大管轮布置任务；指派机匠工作并监督考核，提出处理意见。

②负责机舱、舵机舱的卫生、油漆工作，根据大管轮的指示带领机匠参加日常保养工作，负责垃圾的管理及分类，督促每班搞好卫生。

③兼职安全员，在工作之前负责对船员进行安全知识教育并有记录，协助船长监督轮机部安全生产；及时发现和报告轮机部不符合规定的情况。

7. 机工

在大管轮和机匠长领导下，是操作岗位。直接安全责任为规范操作。机舱值班时对当值轮机员负责；维修保养时服从轮机员及机工长的安排。

第三节 船舶组织间的协调与沟通

为了保证船舶安全、有效地营运，船员之间特别是船上各部门之间有效地沟通和配合，有必要建立一定的沟通渠道。各公司都会根据自身的实际情况，建立驾驶与机舱的联系制度，以体系文件的形式进行规范，以便在船上有效地执行。协调与沟通主要表现在开航前、航行中、停泊时几个方面。

一、开航前

（1）船长在确定开航时间后应尽早通知轮机长。轮机长应向船长报告开航准备情况，包括主要机电动力设备的技术状态、燃油和炉水的实际存量等。开航时间如有变化，船长应及时通知更正。

（2）机舱按船长通知的时间备妥主机。如果未能按时开航且船长也未明确推迟的时间，值班驾驶员应将情况告知机舱，但主机应仍继续准备。

（3）开航前一小时或按船长通知要求，值班驾驶员通知机舱备车并会同值班轮机员核对船钟、车钟，试验并核对舵机及其传动装置以及舵角指示器等。分别将情况记入航海日志、轮机日志及车钟记录簿内。

（4）甲板部开航前试验汽笛、信号灯及航行灯、锚机、绞缆机（系泊中），发现有不正常情况，应立即通知机舱派人修复。

（5）主机转车、冲车、试侧推器（如有此装置）前，值班轮机员应先通知值班驾驶员，值班驾驶员在确认螺旋桨附近无障碍物、前后缆绳和舷梯绞起后通知机舱，方可进行。如主机经过检修需要转车、冲车或试车也应遵守此规定。

（6）各轮也可根据本轮设备情况，制定相应备车操作程序。

二、航行中

（1）每班下班之前，值班轮机员应将主机平均转数和海水温度告知值班驾驶员；值班驾驶员也应复告本班平均航速和风向、风级。双方分别记入航海日志和轮机日志。

（2）每日正午，驾驶台和机舱核对船钟并互报正午报告。

（3）进出港口、狭水道或危险区域等需要备车航行时，驾驶台应提前一小时通知机舱准备。遇雾或暴雨等突发视线不良的情况，值班轮机员接到通知后应尽快备妥主机。等候潮、等泊位等各种原因短时间抛锚时，值班驾驶员应将情况及时通知值班轮机员。

（4）船舶备车航行时，主机一般按"港内车速"运转。驾驶台如因操纵或紧急避让需要加速时，通知机舱，机舱应尽快开足车速。

（5）船长决定定速航行时，值班驾驶员应通知值班轮机员。

（6）根据预报或对当地气象现象观测，判断将有风暴来临时，船长应及时通知轮机长做好各种准备。定速航行，主机转速按正常海上速度，如需要减速的，值班轮机员应先征得值班驾驶员同意后方可进行，并将减速时间及减速后的转速通知值班驾驶员。如因抢避台风或海上救助等紧急情况需要超过常速航行时，船长应与轮机长协商研究，轮机长应在安全条件下开足主机最大转速。

（7）当机械发生故障不能执行航行指令时，轮机长应组织抢修并通知驾驶台速报船长。将故障发生和排除的时间及情况记入航海日志和轮机日志。如需停车，须通知驾驶台并征得船长同意，但事态危急，不停车将会导致威胁主机或人身安全时，轮机长可以立即停车并通知驾驶台。但在采取这个措施时必须十分慎重，以免发生更加严重的恶性事故。

（8）主机完车，值班驾驶员要通知值班轮机员。

三、停泊中

（1）船长认为有必要备车时，应立即通知轮机长。

（2）抵港后,船长应将预计的本船动态告知轮机长,以便安排工作。其后,动态若有变化均应及时联系。

（3）机舱若需要检修影响动车的设备,轮机长应事先将工作内容和所需要时间报告船长,取得同意后方可进行。

（4）如需使用本船装卸设备,值班驾驶员应将开工的舱口、工班数及其变化情况提前通知当值轮机员,保证安全供电。装卸特种危险品或使用重吊前,大副应通知轮机长派人检查起货机,必要时,轮机长还应派人值守,保证安全运转。

（5）如因装卸作业不当造成船舶过度倾斜,影响机舱正常工作时,轮机长应通知大副设法采取有效措施予以纠正。

（6）每次加装燃油前,轮机长应将计划加装的油舱及各舱加装量告知大副(航行用油计划事先与大副商量),抵离港前,轮机长须将各舱存油量告知大副,同时将存油量报告船长,以便计算稳性、水尺和调整吃水差。

（7）当轮机部装运桶装滑油或重大件备件时,轮机长(或值班轮机员)应联系大副(或值班驾驶员)、商定放置地点,派水手起(或调整)吊杆并操纵起货机。具体绑固工作由轮机部按大副要求负责绑固。

四、其他

（1）轮机长根据航次任务及早将燃、润油的准确现存数量和补添计划提交船长。船长如需要修改,应与轮机长洽商,尽可能取得一致意见,但船长有最后决定权。航次任务若有变更,船长应及早告知轮机长并共同估算和修改补添计划。

（2）船长和轮机长共同研究商定的主机各种转速,除非另有指示,值班驾驶员和值班轮机员均应严格执行。

（3）机舱除可直接使用专用炉水舱的水以外,如需动用其他水柜,必须事先征得大副同意。水手长负责各淡水舱的调换使用并有责保持在使用中的水柜具有足够的存水量,以免水泵抽空或损坏。

（4）各燃油舱之间的移驳应事先征得大副同意。

（5）排出、注入、移注压舱水或淡水根据大副的通知,由水手长负责测量并注意与机舱值班人员联系。完毕后,水手长应及时通知停泵。机舱值班人员应将舱别和时间记入轮机日志。

（6）正常海上航行,甲板部需使用锚机、绞缆机和起货机,使用前后必须通知机舱。

（7）大副应将起货机、锚机、绞缆机清洁、油漆保养和使用情况及时通知机舱当值人员。（齿轮箱内部及电动机轴承由轮机部负责加油）

（8）抵港前,轮机部应派人检查锚机、绞缆机和起货机,使其保持良好技术状态。各种甲板机械的操纵(控制)箱离港不用时,水手长应派人检查并予盖严或用帆布罩罩妥。轮机部如因检修、配电等各种原因需要暂停供电或局部停电,必须事先报告船长(或值班驾驶员),并告知停止和恢复供电的大约时间,以做好各种准备。航行中,电罗经和操舵系统及号灯、号笛、助航电子仪器不应停止供电。

（9）离港后水手长即应检查试验装卸用的移动式照明灯具,如有损坏交轮机人员检修;甲板上的各种电源插座,由水手长派人检查并予盖紧保持水密,座盖如有损坏或短缺,通知轮机人员负责配齐并保持完好。

思政一点通

细处着手保安全

船舶如同一座移动的工厂,船舶漂泊在海洋上,随时承受着海浪洋流的冲击,环境条件非常恶劣,且因远离大陆受到岸基支持的范围有限。船舶的造价往往又非常高,达数亿元,如果加上货物,其价值更是无法计算,因此保证船舶安全是非常重要的。

保证船舶安全涉及各个方面,包括船舶的设计、建造、法律公约、人员等。但据统计,船舶安全事故90%以上都是人为因素造成的,这也说明船舶本身在一定程度上是安全的,因为船舶的设计、建造要根据船舶规范,在这个过程中也存在着一定的人为因素。作为从事船舶营运的海员,因操作失误所造成的事故还是非常惊人的,所以就有了ISM(NSM)规则的实施,从公约法律的角度来规范人的行为。

细节决定成败,作为海员,在学校就应该努力学习,储备知识、掌握技能,在船上就应该做好每一项工作,严格按规程操作,经常性反思和检查自己,绝不能存在马乎思想,不在乎、无所谓,更不能有差不多、大概齐的工作态度,只要我们严格要求自己,严格按操作规程管理设备,船舶安全就一定能得到可靠保证。

思考题

1. 描述船舶人员与部门的构成。
2. 阐述轮机员的职责分工。
3. 查找资料,了解船舶安全、安全意识及情景意识等知识。

第五章　主要国际法规

第一节　相关国际组织

1. 国际海事组织

国际海事组织（IMO）的前身为政府间海事协商组织（Inter Governmental Maritime Consultative Organization，IMCO）。IMCO 是根据 1948 年 3 月 6 日在日内瓦举行的联合国海运会议上通过的"政府间海事协商组织公约"（1958 年 3 月 17 日生效），于 1959 年 1 月 6 日至 19 日在伦敦召开的第一届公约国全体会议上正式成立的，是联合国在海事方面的一个专门机构，负责海事技术咨询和立法。1975 年 11 月第 9 届大会通过了修改组织公约的决定，并于 1982 年 5 月 22 日起改为现名 IMO，以加强该组织在国际海事方面的法律地位，使其在海事和海运技术领域起到更大的作用。IMO 与联合国及联合国粮农组织、国际劳工组织、国际原子能机构订有合作协议。IMO 通过的国际公约、规则和决议案为造船、设计、检验、航运、海事、管理等部门所必须遵循的法定文件。IMO 的全部技术工作由下述 5 个委员会进行，即海上安全委员会（MSC）、海上环境保护委员会、便利运输委员会、技术合作委员会和法律委员会。

IMO 总部设在伦敦。IMO 的最高权力机构为大会（每两年召开一次，Assembly），下有理事会（每年两次，Council）和（上述的）委员会（每年一两次，Committee）；日常工作由秘书处承担，秘书长为最高行政执行官，秘书处下设 5 个司，分别为海上安全司、海上环境司、法律事务及对外联络司、行政司和会议司，总计为 300 余名工作人员，以处理日常行政事务。

IMO 出版物大致分为七大类：

（1）综合类（包含基本文件、IMO 公约、大会决议和其他决定、人命安全公约之各种文件、规则、建议等）；

（2）货物（包括危险货物规则及其各修正以及其他相关文件）；

（3）便利旅行和运输；

（4）法律事项；

（5）海上环境保护；

（6）船舶技术。

我国在联合国恢复合法席位后，于 1973 年 3 月 1 日正式参加 IMO，1975 年当选为理事国，1995 年 11 月，我国以最多票数连任 A 类理事国。我国对 IMO 的归口管理部门设在交通部船舶检验局。

2. 国际海运联合会

国际海运联合会（International Shipping Federation，ISF）总部设在伦敦，是一个船东组织，在有关海员雇佣和安全的所有问题上代表船东的利益。ISF 是最老的国际船东组织，成立于 1909 年，当时是欧洲的船东组织，到 1919 年才成为世界性的船东组织。

ISF 有三个主要目标：

（1）为会员提供和交流最新的海员雇佣情报。

（2）根据海员的雇佣发展情况，提出和协调各国船东的意见。

（3）在讨论处理海员问题的国际论坛上，代表会员的利益与各国政府和工会商洽。

ISF 有 28 个会员国，拥有船舶的吨位超过世界总吨的一半，拥有船员超过 50 万人。ISF 的工作重点在劳动标准方面，经常与工会打交道。在许多问题的解决上，雇主与工会的看法难免不同，因此，ISF 的主要任务是协调和提出雇主的观点。

ISF 还为 IMO、联合国贸易和发展会议、联合国经社理事会担任咨询工作。在 IMO 里，ISF 主要关心船员的配备和培训工作，积极参与制定了 1978 年《关于海员培训、发证和值班标准国际公约》。

ISF 的活动还包括船员工资、建立并协调与工会的关系、船员配备与组织等。

ISF 主要为船东谋福利，但它与国际劳工组织、海事组织合作，积极参加拟订与海员雇佣条件、健康培训和福利有关的重要的国际劳工组织公约和决议，对航运业的发展起着重要的作用。

3. 国际航运公会

国际航运公会（International Chamber of Shipping，ICS）成立于 1921 年（当时叫 International Shipping Conference，1948 年改为现名），主要是由英、美、日等 23 个国家有影响力的私人船东所组成的协会，协会成员大约拥有 50% 的世界商船总吨位。ICS 成立的宗旨是为了保护本协会内所有成员的利益，就互相关心的技术、工业或商业等问题交流思想，通过协商达成一致意见，共同合作。

ICS 的主要业务：

（1）油船、化学品船的运输问题和国际航运事务；

（2）贸易程序的简化；

（3）集装箱和多式联运；

（4）海上保险；

（5）海上安全；

（6）制定一些技术和法律方面的政策，便于船舶进行运输。

ICS 制定的各种决议可通过它的成员，即来自各国的船东带回各自的国家，影响他们国家的法规，从而达到 ICS 的决议与各国的法规相和谐，使 ICS 的意愿在各国有所体现，使各国使用统一的航运法规，便于海上交通运输的发展。

4. 国际独立油轮船东协会

国际独立油轮船东协会（International Association of Independent Tanker Owners，INTERTANKO）成立于 1934 年，总部设在挪威奥斯陆，由来自各海运国家的独立油轮船东组成。当时正处于石油危机时期，它成功地将闲置油轮集中起来管理（被称为 Schierwater Plan），以便有关船东在竞争中紧密合作。20 世纪 30 年代末，随着油运市场的改善，这一组织的活动慢慢地减少，直到 1954 年正式解散。20 世纪 50 年代中期，该组织在伦敦重新成立，可是由于没有足够的能力来维护其成员的利益，处于一种半休眠状态。1970 年，一些独立油轮船东集聚在奥斯陆，由 10 个海运国家的代表再次组成了 INTERTANKO，于 1971 年 1 月开始工作。目前 INTERTANKO 的会员有 270 多个油轮船东，拥有世界油轮 80% 的总吨位。

石油公司和政府所拥有的油轮船队不准加入协会成为会员。INTERTANKO 是非营利性机构,它成立的宗旨是为会员之间交换意见提供场所,促进自由竞争,维护独立油轮船东利益,加强技术和商业之间的交流。INTERTANKO 特别强调其所提供的服务对它的成员具有实际价值。其业务主要包括:

(1)港口信息方面,成员们每月收到包括最新港口状况和费用的公告。当发现某处滥收费时,代表其成员做出快速反应;在港口费、代理机构安排、运费税等方面给专家建议。

(2)运费和滞期费问题。该机构帮助油轮船东对付租船方、石油交易商拖延支付或不支付运费的问题。在此项服务开设的头两年,就成功地帮助船东处理和回收了 150 万美元的资金。

(3)租船合同。INTERTANKO 提供了各种标准的租船合同条款和文本,专家们给其成员提供各种实际可行的关于租船方面的建议。

(4)市场研究。INTERTANKO 提供关于油轮市场供需方面独到的见解,出版了《油轮市场展望》《油轮经营风险和机遇》等书。

(5)关于船舶动态、海上安全、市场趋势、油轮费用、港口使用费等各方面的最新消息。INTERTANKO 凭借着优质的服务,给各独立油船业主创造了更多的获利机会,同时也促进了自身的发展,对海运业经济贸易发展起了一定的推动作用。

5. 国际油轮船东防污染联合会

国际油轮船东防污染联合会(the International Tanker Owners Pollution Federation,ITOPF)是一个处理解决海上石油漏溢问题的专业性组织,每个加入《油轮船东自愿承担油污责任协定》(TOVALOP)的油轮船东或光船承租人都自动成为 ITOPF 的成员。

ITOPF 是为管理 TOVALOP 而于 1968 年建立的,它的任务不仅限于管理 TOVALOP,还包括为清除海上油污提供专业性的帮助,进行损失程度的估计,索赔分析,制定应急方案,提供咨询、培训和情报服务等。TOVALOP 是世界油轮船东为赔偿海上油污清除费用和赔偿油污所造成的任何损失而签订的协定,尽管已经有了关于海上油污索赔公约(IMO 制订的),但 TOVALOP 仍有很重要的作用。ITOPF 的作用是确保其成员有足够的经济担保,并给该组织成员的船舶颁发证书。

目前,ITOPF 的赔偿能力已达 7 000 万美元,共有 3 200 个成员,加入 ITOPF 的油轮多达 6 000 艘,占世界油轮总吨位的 97%。

ITOPF 总部设在伦敦,有一个由 5 名高水平技术人员组成的技术小组专门处理世界各地有关的油污事件,评估污染的严重程度,提出清除办法并协助清除,调查油污染造成的损害。ITOPF 直接训练一批技术人员帮助多国政府和其他组织制定漏溢事故的应急处理方案,并对事故处理提供咨询。

ITOPF 还出版海上油污情况和处理技术资料,现已出版 12 种有关技术信息资料,并制作了 5 部 20 分钟的清除海上油污的录像系列片。

虽然 ITOPF 被认为是 TOVALOP 的一个管理机构,但是从 ITOPF 取得的成就来看,已超出了其管理范畴,目前它已被公认为清除海上油污染的专门技术中心,为保护海洋环境做了积极的努力。

6. 欧洲和日本国家船东协会委员会

欧洲和日本国家船东协会委员会(Council of European and Japanese National Shipowners'

Associations,CENSA)于1974年1月1日成立,总部设在伦敦,该组织由比利时、丹麦、芬兰、法国、德国、希腊、意大利、日本、荷兰、挪威、葡萄牙、瑞典、英国13个主要航运国家的船东协会组成。其工作范围涉及航运政策和海运领域的各方面,无论是班轮还是不定期船,干货船或者油轮。成立CENSA的主要目的是通过发展合理的航运政策保护和促进其成员的利益。包括:

(1)通过完善海运法规,维护其成员利益,消除海上运输和贸易方面的限制;

(2)建立市场自由机制,尽量避免政府歧视,减轻海运法规对托运人的影响,使托运人可以自由选择承运船舶;

(3)在海运供需双方之间建立自由贸易体系,使该体系尽可能自我调节。

CENSA每年召开4~5次会议,委员会设1名主席,2名副主席,都是从成员国的主要船东中选出来的。每个国家在委员会里有2名代表。委员会下设4个部门,分别涉及下列问题:

(1)研究联合国航运政策;

(2)美国航运政策进展;

(3)欧洲班轮公会和欧洲船东协会之间的会议进展情况;

(4)世界上其他地区有可能影响委员会成员的立法、政策的变更;

(5)散货、油船运输政策的发展。

CENSA是联合国贸易和发展会议的咨询机构,与全欧班轮公会联系密切,是欧洲货主委员会的伙伴。日本和欧洲一些国家组织起来,可以互相交流信息,促进世界海运业的发展,也促进了这些国家经济和贸易的发展。

7. 救助协会

救助协会(Salvage Association,SA)成立于1856年,1971年10月被英国女皇命名为"救助协会"。协会成立的目标是在船舶海事及财产损失方面保护商人和船东的利益。协会的主要作用是处理船舶及货物受损事件,并进行调查。该协会是非营利性的,为任何船东或货主服务,根据服务时间和难度收取费用。它不仅是一个保险机构,也为保险商、船东、保赔协会、政府及制造商提供服务。如果船舶遇难需要拖曳,协会通常会联系拖轮,并安排拖曳方式;如果船舶沉没或搁浅,协会就派去救助官员提出建议。船舶修理是协会十分重视且占很大比例的一部分工作。

救助协会的船舶调查人员不仅要注意船舶的损坏程度,协商修理成本,还要明确船舶受损原因,在船方和受损方之间合理划分修理费。协会的船舶调查人员对损货的善后处理提出建议,对货物的贬值情况进行评估,在适当的地点安排货物的修复或出售。

救助协会每年大约处理1 500个案例,帮助政府、船东、商人等解决了一些实际问题。该协会正在不断发展壮大自己,以参加更多的海难救助,解决更多的海事纠纷。

8. 波罗的海贸易海运交易所

波罗的海贸易海运交易所(The Baltic Exchange,BE)是世界上唯一的一家世界性的航运交易所。1823年,波罗的海俱乐部成立。1900年,波罗的海俱乐部与伦敦航运交易所合并,成为波罗的海贸易海运交易所。现在波罗的海贸易海运交易所有600多家公司,2 000多名代表在交易所工作。波罗的海贸易海运交易所是一家私人公司,它的成员必须持有它的股份。在波罗的海贸易海运交易所内,服务人员为需要船舶的人及拥有船舶或经营船舶的人提供服务,货物可以找到船舶,船舶可以找到货物,大大地方便了货主和船东,促进了海运经济贸易的发展。

交易所的业务在各类市场口头进行,谈判成功后就签订运输合同或买卖合同。航运交易是交易所的主要活动,全世界不定期货船市场上大约 3/4 的干散货运输量由交易所的成员经手。交易所的另一项主要业务是商品及期货贸易。期货交易者主要从事谷物、马铃薯、大豆及肉类的期货贸易。波罗的海贸易海运交易所每年可为英国赚取的纯收入达 3 000 万英镑左右。

9. 波罗的海和国际海事公会

波罗的海和国际海事公会(Baltic and International Maritime Conference,BIMCO)成立于 1905 年,总部设在丹麦哥本哈根,原名波罗的海和白海公会,后来因其成员变成世界性的,于 1927 年改名为 BIMCO。

BIMCO 向本组织成员提供全世界港口和海运条件方面的免费情报服务、免费咨询服务、专题讲座及短期培训。成立的宗旨是联合船东和航运机构,在适当的时候采取一致行为促进航运业的发展,把不同的意见和违反工作惯例的情况通知本组织成员。

BIMCO 在 1927 年时只有 20 个成员国,占当时商船队总吨位的 14%。目前,BIMCO 有 110 个成员国,950 个船东,约有 11 800 条船接受它的服务。BIMCO 吸收的人员和组织包括:船东、船舶买卖代理人、船东和船舶买卖协会、船舶代理商和承租商、延期停泊和防卫协会及航运联合会。

BIMCO 的服务范围非常广泛:

(1)预防和解决争端。在现实中,许多本不必要的争端源于错误地使用一些单证,或单证本身不健全、不准确。如果使用 BIMCO 的标准单证就可以防止争端的发生。BIMCO 经常发表一些文章,免费给它的成员一些信息。当它的成员由于某些原因出差错时,可以通过它在海运业的地位来保护它的成员。

(2)信息服务。作为 BIMCO 的成员,能免费从 BIMCO 的信息库得到港口和航运市场的信息。BIMCO 已建立了 24 小时服务制,服务内容包括港口情况、冰冻情况、运费率、航运市场报告、燃料价格、BIMCO 修改过的某些条款等。BIMCO 平均每天收到来自世界各地的 150 多个咨询。

(3)出版物。BIMCO 周刊刊登最新加入该组织的成员名单和航运市场信息;BIMCO 公告每年出六期,主要是介绍海运业的发展趋势和一些海事案例的判决。

BIMCO 与其他的海运组织联系非常密切。BIMCO 的许多成员国也是 IMO 的成员。BIMCO 是联合国经济及社会理事会和国际气象组织的咨询机构,与联合国和发展会议观察员及国际商社等有合作关系。

10. 国际货物装卸协调协会

国际货物装卸协调协会(International Cargo Handing Co-ordination Association,ICHCA)于 1952 年成立,总部设在伦敦。这一协会成立的头四年里,在运输领域受到各地成员的有力支持,在西欧国家成立了 8 个国家委员会。这些国家委员会主要处理专属它们自己国家的问题,如组织讨论会等。到 20 世纪 80 年代末,ICHCA 与各国的联系进一步加强,有大约 21 个国家委员会,拥有 4 000 名通信会员,会员遍及 90 多个国家。ICHCA 每两年在不同国家、地点召开的大会,为世界范围内的成员们提供了聚会和交流经验、观点和思想的机会,会议论文概述了协会的工作。ICHCA 成立的目的是提高货物在各运输环节中的效率,促进世界运输系统中作业技术的改善。ICHCA 的主要工作是对联运的协调。20 世纪 50 年代中期讨论了木材包装与大宗散糖处理问题;1957 年在每两年一次的汉堡会议上首次讨论了滚装作业问题;集装箱也是 20 世纪 50 年代一次会议的主题。ICHCA 在 60 年代继续发展了这种单元装载技术。1969 年和 1970 年研究了在货物处理中的载驳运输船和计算机管理。1973 年,由成员国代表组建了技术咨询分委员会(Technical Advisory Sub‐committee, TASC),以便监视与 ICHCA 有关的技术事务和考虑对协会成员的特殊利益。TASC 的主要工作是形成一系列的与货物运输作业技术有关的研究报告和出版物,一般每年集会四次,但它的主要工作是利用通信完成的。它做了大量的工作去协调不同运输方式之间的联运,包括海空联运,公路、铁路、船舶联运及散货自动化装卸系统。ICHCA 认为,转运技能是个核心问题,因此它研究、制定、组织、公布对发展中国家的经营、监督人员的培训规划,也为其他一些国家创造培训机会。ICHCA 对于从制造厂到消费者的以任何运输方式进行的货物搬运的各个方面都感兴趣,并给予可能的协助。ICHCA 对许多政府间组织具有咨询资格,如国际海事组织、国际劳工组织、联合国工业发展组织、联合国贸易和发展会议、经社理事会等。在这些国际论坛上,ICHCA 注意那些与货物有关的会议和研究团体,并且凡是有聚会讨论货物装卸的地方都能听到 ICHCA 会员的意见。ICHCA 在主持国际研究项目、出版其研究报告和技术文件、办理技术查询等方面也起了重要作用。

ICHCA 发表的大量重要文献包括:

(1)《集装箱概要》(1974 年)。这一书的出版很快被认为是这方面的权威著作,国际海运保险协会推荐这本书为必读书,并于 1986 年再版。

(2)《运输系统中的货物安全》(1976 年)。该书由两部分组成,第一部分概述货物在运输过程中的偷窃损失问题;第二部分分析重大案件的发生及防御措施。这些报告构成伦敦及阿姆斯特丹货物安全会议的基本条件。

(3)《滚装运输码头及跳板性能》(1978 年)。它第一次提供了全世界港口与船舶的 1 000 多个滚装跳板的详细资料,这些数据最初是为了协调国际标准化组织、协调滚装运输中的船舶与港口关系而收集的。这一书的出版对船舶经营人、船舶设计师、设备制造商、货物装卸人及货物托运人都有重要的参考价值。

(4)《国际标准集装箱的安全性:理论及实践》(1981 年)。它是研究集装箱安全的专著,是在船舶经营者、货物装卸人及其他有关人士大量采访及广泛调查的基础上写成的。

(5)《国际标准集装箱挂钩吊装时的安全处理与集装箱安全公约总则》(1987 年)。它指出利用吊钩吊集装箱应注意的一些基本原则。调查表明集装箱经常用链吊、挂钩,有时甚至用多种铲车或起重杠杆来吊装,便于集装箱装卸运输。

ICHCA 正处于货物装卸技术革命的开端,它强调运输作业中货物装卸的重要经济意义,并且寻求更先进的装卸方法。今后,ICHCA 在货物处理领域仍将起重要的作用。

11. 国际航标协会

国际航标协会(International Association of Lighthouse Authorities, IALA)成立于 1957 年,是一个民间的航标组织。它把世界上 80 个国家中负责提供和维修灯塔、浮标和其他助航设备的单位组织起来,除了国家的航标部门外,共有 160 个会员,包括港口当局、助航设备制造商和咨询单位等。IALA 的主要目标是通过相应的技术措施,促进助航设备的不断改进,保证船舶安全航行。IALA 的技术工作由若干国家航标主管部门抽出的专家所组成的技术委员会担任,负责研究航标领域当前的主要问题,并将研究成果送交执行委员会,经批准后,以 IALA 正式建议的形式公布。

IALA 有 4 个技术委员会。

(1)助航标志系统:负责管理有关目视和声响助航设备的问题。

(2)无线电导航系统:负责处理无线电航标事务,与助航标志委员会合作制定助航设备准则;此外还研究新的卫星系统和地面无线电导航系统。

(3)船舶交通管理系统:在国际港口协会和国际引航员协会的协作下进行工作。

(4)导航设备的可靠性和适用性:该技术委员会在制定导航设备自动化问题中,拟定明确的标准,以便于正确决策。

IALA 的另一项工作是与其他国际组织保持密切联系,特别是对 IMO 有咨询任务,要在导航设备方面向其提供建议,并且以组织研讨会、专题研讨会等方式向发展中国家提供援助和建议。IALA 最著名的技术成就在于国际浮标设置体系的统一方面。1980 年 IALA 设计的浮标系统公布。但其实施是最艰巨的工作,因为当时世界上共有 30 多种不同的浮标在使用。IALA 为了使浮标统一,做了很多工作。目前 IALA 的浮标体系已基本上代替了其他种类的浮标。

12. 国际船级社协会

国际船级社协会(International Association of Classification Societies,IACS)是在 1968 年奥斯陆举行的主要船级社讨论会上正式成立的。IACS 成立的目标是促进海上安全标准的提高,与有关的国际组织和海事组织进行合作,与世界海运业保持紧密合作。目前,IACS 共有美国船舶检验局(ABS)、法国船级社(BV)、合并的挪威船级社与德劳(DNV-GL)、韩国船级社(KR)、英国劳氏船级社(LR)、日本海事协会(NK)、波兰船舶登记局(PRS)、意大利船级社(RINA)等 11 个正式成员和 2 个准会员。中国船级社(CCS)于 1988 年加入 IACS。

IACS 由理事会领导和制定总政策,理事会设立一些工作组去执行协会的具体任务。IACS 设有下列工作组:集装箱、发动机、防火、液化气船和化学品船、内河船舶、海上防污染、材料和焊接、系泊和锚泊、船舶强度、稳性和载重线。各工作组完成的项目有:拟定各会员之间统一规则和要求的草案;起草对 IMO 要求的答复;对 IMO 的标准作统一的解释;监控与本专业有关的工作。IACS 共有 5 000 多名技术精湛的检验人员。世界上 92%的商船由 IACS 去定级。他们除了本职工作外,还受政府委托去处理多种多样的事务。IACS 在发展船舶技术规则方面起着重要作用。IACS 理事会认识到该协会与 IMO 之间相互关系的重要性,在伦敦设有 1 个办事处与 IMO 保持联系。还与对海运有兴趣的其他组织保持接触,联系最紧密的是国际标准化组织和国际海上保险集团,同他们交换情报和意见,以便提供更好的服务。IACS 的目标之一是要求把会员之间的个种规则统一起来。到目前为止,理事会已通过了 150 条要求,90%的统一要求都得到成员单位的贯彻。

IACS 除了提出统一要求外,还公布有关船舶安全营运和维修准则,其中包括舱口盖的保养和检验、消防、船舶单点系泊设备标准等。IACS 利用成员们在海上安全、防污染、船舶营运等方面的丰富经验,在向船东和经营者提供准则上起着重要作用。IACS 的成员通过它们设在全球的检验机构网点,对航运界的情况了如指掌。他们了解到船东抱怨在不同的港口船舶的检验标准不同,为此,IACS 制定了一个最低船舶检验标准,让其成员服从这一标准。IACS 在人力和技术方面拥有独特的、巨大的潜力,且正在把这些潜力用到船舶检验的共同标准上。

13. 国际海事卫星组织

国际海事卫星组织(International Maritime Satellite Organization,INMARSAT)成立于1976年9月。42个国家的代表签署了《国际海事卫星组织公约》,公约于1979年7月生效。公约的主要内容是制定促进海事通信必需的空间部分条款,从而帮助提高遇难通信和海上人命安全通信、船舶的效率和管理、海上公共通信服务及无线电测定的能力。

INMARSAT的用户包括油船、液化天然气船、沿海石油钻井平台、地震测量船、渔船、干货船、客运班轮、破冰船等。到1987年底,已有6 200个船舶地面站和其他移动站被授权使用国际海事卫星系统。INMARSAT由53个缔约的成员国资助,每一个缔约国根据其使用系统的强度投资购买股份。INMARSAT的组织结构包括两个部分:大会和委员会。大会是由所有成员国的代表组成,全体大会每两年举行一次,检查INMARSAT的活动,并向委员会提出建议。委员会相当于公司的董事会,由18个投资份额大的签约国代表组成,并适当考虑发展中国家的利益,每年至少召开三次会议。INMARSAT发展到今天,成员国已增加到64个,但受益国却有130个之多。INMARSAT将全球分为四个区域,有9颗卫星在工作中覆盖全球。卫星通信不受环境、天气的影响,随时随地都可以进行通信。INMARSAT的建立方便了船岸之间、船舶之间的联系;如果船舶遇难,可立即通过通信卫星求援。

INMARSAT是利用同步卫星向航海、航空和海上工业提供遇险和安全通信服务及电话、电传、数据和传真。其覆盖面大,受地面无线电干扰小,接受速度快,自动化程度高,通信质量好,利用海事卫星系统可以有效地解决海上搜索机关的通信问题,无论从可靠性、经济性及实用性看,都具有无可比拟的优越性。INMARSAT正不停地更新改进其现有的通信卫星,以便为用户提供更多、更好的服务。随着INMARSAT业务的发展,目前它已成为世界上唯一的为海、陆、空用户提供通信服务的国际组织。与INMARSAT相关的一个重要进展是1987年决定用"全球海上安全和遇险系统"(GMDSS)替代现用的海上遇险和安全系统。这一改进很大程度上依赖自动化的提高和INMARSAT的卫星。设计GMDSS是为了确保安全与效率相结合,要求船上携带一种操作简单的设备。具有船对岸、岸对船、船对船一般通信功能和遇险、搜索信号发射、定位等功能。

14. 保赔协会

保赔协会(Protection andIndemnity Associations,P&I)成立于英国。从1855年起,船东们为了对风险相互保护而形成了一些保赔协会,这些协会被称为保赔俱乐部(P&I Club)。他们保的险一般是常规船舶保险(船体和货物保险)所不包括的内容。其功能是船东对第三者责任的保险,涉及的主要内容是对旅客和船员个人损伤、货物的损坏或灭失、与其他船或物体碰撞引起的要求赔偿损失。英国有几十个保赔俱乐部,在美国、日本等国也有。英国保赔俱乐部的成员为遍及世界各地的船东。

远东俱乐部(the Far East Club)建于1978年,成员为东南亚各国和地区,如中国香港、新加坡、马来西亚、泰国、中国台湾、菲律宾和印度尼西亚等地的船东。在100多年的历程中,保赔俱乐部在世界海上保险业里已形成了一个不可替代的实体,并提供了任何其他市场所没有的服务。

15. 国际运输工人联合会

国际运输工人联合会(International TransportWorkers Federation,ITF)1896年成立于伦敦,后来移到汉堡。该组织曾因战争停止活动一段时间。1919年在荷兰鹿特丹重新组建,并于 1939 年迁回伦敦。

ITF 是国际运输工人工会的联盟。其成立的目的是：

(1)提高工会和人权在世界上的地位,改善运输工人的工作和生活条件。

(2)在社会公正和经济发展的基础上为和平而工作。

(3)保护其成员利益,帮助其成员工会开展活动。

(4)为其成员提供研究和信息服务。

(5)向有困难、遇到麻烦的运输工人提供帮助。

该组织的主要机构设置为：

代表大会:是该组织工作与发展的最高决策体。

理事会:是该组织的统治、操纵体。

执行委员会:每年召开两次会议。

管理委员会:归执行委员会领导,管理该组织的日常工作。

此外,还按职业不同设有八个组:铁路工人组、海员组、码头装卸工人组、旅游组、公路运输组、航空组、内河航运组、渔业组。

ITF 通常制定两个基本工资标准,一个专供远东用,一个供世界其他地区用。ITF 每年签订一次集体合同,有效期从当年的 9 月 1 日起至翌年的 9 月 1 日止。

16. 国际劳工组织

国际劳工组织(International Labour Organization,ILO)是为了促进社会进步于 1919 年建立的,成立的目的是保障劳工的合法权益。ILO 总部设在日内瓦,截至 2022 年 10 月有 187个成员国。在制定政策时,各会员国的政府、雇主和工人的代表有同等权利,这在联合国各机构中是唯一的。

ILO 主要有三个部门：

(1)负责制定基本政策的国际劳工大会；

(2)负责管理 ILO 的理事会；

(3)ILO 的秘书处——国际劳工局。

ILO 积极参加劳工的和社会正义的活动,尤其关心海员、渔民、码头工人的保护问题,不断建立、修改关于各种海事劳工问题的国际最低标准,如聘用船员的最低工资、遣返船员、职业培训、船员膳宿供应、工作时间及人员定额、假期及福利设施等。

ILO 还从事海运业经济、技术、劳工和社会发展等方面的研究及分析。1987 年 9 月日内瓦国际劳工大会 74 次会议(海事会议)通过了以下国际劳工议案：

(1)有关海员在海上及港口福利的协定和建议。协议规定政府有责任保证向在海上和港口的船员提供足够的设施和服务,并制定了必要的协议,包括医疗待遇、海员通信、公共交通等。

(2)关于海员社会保障问题。根据该协定,国家应为船员提供社会保障。这一协定有利于促进改善海员及其家属的社会保障。

(3)关心海员健康保护及医疗协定。该协定为海员健康保护及医疗提供设施,包括船上医疗设施的标准、预防方法、在挂靠港医疗的便利、在搜索救助海域内的合作等。

(4)关于遣返海员的协定和建议。协议规定,海员在一定条件下,在船上服务一段时间以后,有遣返回家休息的权利,建议规定,遣返费用由船东支付。

近 60 年来,ILO 通过了关于海员雇佣条件的 30 个公约和 23 个建议。虽然 ILO 必须依赖会员国雇主和工会去执行公约,无权强使遵守,但公约制定的基本标准已成功地被许多国家接受,有效地保护了海员的利益。

17. 联合国贸易和发展会议

联合国贸易和发展会议(United Nations Conference on Trade and Development,UNCTAD)是联合国的一个永久性组织,于 1964 年在日内瓦成立,下设六个委员会,其中有一个为航运委员会。

航运委员会的主要目标是:

(1)促进世界海运贸易有秩序地发展;

(2)促进班轮事业的发展,以满足有关贸易的要求;

(3)协调班轮服务业的供应者与用户之间的利益均衡。

UNCTAD 制定了许多决议,如:

(1)1979 年马尼拉会议上通过一项决议,要求采取多种途径从财政上帮助发展中国家的商船队,并呼吁给予技术支援。

(2)1980 年 5 月通过了《联合国关于国际多种方式运输货物的公约》。根据这一公约,建立了一个责任机构负责多种运输方式运输方面的事务。

(3)1984 年 2 月召开会议,讨论了关于在正常商业活动中的欺骗行为的报告,不仅包括欺骗和盗窃行为,还涉及海盗问题,因为以上两种行为每年造成的损失达 10 亿美元之多。这份报告的内容建议改革银行信用社制度,并向政府机构移交处理有海盗行为的罪犯的权力。

18. 上海航运交易所

上海航运交易所(简称交易所)于 1996 年 11 月 28 日成立。上海航运交易所是不以营利为目的,为水路货物运输、船舶租赁和买卖等交易活动提供场所、设备、并履行相关职责,实行自律性管理的会员制事业法人。由交通部负责行业管理,上海市人民政府负责行政管理,并接受由交通部、市政府以及工商、税务、经贸委等部门组成的上海航运交易所管理委员会的领导和监督。交易所设立会员大会和理事会,会员大会是交易所经营管理的权力机构。交易所实行理事会领导下的总裁(法人代表)负责制。

交易所的交易宗旨和原则为:坚持公平、公正、公开和诚实信用的原则,为交易者提供优质高效服务,维护市场秩序和交易者的合法权益,稳定和发展水路运输市场。交易范围是国际海上货物运输、国内沿海和内河货物运输、船舶租赁及买卖等交易活动。交易方式为协商和集中竞价交易。交易所实行会员制。会员分正式会员和临时会员两种。对象包括经国家主管部门依法批准,具有独立法人资格的水路运输企业、水路运输服务企业、港务装卸企业和工商贸企业。经交通部批准的航运单位,原则上都应成为交易所的正式会员。

交易所的基本功能是"规范航运市场交易行为、调节航运市场价格、沟通航运市场信息。"通过其创办的,由交通部主管的《航运交易公报》,向社会和会员单位刊发国家最新的港航政策法规,独家报道、发布最新报备运价、全球三大航运指数以及每周行情与评析。上海航运交易所为会员单位提供"一关三检"配套服务。上海海关在交易所设置了办事处,上海所有口岸出口货物的报关均可在交易所海关一次性办理接单、审单、费收和放行等手续。与此相对应,上海商检、动植物检、卫检、港监和银行也在交易所设点,集中办理出口货物法定检验等工作。申请加入上海航运交易所的中外会员正在不断增加。它将在上海国际航运中心的建设中发挥越来越大的作用。

第二节 SOLAS 公约简介

《国际海上人命安全公约》(International Convention for Safety of Life at Sea, SOLAS)(1974)是国际海事组织(IMO)为了增进海上人命安全而制定的具有统一原则和有关规则的海事安全公约之一,该公约及其历年的修正案被普遍认为是所有公约当中对于商船安全最为重要的公约。

一、创立背景

谈到 SOLAS 公约的创立背景,就不得不提到一个著名的历史事件,一艘沉没的巨轮——泰坦尼克号。

泰坦尼克号是 20 世纪初由英国白星航运公司制造的一艘巨型邮轮,是当时世界上最大的豪华邮轮,号称"永不沉没"和"梦幻之船"。1912 年 4 月 10 日,泰坦尼克号从英国南安普敦起航前往纽约,开始了这艘传奇巨轮的处女航。4 月 14 日晚,泰坦尼克号在北大西洋撞上冰山而倾覆,1 500 人葬身海底,造成了当时在和平时期最严重的一次航海事故,也是迄今为止最著名的一次海难。

这起事故引发了人们对于海上安全标准的质疑和思考。在英国推动下由 13 个国家代表参加的会议于 1914 年 1 月通过了 SOLAS 公约的草案。该公约主要针对人命的安全制定,并对客船的水密和防火舱壁、救生设备、消防设备等做了严格的规定。但由于第一次世界大战的爆发,公约未能于原定的 1915 年 7 月生效,但公约中许多条款被一些航海国家采用。

二、修订与实施

SOLAS 公约自制定之后曾先后两次于伦敦召开的第二次(1929 年)、第三次(1948 年)国际海上人命安全会议上得到各国的修改、完善与采纳。

1960 年,在 IMO 的主持下第四次海上人命安全会议得以召开,会议通过了新的 SOLAS 公约,其中对许多技术要求做了适应性的修改,并得到来自 55 个与会国家的通过与采纳,正式形成《1960 年国际海上人命安全公约》。

1974 年,IMO 在伦敦召开 71 国参加的会议中,我国派代表团应邀出席。该次会议通过了 1974 年 SOLAS 公约,其内容包含已通过的 1960 年公约的所有修正案和其他必要的改进意见,该公约最具生命力的改进是包括一个经改进的修正程序(默认程序),即按照新的程序,如果没有指定数目的国家反对,IMO 所通过的修正案将在预定的日期生效。也正是该程序使得 1974 年 SOLAS 公约保持了旺盛的生命力,从此 SOLAS 公约不再被新公约取代,而是在其框架下不断完善修订,成为最广为人知的《1974 年国际海上人命安全公约》。

三、公约的意义

SOLAS 公约的产生是世界航海史上的一件大事,开创了航海史上国际技术标准的先河,提出了海上安全最低的国际标准。SOLAS 公约的出台,更是海运技术史上的重要里程碑,为缔约国的国内立法提供了范例。

为了保持与时俱进以及满足现代航海技术的不断发展,1974 年 SOLAS 公约在通过后历经一次次的修改,除了基本框架和个别章节不变外,大部分已经"面目全非","体形"也逐年庞大,其不仅拥有浩如烟海的修正案,同时又增加了许多对当今航运业有着重大影响的章节,对世界航运的发展有着十分深远的意义。

四、公约内容

《1974 年国际海上人命安全公约》分为公约正文、议定书和公约附则三部分,公约附则共 14 章,包括总则、构造、救生设备与装置、无线电通信设备、航行安全、货物装运、危险货物的运输、核能船舶、船舶安全营运管理、高速船安全措施、加强海上安全的特别措施、散货船安全附加措施、符合性验证、极地水域营运船舶的安全措施等内容。引用该公约时,同时也就是引用其附则。附则是公约的重要组成部分,附则共 14 个章节,简述如下。

(1)第 1 章 总则:主要内容包括公约的适用范围、有关名词的定义、适用公约的例外、免除以及规则的生效;不同用途船舶法定检验的种类和检验的内容;各主管机关对船舶事故进行调查和向国际海事组织报告的义务。

(2)第 2 章 构造:本章分两个部分。

第一部分为结构、分舱与稳性、机电设备,主要要求包括客船的水密分隔必须保证船舶在假定的破损后,仍将保持在一个稳定的位置、分舱等级,由两个相邻横舱壁的最大允许距离测得,规定了其随船长和船舶用途不同而不同。对于客船来说,船长越长,分舱等级越高。对机电设备的要求,目的在于在各种紧急情况下具有保证船舶、旅客和船员安全必不可少的功能。

第二部分为防火、探火和灭火,主要内容包括船舶的防火、探火和灭火的基本原则,固定式灭火系统的要求,消防设备的要求,机器处所的消防配备和特殊布置等通用要求,并根据各种不同种类船舶的特点,规定了船舶防火结构的布置,具体规定了船舶防火、探火和灭火设备布置及配置方法。第二部分于 1981 年和 2000 年进行了两次全部重写,将有关消防设备、布置技术标准从公约中分离出来,成为一个独立的强制性规则,即《国际消防安全系统规则》(FSS 规则)。新的第 11 章第二部分与 FSS 规则一起构成了 SOLAS 公约中全新形式的防火、探火、灭火和逃生的消防安全模式。在保留了基本的规定要求的同时,还允许采用认可的替代消防安全设计和布置的方法。

(3)第 3 章 救生设备与装置:主要内容分 A 和 B 两部分,共 37 条。

其中 A 部分是通则;B 部分是船舶和救生设备的要求,包括客船与货船、客船附加要求、货船附加要求三节,规定了适用于所有船舶的一般要求,并根据船型、设备、构造特征规定了应配备的救生设备,确定其容量的方法,以及维修和随时可用性的要求,并有应急和例行演习的程序,同时分别对客船和货船规定了附加要求。

(4)第 4 章 无线电通信设备:分 A、B 和 C 三部分共 17 条。A 部分为通则;B 部分强调了缔约国政府的承诺;C 部分规定了船舶分海区应配备的无线电设备的类型以及无线电值班的操作、电源、性能标准、维修、无线电人员、无线电记录等要求。本章部分条款的要求还必须考虑到国际电信联盟(ITU)无线电规则的相关规定。

(5)第 5 章 航行安全:共 35 条及一个附录。除另有明文规定外,本章适用于所有航线上的所有船舶,而公约附则的其他章节只适用于从事国际航行的某类船舶。本章的主要内容为操作性条款,涉及保持对船舶的气象服务、水文服务、冰区巡逻服务、船舶航线、搜救服务、船舶运输服务、船舶报告系统等。本章规定了缔约国政府应从安全的角度保证所有的船舶得以充分和有效配员的一般义务，同时还规定了安装雷达和其他助航设备的要求以及驾驶台可视范围。

（6）第6章 货物装运：主要内容为有关货物装运安全的要求，包括货物装运的一般规定、谷物以外的散装货物装运的特别规定、谷物装运的特别规定等。本章还对货物堆装、卸及装卸重点做了规定。

（7）第7章 危险货物的载运：规定了危险货物的分类、包装、标识和积载。

（8）第8章 核能船舶：略。

（9）第9章 船舶安全营运：国际安全管理规则（ISM规则）作为该章的附则成为强制性的规则。ISM规则的基本要求是，由负责船舶营运的公司建立并在岸上和船上实施经船旗国主管机关认可的安全管理体系（SMS），从而使公司能够具有船舶营运的安全做法和安全工作环境，针对已认定的所有风险制定防范措施并不断提高岸上及船上人员的安全管理技能，做到安全管理符合强制性规定及规则，并对国际海事组织、主管机关、船级社和海运行业组织所建议的规则、指南和标准予以考虑，最终实现保证海上安全、防止人员伤亡、避免对环境特别是海洋环境造成危害以及财产损失的目标。

（10）第10章 高速船安全措施：对新型高速船（HSC），需要规定强制性的国际标准。

（11）第11章 加强海上安全、保安的特别措施：本章分为两个部分。

第一部分：加强海上安全的特别措施。涉及对认可组织的授权、对油船、散货船强化检验及船舶识别号等内容。

第二部分：加强海上保安的特别措施。对缔约国政府应承担的海上保安的责任和义务做了相应的规定。由此产生一个附则，即国际船舶和港口设施保安规则（ISPS规则）。

（12）第12章 散货船安全附加措施：为了加强散货船的结构安全、稳性安全，特别制定本章要求。

（13）第13章和第14章：略。

（14）SOLAS公约附录：向各缔约国提供有关船舶安全证书的标准格式。主要有客船安全证书、货船构造安全证书、货船设备安全证书、货船无线电安全证书、货船安全证书、免除证书、核动力客船证书、核动力货船安全证书等。

第三节 STCW公约简介

《1978年海员培训、发证和值班标准国际公约》（International Convention on Standards of Training, Certification, and Watchkeeping for Seafarers, STCW），主要用于控制船员职业技术素质和值班行为，公约的实施对促进各缔约国海员素质的提高，在全球范围内保障海上人命、财产的安全和保护海洋环境，有效地控制人为因素对海难事故的影响，起到积极的作用。

STCW公约是国际海事组织（IMO）约50个公约中最重要的公约之一，截至1999年1月1日，已有133个缔约国，位居第三，占世界船队吨位98.04%。最初通过时间为1978年7月7日，生效日期为1984年4月28日，公约从通过至生效历经近六年的时间。

一、创立背景

随着海运业的发展，船舶科技水平的提高，船舶配员的多国化，各国对海上安全和海洋环境的严重关注,以及一段时期内全球范围内发生几次比较重大的海难事故,通过对事故的统计分析,得出事故的发生有 80% 左右是人为因素所造成的。所以 IMO 在对其他公约进行不断修改的同时,也对 STCW 公约进行修改。1993 年 IMO 着手对 STCW 公约进行全面的修改,在 STCW 公约签字日十七周年的 1995 年 7 月 7 日,通过了 1995 年 STCW 公约修正案和 STCW 规则,即当前的《经 1995 年修正的 1978 年海员培训、发证和值班标准国际公约》,简称为"STCW78/95 公约",其生效日期为 1997 年 2 月 1 日,过渡期为 5 年;对于我国的生效日期为 1998 年 8 月 1 日,过渡期至 2002 年 2 月 1 日。该公约除正文条款外,其他内容都做了全面的修改,并新增设了与公约和附则相对应的更为具体的《海员培训、发证和值班规则》(Seafares' Training, Certification and Watchkeeping Code,即 STCW Code, STCW 规则)。

　　早在 1960 年,国际海上人命安全外交大会上通过一项协议,呼吁各国政府加强对海员的教育培训,建议国际海事组织(当时称"政府间海事协商组织",IMCO,简称"海协")、国际劳工组织(ILO)及有关政府共同为此努力。从历年来所发生的海事来看,由于船舶自身原因而失事的并非多数,绝大多数是由于人的过失所造成。而国际海事组织制定的《1974 年国际海上人命安全公约》(SOLAS 74)、《国际载重线公约》(LL 66)、《国际船舶吨位丈量公约》(ILC 69)等却主要是从船舶设计、设备等方面做出规定。国际海员管理工作历来没有统一的准则,各国政府对海员培训、发证和值班标准各行其是。然而,海上航行安全与海员的素质高低密切相关,为增进国际海上人命与财产的安全和保护海洋环境的目的,国际海事组织多年来一直在研究制定一个以提高海员的素质来保障航海安全的国际公约,规范海员培训、发证和值班标准,以实现提高航海人员的整体素质。于是,国际海事组织海上安全委员会设立一个培训与值班分委员会,为培训海员使用助航设施、救生设备、消防设备等草拟了《1964 年指南文件》,并于 1975 年和 1977 年对此文件进行修正和增补,直至起草公约草案。

　　国际海事组织于 1978 年 6 月 14 日至 7 月 7 日在伦敦召开了外交大会,制定并通过了《1978 年海员培训、发证和值班标准国际公约》简称 1978 年公约。该公约于 1983 年 4 月 27 日达到了生效条件,按公约规定:该公约于 1984 年 4 月 28 日生效。我国于 1981 年 6 月 8 日加入该公约,根据公约规定,该公约于 1984 年 4 月 28 日起开始对我国生效。

二、公约内容简介

1. 概述

1978 年公约中要求各缔约国负有实施该公约各项规定的义务,公约的附则是公约的组成部分,要求在引用公约时也应引用该附则,要求各缔约国负有颁布一切必要的法律、法令、命令和规则的义务,并采取一切必要的措施,使公约充分和完全生效。由此,促进了加入公约的缔约国日益增加,促进了公约的广泛实施。该公约第一次突出地强调了人的因素,为各国提供了一个普遍能接受的船员培训、发证和值班标准方面最低标准,公约包括正文及一个附则,以下就公约正文条款、公约附则的主要内容进行简要介绍。

2. 主要内容

(1)公约正文结构

STCW 公约正文共有 17 条,阐述和规定了制订公约的宗旨、缔约国义务、公约所用名词解释、适用范围、资料交流、与其他条约关系、证书、特免证明、过渡办法、等效办法、监督、技术合作、修正程序、加入公约形式、生效条件、退出方式、保管以及文本文字。

（2）适用范围（公约第Ⅲ条）

公约适用范围限于有权悬挂缔约国国旗的在海船上工作的海员。在此，"海船"系指除了在内陆水域或遮蔽水域或港湾所适用的区域以内或与此两者紧邻的水域中航行的船舶以外的船舶。

但在下列船上工作的海员除外：

①"军舰""海军辅助舰船"或者为国家拥有或营运而只从事政府"非商业性服务的其他船舶"（即公务船）；但是各缔约国应采取无损于其拥有或营运的此类船舶的作业或作业能力的适当措施，以保证在此类船上服务的人员在合理可行的范围内符合本公约的要求；

②渔船；

③非营业的游艇；

④构造简单的木船。

（3）公约的修正（公约第7条）

对公约修正程序分经国际海事组织内审议后的修正和会议修正两种。

（4）公约的生效（公约第14条）

规定该公约在至少25个国家，其商船合计吨数不少于全世界商船总吨数的50%，按公约规定办理了已交存所需批准、接复、核准或加入的文件之后经过12个月生效。

（3）附则

公约附则分6章，阐述了公约的技术条款。

第一章 总则。有4个规则。

规定了证书的内容和签证的格式以及证书应有英语译文；对从事过本航行服务的海员要求有所放宽的原则；规定了行使监督的范围以及允许船旗国当局通过执行监督的缔约国等方式，采取适当的措施来消除缺陷。

第二章 船长——甲板部分。有8个规则和3个附录。

规定了航行值班和在港值班中应遵守的基本原则；规定了对船长、大副以及负责航行值班的驾驶员发证的法定最低要求与最低知识要求；规定了对组成航行值班部分的一般船员的法定最低要求；规定了为确保船长和驾驶员不断精通业务和掌握最新知识的法定最低要求以及在运载危险货物船舶上在港值班的法定最低要求。

第三章 轮机部分。有6个规定和2个附录。

规定了轮机值班中应遵守的基本原则；规定了对主推进动力装置为3 000 kW或以上和750~3 000 kW之间的船舶的轮机长和大管轮发证的法定最低要求与最低知识要求，规定了对传统的有人看守机舱负责值班的轮机员或定期无人看守机舱指派的值班轮机员发证的法定最低要求；规定了保证轮机员不断精通业务并掌握最新知识的法定最低要求；规定了对组成机舱值班部分的一般船员的法定最低要求。

第四章 无线电部分。有3个规则和2个附录。

规定了无线电报员发证的法定最低要求；规定了保证无线电报员不断精通业务和掌握最新知识的法定最低要求；规定了无线电报员发证的法定最低要求。

第五章 对槽管轮的特别要求部分。有3个规则。

规定了对油船、化学品船、液化气体船船长、高级船员和一般船员的培训和资格的法定最低要求。

第六章　精通救生艇业务部分。只有 1 个规则和 1 个附录。

规定了关于颁发精通救生艇业务证书的法定最低要求。

第四节　MARPOL 公约简介

《国际防止船舶造成污染公约》(International Convention for the Prevention of Pollution from Ships;MARPOL),是为保护海洋环境,由国际海事组织制定的有关防止和限制船舶排放油类和其他有害物质污染海洋方面的安全规定的国际公约。

一、创立背景

1967 年油轮 Torrey Canyon 在英吉利海峡搁浅,所载货油泄漏,导致海洋环境遭受严重损害,造成近 300 km 海岸线被污染,15 000 只海鸟和其他海洋生物死亡。

基于此事件,IMO 于 1973 年召开国际峰会,制定了《国际防止船舶造成污染公约》;1978 年 IMO 针对频繁发生的油轮"事故性泄漏"再次开会,通过 1978 年议定书。至此 MARPOL 公约同时涵盖防止船舶因操作违规和意外事故两种污染。

然而,仅在 1978 年会议召开后一个月,油轮 Amoco Cadiz 在法国 Brittany 沿岸搁浅。这艘装满 223 000 t 原油的油轮损失了全部货物,油污覆盖法国沿岸 130 多个海滩,在某些地方油污的厚度高达 30 cm。该事件进一步加速了公约生效的进程。1983 年 10 月 MARPOL 公约正式生效后,只要其船旗国属于公约签署国,所有船舶无论其航行在何处,都必须遵守公约要求;同时 MARPOL 成员国应对在其国家注册的船舶负责。而船舶公司为给负责船舶作业的人员提供一个框架,以便实施船舶安全评估与污染预防管理,基于 ISM 制度,通常会制定一系列的公司作业要求约束船员行为。

二、公约内容简介

公约包括旨在防止和尽量减少船舶意外污染和日常作业污染的条例,目前包括以下六个附则。

附则 I 防止油类污染规则。

附则 II 控制散装有毒液体物质污染规则。

附则 III 防止海运包装有害物质污染规则。

附则 IV 防止船舶生活污水污染规则。

附则 V 防止船舶垃圾污染规则。

附则 VI 防止船舶造成空气污染规则。

公约的主要内容:

1. 议定书 I 关于涉及有害物质事故报告的规定

本议定书是按照 MARPOL 73 第 8 条的规定制定的,共五条。该议定书经 1985 年修正后于 1987 年 4 月 6 日生效。

(1)报告的责任

当船舶发生有害物质事故时,船舶的船长或负责管理该船的其他人员,有责任毫不迟延地按本议定书的规定,对事故做出详细报告。

(2)报告的时间

当发生下述任何一种事故时,应立即做出报告:

①为保障船舶安全和救助海上人命,向海上排放或可能排放油类或有毒液体物质;

②向海上排放或可能排放海运包装的有害物质;

③船舶航运时,油类和有毒液体物质的排放超出本公约允许的总量或瞬间排放率。

(3)报告的内容

在任何情况下,报告应包括如下内容:

①船舶的特征;

②事故发生的时间、种类和地理位置;

③有害物质的数量和类别;

④援助和救助的措施。

(4)补充报告

报告责任人在必要时,应对最初的报告提供进一步发展的情况,应尽可能地满足受影响国家索取资料的要求。

(5)报告的程序

报告应利用最快的电信通信渠道,最优先地发送给最近的沿岸国。

2. 议定书Ⅱ仲裁

议定书Ⅱ是按照 MARPOL 73/78 第 10 条的规定制定的。在两个或两个以上的缔约国之间对本公约的解释或应用发生争议,一缔约国向另一缔约国提出仲裁请求时,需设立仲裁庭。

仲裁庭由三名仲裁员组成:由有争议的每一方各指定仲裁员 1 名,并由这两名仲裁员协议指定第三名仲裁员担任首席仲裁员。仲裁庭应在设立之日起 5 个月内提出其裁决书,必要时允许不超过 3 个月的延期。仲裁庭的裁决书应附有裁决理由的说明,此项裁决书为终审裁决,不得上诉,并应将其通知 IMO 秘书长。当事各方应立即按裁决书执行。

3. 附则Ⅰ 防止油类污染规则有关规定

附则Ⅰ是必选附则,因此与 MARPOL 73/78 同时生效,即于 1983 年 10 月 2 日生效。附则Ⅰ共有 4 章 26 条,第一章 总则,第二章 控制操作污染的要求,第三章 关于油船因船侧和船底损坏而造成的污染减至最低限度的要求,第四章 防止油污事故造成污染。

定义、适用范围

①油类:包括原油、燃料油、油泥、油渣和炼制品在内的任何形式的石油(本公约附则Ⅱ所规定的石油化学品除外),以及本附则附录Ⅰ中所列的物质。

②含油混合物:含有任何油类的混合物。

③油船:建造或改造为主要在其装货处所装运散装油类的船,并包括全部或部分装运散装货油的兼装船,本公约附则Ⅱ中所定义的任何"NLS 液货船"和经修订的 SOLAS 公约第Ⅱ-1/3.20 条中所定义的任何气体运输船。

④最近陆地:最近的按照国际法划定的领海基线。

⑤特殊区域:由于海洋学和生态学以及其运输的特殊性质等方面公认的技术原因,需要采取防止海洋污染的特殊强制办法的海域。本附则的特殊区域有:地中海区域、波罗的海区域、海区域、红海区域、"海湾"区域、亚丁湾区域(1987 年修正案,1987 年 4 月 1 日生效)、南极区域(1990 年修正案,1992 年 3 月 17 日生效)、西北欧水域(1999 年 2 月 1 日生

效）、阿拉伯海的阿曼区域和南非海域。

⑥油量瞬间排放率:任何一瞬间每小时排油量(L/h)除以同一瞬间的船速(n mile/h),其单位为(L/n mile)。

⑦清洁压载水:装入已清洗过的货油舱内的压载水,在船舶静止状态下排入平静而清洁的水中,不会在水面或邻近的量线上产生明显痕迹,或形成油泥或乳化物沉积于水面以下或邻近的岸线上。

⑧专用压载水:装入与货油和燃油系统完全隔绝并固定用于装载压载水的舱内的水。

⑨原油:任何存在于地层中的液态烃混合物。

除有特殊规定外,附则Ⅰ适用于所有船舶。

4. 附则Ⅱ 防止散装有毒液体物质污染规则有关规定

附则Ⅱ是必选附则,于1987年4月6日生效。我国于1983年7月1日加入,1987年4月6日对我国生效。国际海事组织海上环境保护委员会第52届会议于2004年10月15日以MEPC.118(52)号决议形式通过了《73/78防污公约》附则Ⅱ的修正案,上述修正案于2007年1月1日生效。修正后的附则Ⅱ共8章18条。

(1)定义

①有毒液体物质货船:指建造为或改造为用于装运散装有毒液体物质货物的船舶,包括本公约附则Ⅰ定义的用于装运全部或部分散装有毒液体物质货物的油船。

②有毒液体物质:指《国际散装化学品规则》第17条或18条污染类一栏中所指明的或根据本规则规定经临时评定列为X、Y或Z类的任何物质。

③清洁压载水:指装载入这样一个舱内的压载水,该舱自上次用于装载含有X、Y或Z类物质的货物以来,已予彻底清洗,所产生的残余物也已按本附则的相应要求全部排空。

(2)适用范围

①除另有明文规定者外,本附则适用于所有准予运输散装有毒液体物质的船舶。

②如有毒液体物质货船(NLS)的装货处所准予装载有关本公约附则Ⅰ所涉及的货物时,则本公约附则Ⅰ的相应要求也应适用。

5. 附则Ⅲ 防止海运包装有害物质污染规则

该附则是任选附则,于1992年7月1日生效。我国1994年9月13日申请加入该附则同年12月13日对我国生效。附则Ⅲ原为《防止海运包装或集装箱、可移动罐柜或公路及铁路槽罐车装有害物质污染规则》,1992年10月MEPC.58(33)号决议通过MARPOL.73/78修正案,将附则Ⅲ改为《防止海运包装有害物质污染规则》,于1994年2月28日起生效。

(1)适用范围

①除非另有明文规定,本附则的规定适用于装运包装形式有害物质的所有船舶。

a. 就本附则而言,"有害物质"系指那些在《国际海运危险货物规则》(IMDG规则)中确定为海洋污染物的物质,或符合本附则附录中衡准的物质。

b. 就本附则而言,"包装形式"系指IMDG规则中对有害物质所规定的盛装形式。

②除符合本规则各项规定外,应禁止装运有害物质。

③就本附则而言,凡以前曾经装运过有害物质的空容器,除非已采取充分的预防措施保证其中已没有危害海洋环境的残余物,否则应将它们本身视为有害物质。

④本规则各项要求不适用于船用物料及设备。

（2）包装

根据其所装的具体物质，包装件应能使其对海洋环境的危害减至最低限度。

（3）标识和标签

①盛装有害物质的包装件，应永久地标以正确的技术名称（不应只使用商品名称），并应加上永久的标识或标签牌，指明该物质为海洋污染物。这种识别标记在可能的时候还应用其他方法予以补充，例如采用相应的联合国编号。

②标记正确技术名称和在盛装有害物质包装件上粘贴标识的方法，应使包装件在海水中至少浸泡 3 个月后，其标记内容仍能保持清晰可辨。在考虑合适的标识和标签材料时，应注意所用材料和包装表面的耐久性。

③盛装少量有害物质的包装件可免除标记要求。

6. 附则Ⅳ 防止船舶生活污水污染规则有关规定

附则Ⅳ也是任选附则。该规则于 2003 年 9 月 27 日生效。国际海事组织于 2004 年 4 月对附则Ⅳ进行了全面修订，并于 2005 年 8 月 1 日生效。我国于 2006 年 11 月 2 日向国际海事组织秘书长交存了加入附则Ⅳ的文件，该附则于 2007 年 2 月 2 日正式对我国生效。

（1）"生活污水"的定义

就本附则而言，"生活污水"系指：

①任何形式的厕所和小便池的排出物和其他废弃物；

②医务室（药房、病房等）的洗手池、洗澡盆和这些处所排水孔的排出物；

③装有活动物的处所的排出物；

④混有上述定义的排出物的其他废水。

（2）适用范围

本附则适用于 400 总吨及以上和小于 400 总吨但经核定许可载运 15 人以上的从事国际航行的船舶。主管机关必须确保，在 1983 年 10 月 2 日之前安放龙骨或处于相应建造阶段的现有船舶，应尽可能按本附则生活污水排放的要求进行装备，以排放生活污水。

（3）例外

若从船上排放污水是为保障船舶和船上人员安全或救助海上人命的需要，或由于船舶或其设备受损而排放生活污水，且在发生损坏以前和以后已采取了一切合理的预防措施来防止此种排放或使排放减至最低限度，则不受本附则排放要求的限制。

7. 附则Ⅴ 防止船舶垃圾污染规则有关规定

附则Ⅴ也是任选附则，于 1988 年 12 月 31 日生效，我国 1988 年 11 月 21 日加入，1989 年 2 月 21 日对我国生效。除另有明文规定外，本附则适用于所有船舶。

（1）定义

①垃圾，是指产生于船舶正常营运期间并需要持续或定期处理的各种食品、日常用品和工作用品的废弃物（不包括鲜鱼及其各部分），但本公约其他附则中所规定的或列出的物质除外。船舶垃圾分类如下：

a. 塑料制品；

b. 漂浮的垫舱物料、衬料、包装材料；

c. 粉碎的纸制品、碎布、玻璃、金属、瓶子、陶器等；

d. 货物残留物、纸制品、碎布、玻璃、金属、瓶子、陶器等；

e. 食品废弃物；

f. 焚烧炉灰渣(可能包含有毒或重金属残余的塑料制品除外)。

②本附则的特殊区域包括地中海区域、波罗的海区域、黑海区域、红海区域、"海湾区域"、北海区域、南极区域以及包括墨西哥湾和加勒比海的大加勒比海区域。

(2)垃圾处理规定

①在特殊区域外处理垃圾

a. 一切塑料制品,包括但不限于合成缆绳、合成渔网、塑料垃圾袋,均禁止处理入海；

b. 可能包含有毒或重金属残余的塑料制品的焚烧炉灰烬禁止处理入海；

c. 能漂浮的垫舱物料、衬料和包装材料,在距最近陆地 25 n mile 以外可排放入海；

d. 食品废弃物和一切其他垃圾,包括纸制品、碎布、玻璃、金属、瓶子、陶器及类似的废弃物,在距最近陆地 12 n mile 以外可处理入海。若经粉碎后直径不大于 25 mm,可在距最近陆地 3 n mile 以外处理入海；

e. 如果垃圾与具有不同处理或排放要求的其他排放物混在一起时,则应适用其中较为严格的要求。

②在特殊区域内处理垃圾

a. 一切塑料制品(包括但不限于合成缆绳、合成渔网、塑料垃圾袋)禁止处理入海；

b. 可能包含有毒或重金属残余的塑料制品的焚烧炉灰烬禁止处理入海；

c. 一切其他垃圾,包括纸制品、破布、玻璃、金属、瓶子、陶器、垫舱物料、衬料和包装材料等,禁止处理入海；

d. 食品废弃物,在距最近陆地 12 n mile 以外可处理入海,但在大加勒比海区域内,若经粉碎后直径不大于 25 mm,可在距最近陆地 3 n mile 以外排放入海；

e. 如果垃圾与具有不同处理或排放要求的其他排放物混在一起时,则应适用要求较严格的；

f. 本公约各缔约国政府应确保悬挂本国国旗的船舶在进入南极区域前,船上具有足够的能力留存在该区域作业时产生的垃圾,并已签订协议,保证船舶离开该区域后把这些垃圾排入接收设备。

③例外

本附则的垃圾处理入海规定不适用于：

a. 船上处理垃圾,系为保障船舶及船上人员安全或救护海上人命所必须者；

b. 由于船舶或其设备损坏而导致垃圾泄漏,且在发生损坏前后已采取了一切合理的预防措施来防止泄漏或使泄漏减至最低限度；

c. 合成渔网意外落失,且已采取了一切合理的预防措施来防止这种落失。

8. 附则Ⅵ防止船舶造成空气污染规则有关规定

为了防止船舶造成空气污染,IMO 于 1997 年 9 月通过了《经 1978 年议定书修订的 1973 年国际防止船舶造成污染公约 1997 年议定书,MARPOL 73/78 新增了"附则Ⅵ——防止船舶造成大气污染规则"。附则Ⅵ对船舶使用消耗臭氧层物质、发动机产生的氮氧化物和硫氧化物的排放、挥发性有机物蒸气的回收处理、船用焚烧炉的使用以及船舶燃油质量的控制等方面做了具体规定。该议定书于 2005 年 5 月 19 日生效。我国于 2006 年 5 月 23 日加入该议定书,同年 8 月 23 日对我国生效。IMO 在 2008 年 10 月 10 日以 MEPC. 176

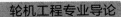
(58)决议通过 MARPOL 73/78 附则Ⅵ修正案,修正案于 2010 年 7 月 1 日全球生效。

修正后的 MARPOL 73/78 附则Ⅵ的适用范围:除本附则另有明文规定者外,本附则的规定适用于所有船舶。

思政一点通

依法治国

依法治国就是依照宪法和法律来治理国家,是中国共产党领导人民治理国家的基本方略,是发展社会主义市场经济的客观需要,也是社会文明进步的显著标志,还是国家长治久安的必要保障。依法治国,建设社会主义法治国家,是人民当家做主根本保证。

每一部公约和法律的实施和完善都是人类付出惨痛的代价后而总结出来的行为约束,亡羊补牢,为时未晚,作为海上工作者,我们应遵守国际公约和国家法律的要求,从而保证海上人员生命和财产安全、环境安全。

思考题

1. 阐述航海类相关国际组织的名称与职能。
2. 阐述与轮机员相关的国际法规有哪些? 各个法规的功能是什么?
3. 查找资料,了解最新的船员培训及相关法规知识。

第六章　船舶动力装置及辅助系统简介

随着国际贸易的发展和造船技术的不断提高,以及机电设备和装卸机械的日渐改进,当前世界海上运输船正向大型化、专业化和自动化的方向发展,对船员的素质要求也越来越高。

船舶动力在其发展史上,经历了以人力和风力等自然力作为推进手段的漫长岁月,直到 1807 年"克莱蒙特"号这艘以蒸汽机作为推进动力机械的船舶的建成,才开始了船舶以机械作为推进动力的新纪元。那时的蒸汽船的推进装置,是由蒸汽机带动一个桨轮组成的推进装置,这种推进器的大部分露在水面,人们称之为"明轮",而把装有明轮的船称之为"轮船",把产生蒸汽的锅炉和驱动明轮转动的蒸汽机等成套设备称为"轮机",所以当时的"轮机"仅是推进设备的总称。

然而,随着科学技术的进步以及船舶在功能上向着多样化、专业化和完善化的方向发展,增设和完善了各种系统,如船舶电站、起货机械、冷藏和空调装置、淡水系统、压载和消防系统等,扩大了"轮机"一词所包含的范围,丰富了"轮机"的内容。船舶的机械设备主要集中在机舱。机舱作为船舶的心脏,是船舶的活力之源。机舱设备及其系统极其复杂,光是管路系统"血管"和电缆就令人眼花缭乱。一般来说,我们将为了满足船舶航行、各种作业、人员的生活、财产和人员的安全需要所设置的全部机械、设备和系统统称为船舶动力装置,与"轮机"的含义基本相同。

第一节　动力装置概述

一、船舶动力装置的组成

现在的船舶动力装置主要由推进装置、辅助装置、管路系统、甲板机械、防污染设备和自动化设备等六部分组成。

1. 推进装置

推进装置是指发出一定功率、经传动设备和轴系带动螺旋桨,推动船舶并保证一定航速航行的设备。它是船舶动力装置中最重要的组成部分,包括:

(1)主机。主机是指提供推动船舶航行动力的机械。如柴油机、汽轮机、燃气轮机等。

(2)传动设备。传动设备的功用是隔开或接通主机传递给传动轴和推进器的功率;同时还可使后者达到减速、反向或减震的目的。其设备包括离合器、减速齿轮箱和联轴器等。

(3)轴系。轴系是用来将主机的功率传递给推进器。它包括传动轴、轴承和密封件等。

(4)推进器。推进器是能量转换设备,它是将主机发出的能量转换成船舶推力的设备。它包括螺旋桨、喷水推进器、电磁推进器等。

2. 辅助装置

辅助装置是指提供除推进船舶运动所需能量以外,用以保证船舶航行和生活需要的其他各种能量的设备。主要包括：

(1)船舶电站。

(2)辅锅炉装置。

(3)压缩空气系统。

3. 管路系统

管路系统是用来连接各种机械设备,并输送相关流体的管系。由各种阀件、管路、泵、滤器、热交换器等组成,主要包括：

(1)动力系统。为推进装置和辅助装置服务的管路系统。包括燃油系统、滑油系统、海淡水冷却系统、蒸汽系统和压缩空气系统等。

(2)辅助系统。为船舶平衡、稳性、人员生活和安全服务的管路系统。包括压载系统、舱底水系统、消防系统、日用海/淡水系统、通风系统、空调系统和冷藏系统等。

4. 甲板机械

甲板机械是为保证船舶航向、停泊、装卸货物所设置的机械设备。主要包括舵机、锚机、绞缆机、起货机、开/管舱盖机械、吊艇机及舷梯升降机等。

5. 防污染设备

用来处理船上的含油污水、生活污水、油泥及各种垃圾的设备。包括油水分离装置(附设有排油监控设备)、生活污水处理装置及焚烧炉等。

6. 自动化设备

为改善船员工作条件、减轻劳动强度和维护工作量、提高工作效率以及减少人为操作失误所设置的设备。包括遥控、自动调节、监控、报警和参数自动打印等设备。

二、船舶动力装置的类型

1. 蒸汽动力装置

根据运动方式的不同,蒸汽动力装置有往复式蒸汽机和汽轮机两种。

汽轮机推进装置的优点：

(1)由于汽轮机工作过程的连续性有利于采用高速工质和高转速的工作轮,因此单机功率比活塞式发动机大。

(2)汽轮机叶轮转速稳定,无周期性扰动力,因此机组振动小、噪声低。

(3)磨损部件少,工作可靠性大。

(4)可使用劣质燃油,滑油消耗率也很低。

汽轮机推进装置的缺点：

(1)装置的总质量、尺寸大。

(2)燃油消耗大,装置效率较低,额定经济性仅为柴油机装置的 $1/2 \sim 2/3$;在相同的燃油储备的情况下续航力降低。

(3)机动性差,备车时间长。

2. 燃气动力装置

在燃气动力装置中,根据发动机运动方式的不同,分为柴油机动力装置和燃气轮机动力装置两种。

（1）柴油机动力装置

柴油机动力装置具有如下优点：

①具有较高的经济性。

②质量小。

③具有良好的机动性，操作简单、启动方便、正倒车迅速。

柴油机动力装置存在如下缺点：

①由于柴油机的尺寸和质量按功率比例增长快，因此单机组功率受到限制。

②工作时噪声和振动较大。

③中、高速柴油机的运转部件磨损较严重。

④传统的柴油机在低速时稳定性差，因此不能有较低的最低稳定转速，影响船舶的低速航行性能。另外，柴油机的过载能力也较差。

（2）燃气轮机动力装置

燃气轮机动力装置有如下优点：

①单位功率的质量、尺寸较小，机组功率较大。

②良好的机动性，从冷态启动至全负荷仅需几分钟的时间。

燃气轮机动力装置有如下缺点：

①燃气轮机自身不能反转，如果作为主机，倒车时必须设置专门的变向设备。

②必须借助于电机或其他启动机械启动。

③由于燃气的高温作用，叶片工作可靠性较差，寿命短。

④由于燃气轮机工作时空气流量大，因此进、排气管道尺寸较大，舱内布置困难，甲板上有较大的管道通过切口，影响船体强度。

⑤燃油消耗率较高。

3. 核动力装置

核动力装置是以原子核的裂变反应所产生的巨大能量，通过工质（蒸汽或燃气）推动汽轮机或燃气轮机工作的一种装置。

核动力装置有如下优点：

（1）核动力装置能以少量的核燃料释放出巨大的能量，这就可以保证船舶以较高的航速航行很远的距离。

（2）核动力装置在限定的舱室空间内所能供给的能量，比一般其他形式的动力装置要大很多。

（3）核动力装置的最大特点是不消耗空气而获得能量，这就不需要进、排气装置。

核动力装置的缺点：

（1）核动力装置的质量、尺寸较大。

（2）核动力装置的操纵管理、检查系统比较复杂。

（3）核动力装置的造价昂贵。

三、柴油机动力装置发展趋势及管理重心的变化

1. 船舶动力装置发展的趋势

（1）柴油机动力装置继续占主导地位，并在不断发展。

①大型低速机向两极发展,即开发多缸、大缸径和少缸、小缸径的机型,以适应大型、超大型船舶和小型船舶。

②大功率中速柴油机仍然是大型客船、滚装客船、滚装船的推进动力装置的首选。

③船舶柴油机的控制技术向电子化、智能化方向发展。

④双燃料发动机用于特种船舶推进装置的前景可观。

LNG船的动力装置基本上是蒸汽轮机。蒸汽轮机输出功率大、排出废气少、维护量少、可靠性高,但是其热效率低、燃油消耗率高。近年来,各种替代方案应运而生,例如天然气-燃油的双燃料二冲程和四冲程发动机的诞生等。与常规动力装置相比,双燃料发动机最大限度地利用了气体燃料,大大降低了燃油消耗(节约燃料20%~30%),同时,双燃料发动机的NOx排放量只相当于普通柴油机的1/10,CO_2的排放量也相当低。双燃料发动机是LNG船主机的首选。目前主要机型有瓦锡兰公司生产的Wartsila的DF系列双燃料发动机、MAN B&W公司生产的ME-GI及四冲程双燃料发动机。随着人们对不污染海洋环境和大气的"绿色船舶"的期望,世界上众多的科研部门正在努力,以期减少柴油机动力装置的排放污染。

(2)大型豪华旅游船的建造促进了电力推进系统的发展。

电力推进系统是通过电子变频技术,采用简单的交流电动机带动定螺距螺旋桨,根据需要从零到满负荷自由选择转速,以满足机动性和操纵性的要求。

电力推进系统的优点:

①可省去中间轴及轴承,机舱布置灵活。

②可选用中高速柴油机,可使螺旋桨的转速得到均匀、大范围的调节。

③倒车功率大,操纵容易,倒航迅速,船舶机动性提高。

④主电机对外界负荷变化适应性好,甚至可短时堵转。

(3)高速船的发展为燃气轮机动力装置带来了生机。

燃气机凭借其在单位功率质量和尺寸方面的优势,加上其优良的加速性能、可靠性、振动小和低的NOx排放量等优点,被高速客船等采用。与柴油机相比,燃气轮机的不足之处主要是其较低的经济性。因此在作为推进动力时经常配备柴油机,而将具有良好启动性能的燃气轮机用于加速工况,配上柴油机组成联合动力装置克服低工况油耗高的缺点,是高速船较合适的动力装置。实践表明燃气轮机机组可靠性达99.5%,热效率已达39%,加上其特有的NOx排放量低的优势,因此特别适合渡轮的使用要求。

(4)推进装置一改以往单一供货方式而向成套供货方式发展。

(5)环境保护要求更安全、更低排放量的船舶动力装置。

①安全要求动力装置的冗裕配置。除将化学品船、液化气体船、油船等设计成双壳船体,还应采用冗裕配置推进装置及舵系,或设置应急动力装置,可保证主推进一旦失效,船舶仍能在恶劣海况下以6 kn航速前进。最常见的方式是轴带发电机,当需要时主机与齿轮箱脱开,轴带发电机转为电动机,以发电机的电力带动螺旋桨实现船舶应急推进。更进一步的发展,是双套主推进系统。

②低排放的船舶动力装置。人类对保护环境质量要求的日益严格,使船用柴油机废气排放对大气污染的影响亦受到了密切的关注。根据MARPOL 73/78公约附则Ⅵ对功率大于130 kW的柴油机NOx的排放的规定,现今的智能柴油机通过控制燃烧,能够满足低排放和经济性的要求,此外,燃烧良好还可减少颗粒物排放。在低排放方面,电力推进及燃气轮机更具有优势。

2. 轮机管理重心的变化

由于船舶自动化程度大幅度提高,计算机技术迅速发展,与 20 世纪的船舶相比较,轮机管理工作的重心发生了根本性的改变,因此,对轮机管理人员提出了更高的要求,其重点体现在以下几个方面:

(1)轮机设备的检修方面。由于对船舶设备的工况检测仪器、仪表、故障诊断方法的日益完善,因此设备的维护、检修将从定时、定期模式向视情模式发展。

(2)船机设备的使用方面。由于船机设备的自动控制、自动故障监测的广泛使用,因此设备的使用管理已由传统的"管机为主""管电为辅"向"机电综合管理"方向发展。

(3)轮机人员的业务要求方面。要求轮机人员不但有精湛的船机方面的知识,还要加强掌握船电方面专业知识和自动化方面的知识,这对于在现代化船舶上担任轮机管理工作的轮机人员显得尤为重要。

(4)轮机人员的业务培训方面。要加强轮机人员的业务培训工作,使轮机人员尽快掌握和更新机电一体化方面的新技术和相关知识。

(5)机电设备故障远程诊断方面。要加强专家故障诊断系统的建设和完善。

(6)机舱的资源管理方面。机舱的资源更要加强管理,包括人力资源和设备等,使得机舱的资源能够充分发挥各自应有的作用。

四、船舶动力装置的要求及其可靠性

1. 对动力装置的要求

对船舶动力装置的要求,主要包括可靠性、经济性、机动性、质量和尺度、续航力、生命力等相关指标。

(1)可靠性

影响可靠性的因素主要有三个方面:设计制造(包括修复)的质量、安装工艺的水平、使用管理技术能力。

使用管理技术能力对可靠性的影响表现在:严格按照造船规范建造是取得可靠性的先决条件;备件的数量和保管是提高可靠性的有力保障;管理人员的业务能力是影响可靠性的重要因素。

(2)经济性

船舶在营运中,船舶动力装置的维护费用占船舶总费用的比例很大,现在已超过 50%。为了提高船舶的营运效益,必须尽量提高动力装置的经济性。

(3)机动性

机动性是指改变船舶运行状态的灵敏性,它是船舶安全航行的重要保证。船舶启动、变速、倒航和回转性能是船舶机动性能的主要体现,而船舶的机动性取决于动力装置的机动性,动力装置的机动性由以下几个指标来体现。

①起航时间

从接到起航命令开始,经过暖机、备车和冲试车,使发动机达到随时可用状态的时间。这段时间越短的船舶其机动性越好。

②发动机由启动开始至达到全功率的时间

这是加速性能的指标,这段时间的长短主要取决于发动机的型式、船体形状、螺旋桨形式、吃水及外界阻力大小等因素。影响发动机加速的因素是它的运动部件的质量惯性和受热部件的热惯性,热惯性更为突出,中速机优于低速机。船舶本身的阻力大小对发动机的加速性能也有很大的影响,由于调距桨对外界条件有很好的适应性,它的加速性能明显好于定距桨。

③发动机换向时间和可能的换向次数

发动机换向所需的时间是指主机在最低稳定转速时,由发出换向指令到主机以相反方向开始工作所需的时间。换向时间越短,发动机的机动性越好。主机换向时间不得大于15 s。

④船舶由全速前进变为倒航所需时间(滑行距离)

这是体现主机紧急倒车性能的指标。由于船舶惯性大,由全速前进变为后退所需的时间,总是大大超过发动机换向所需的时间。船舶开始倒航前滑行的距离主要取决于船舶的装载量、航速、主机的起动换向性能、空气瓶空气压力和主机倒车功率。

⑤发动机的最低稳定转速和转速禁区

在多缸柴油机中,由于各缸喷油泵柱塞偶件、喷油器针阀偶件的间隙和喷孔孔径间的差别,以及一般油量调节杆安装间隙的不同,使得船用主柴油机在低转速(低负荷)运转时,各缸供油量显著不均。严重时个别缸不能发火而使转速不稳,甚至自动停车。因而船用主柴油机都有一个使各缸都能够均匀发火的最低转速,称最低(工作)稳定转速。

船用主柴油机(尤其是直接驱动螺旋桨的主柴油机)的最低稳定转速直接影响船舶微速航行性能。一般低速柴油机的最低稳定转速不高于标定转速的30%,中速机不高于40%,高速机不高于45%。在主机使用转速范围内如果存在引起船舶或轴系共振的临界转速,则应规定为转速禁区,并以红色在主机转速表上标示。在主机使用转速范围内,转速禁区越窄越好。

(4)质量和尺度

(5)续航力

续航力是指船舶在加足航行所需物资(燃油、滑油、淡水等,主要指燃油)后所能航行的最大距离或最长时间。它是根据船舶的用途和航区确定的。续航力不但和动力装置的经济性、物资储备量有关,也和航速有很大关系。

(6)生命力

生命力是指船舶在船机发生故障的情况下最大限度地维持工作的能力。

2. 船舶动力装置的可靠性

(1)船舶的特殊性

船舶动力装置的可靠性与船舶的特殊性密切相关。船舶的特殊性主要表现在:

①船舶大部分时间在海上航行。

②设备发生故障时,往往处于复杂的航区和严酷的气象条件,局部故障可能影响全局,甚至导致严重后果。

③船舶动力装置的使用环境苛刻多变,运行时工作参数变化范围较大,随时需要船员进行操纵,有时还要求采取应急措施,因此对船员要求较高。

④船用机械特别是主机台数少,而且母型机的试验难以在陆地上充分进行。

⑤主机型式更新换代速度较快。

⑥机器部件和元件以及它们的质量和功能各异,所需知识面较广。

⑦现场数据主要由船员整理和提供。

（2）可靠性在船舶动力装置中的应用

船舶的特殊性，不仅体现出动力装置可靠性的重要性，而且也说明动力装置的可靠性是个复杂的课题。它既与各组成设备的可靠性、维修性有关，也涉及参与管理的人的因素，因此它和人机工程学、劳动管理学、心理学等领域交错在一起，使问题难以解决。

（3）船舶各种机械的故障统计

①动力装置中各种机械发生故障的比例

在世界四大柴油机制造公司近几年的统计资料表明，在柴油机船上，主机故障占总故障数的比例达到四成，主机是动力装置中最重要的，但也是可靠性最薄弱的环节。在主机发生故障的原因中，约一半是由于材料质量不良和机件污损，前者是制造阶段的原因，后者是使用阶段的原因。所以从设计者到管理者，对主机可靠性都要给予足够的重视。

②柴油机部件的故障统计

根据劳氏船级社、中国远洋运输总公司、日本相关机构等相关机构对船舶主机故障统计表明，低速柴油机发生故障最多的部件是活塞、气缸盖和十字头轴承。中速柴油机（包括柴油发电机）中曲轴及其轴承故障比较突出。这些部件应作为可靠性技术中的重点问题给予研究，在运行管理中也应格外注意。

3. 提高船舶动力装置可靠性的措施

要保证和提高船舶动力装置的可靠性，首先在设计时就应满足可靠性要求，然后，在制造和工艺方面尽可能达到设计时规定的可靠度。只有这样在使用中才能体现出转子是否可靠。显然船舶动力装置的可靠性问题贯穿于整个设计、制造和工艺阶段以及全部运转期间。因此，我们可以把影响动力装置可靠性的因素分为设计、制造工艺和管理三个方面。下面我们将着重从管理与维修保养方面探讨如何提高动力装置的可靠性。

（1）提高管理水平

一个产品工作是否可靠，除决定于出厂质量外，使用管理维护的好坏对其可靠性也有决定性影响。因此，管理人员的业务水平，对于保证船舶的可靠性具有头等重要的意义。统计表明，许多故障是由于船员采取了不正确的措施和违反技术操作规程所导致的。随着船舶的设备日趋复杂，对船员业务水平、熟练程度、操作技能、发现和排除故障等的能力要求越来越高，其完成任务的职责也在加强。业务水平高的船员，可以保证船舶技术设备的使用和维护的质量始终处于较好状态；能正确执行操作规程，充分做好设备启动前的准备工作，正确判断设备的技术状态和正确确定负荷高低；还可以迅速发现和排除故障，用较短的时间完成维修工作。在拆装机械、更换零部件时，如果船员水平不高，则可能使部件遭受异常负荷和额外应力，从而导致故障次数增加。

国内外的故障统计资料表明，人为故障所占比例越来越大。在人为原因造成的故障中，属于责任心不强（工作不仔细、检查不及时和违章操作）与属于管理水平低（保养维护不良、指挥命令不当、判断错误、操作错误等）所引发的几乎各占一半，而且低职船员的人为事故所占比例高于高职船员。这些事实说明了提高船员管理水平的重要性和迫切性，并应从职业道德教育和业务水平提高两方面去努力。

（2）提高维修质量

维修是恢复和保证产品可靠性的一个重要措施。为了使产品发生故障后能很快修好，除了要求有先进的维修手段、熟练的维修人员之外，产品本身也应该有良好的可维修性。

可维修性包括易拆卸性、可达性、可还原性、通用性、互换性、适检性等,因此维修时应着重考虑以下几个方面。

①对设备的维修要及时;

②在有条件的情况下,鼓励船员对设备进行自修;

③在厂修时要做好监修工作;

④做好备件的管理工作;

⑤要有防错措施;

⑥维修前应将维修时的方法、步骤及可能发生的问题考虑周全。

(3)充分利用技术管理指导性文件

①利用这些技术资料制定操作规程

遵守操作过程可以避免或减少误操作,减少事故和有利于延长设备使用寿命。

②根据文件资料判断设备的实际技术状态

主机的推进特性曲线和柴油发电机的负荷特性曲线,都是发动机实际工作状态好坏的衡量标准,依据它们可尽早发现故障的隐患,及时采取有效措施。

③制定维修计划与标准

依据技术文件制定出设备维护、维修计划及标准。利用这些计划及标准,对设备进行维修保养,可以使设备保持在最佳的技术状态。对复杂、重要、技术维护所用平均年劳动量高的设备,若采用事后维修则会造成较大的经济损失、可靠性损失(质量损失)和安全事故。因此,应该依靠平时的检查和维修,使系统和设备始终保持在最佳状态,防止事故的发生,这就是预防性维修。为了做好这项工作,必须对作业的内容、时间,判断缺陷的方法和缺陷特征,应达到的标准等,按指导性文件的要求,结合设备的具体状态,进行周密计划并实施。

④指导对设备的维修保养

在对设备进行维修保养时,可根据相应的技术文件提供的技术参数、拆卸与安装的步骤、安全注意事项和检修操作注意事项等,对设备进行正确的维修保养,确保设备恢复到最佳的技术性能。

(4)做好可靠性数据的收集与管理

可靠性数据的收集与管理是开展提高可靠性活动的基础工作和主要内容。通过对可靠性数据的收集、整理、分类、统计和分析,可达到两个目的:

①了解整个动力装置、装置中各种机械设备和各种零部件的可靠性状况,为新型船舶的开发设计、对有关设备和部件的改进提供可靠的依据,促进造船事业的发展。

②通过故障发生的时间、产生原因、维护和管理工作量的统计分析,正确制定使用和维修的标准及规范,改进管理维修工作,提高管理水平。

第二节　动　力　系　统

一、柴油机动力系统

如图 6.1 所示,柴油机动力系统是由柴油机作为推进动力,不是通过电动机,而是通过传动轴机械驱动螺旋桨进行工作的驱动系统。

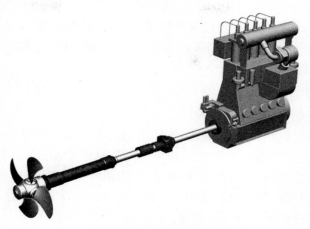

图6.1　柴油机动力系统

1. 定义

柴油机是用柴油作燃料的内燃机。柴油机属于压缩点火式发动机,它又常以主要发明者狄塞尔的名字被称为狄塞尔引擎。柴油机在工作时,吸入柴油机气缸内的空气,因活塞的运动而受到较高程度的压缩,达到500~700 ℃的高温。然后将燃油以雾状喷入高温空气中,与高温空气混合形成可燃混合气,自动着火燃烧。燃烧中释放的能量作用在活塞顶面上,推动活塞并通过连杆和曲轴转换为旋转的机械功。

2. 历史

法国出生的德裔工程师鲁道夫·狄塞尔,在1897年研制成功可供使用的四冲程柴油机。

①1905年制成第一台船用二冲程柴油机。

②1922年,德国的博世发明机械喷射装置,逐渐替代了空气喷射。

③20世纪20年代后期出现了高速柴油机,并开始用于汽车。

④20世纪50年代,柴油机进入了专业化大量生产阶段。特别是在采用了废气涡轮增压技术以后,柴油机已成为现代动力机械中最重要的部分。

3. 分类

柴油机种类繁多。

①按工作循环可分为四冲程和二冲程柴油机。

②按冷却方式可分为水冷和风冷柴油机。

③按进气方式可分为增压和非增压(自然吸气)柴油机。

④按转速可分为高速(大于1 000 r/min)、中速(300~1 000 r/min)和低速(小于300 r/min)柴油机。

⑤按燃烧室可分为直接喷射式、涡流室式和预燃室式柴油机。

⑥按气体压力作用方式可分为单作用式、双作用式和对置活塞式柴油机等。

⑦按气缸数目可分为单缸和多缸柴油机。

⑧按用途可分为船用柴油机、机车柴油机、车用柴油机、农业机械用柴油机、工程机械用柴油机、发电用柴油机、固定动力用柴油机。

⑨按供油方式可分为机械高压油泵供油和高压共轨电子控制喷射供油。

⑩按气缸排列方式可分为直列式和 V 形排列、水平对置排列、W 型排列、星型排列等。

⑪按功率大小可分为小型(200 kW)、中型(200～1 000 kW)、大型(1 000～3 000 kW)、特大型(3 000 kW 以上)。

4. 柴油机基本知识

(1)组成柴油机的主要机构和系统

①曲柄连杆机构(包括气缸体、曲轴、连杆、活塞、缸套、缸盖等零部件)。

②配气机构(包括凸轮轴、进排气门、挺柱、摇臂、所有传动齿轮及皮带轮等零部件)。

③润滑系统(包括机油泵、机油池、机油管道、机油滤等零部件)。

④供油系统(包括高压泵、喷油器、柴油滤芯、柴油管路等零部件)。

⑤冷却系统(包括水泵、风扇、散热器、冷却水管路等零部件)。

⑥启动系统(包括启动电机、充电发电机、电瓶等零部件)。

此外还有附属系统:

①监控系统(包括转速表、温度表、压力表以及相应的传感器等零部件)。

②增压系统(包括废气涡轮增压系统和机械增压系统)。

(2)发动机常用术语

①上止点。活塞在气缸里作往复直线运动时,当活塞向上运动到最高位置,即活塞顶部距离曲轴旋转中心最远的极限位置,称为上止点(top dead center,TDC)。

②下止点。活塞在气缸里作往复直线运动时,当活塞向下运动到最低位置,即活塞顶部距离曲轴旋转中心最近的极限位置,称为下止点(bottom dead center,BDC)。

③活塞行程。活塞从一个止点到另一个止点移动的距离,即上、下止点之间的距离称为活塞行程。一般用 S 表示,对应一个活塞行程,曲轴旋转 180°。

④曲轴半径。曲轴旋转中心到曲柄销中心之间的距离称为曲柄半径,一般用 R 表示。通常活塞行程为曲柄半径的两倍,即 $S=2R$。

⑤气缸工作容积。活塞从一个止点运动到另一个止点所扫过的容积,称为气缸工作容积。一般用 Vh 表示。

⑥燃烧室容积。活塞位于上止点时,活塞顶部和气缸盖之间的容积 Vc。

⑦发动机排量。多缸发动机各气缸工作容积的总和,称为发动机排量。

⑧压缩比。压缩比(compression ratio)是发动机中一个非常重要的概念,压缩比表示了气体的压缩程度,它是气体压缩前的容积与气体压缩后的容积之比值,即气缸总容积与燃烧室容积之比称为压缩比。一般用 ε 表示。

⑨工作循环。每一个工作循环包括进气、压缩、做功和排气过程,即完成进气、压缩、做功和排气四个过程叫一个工作循环。

5. 柴油机工作原理

柴油机分类标准很多,主要有二冲程柴油机和四冲程柴油机两种。

(1)二冲程柴油机工作原理

通过活塞的两个冲程完成一个工作循环的柴油机称为二冲程柴油机,柴油机完成一个工作循环,曲轴只转一圈,与四冲程柴油机相比,二冲程柴油机提高了做功能力,在具体结构及工作原理方面两者也存在较大差异。二冲程柴油机与四冲程柴油机基本结构相同,主要差异在配气机构方面。

二冲程柴油机没有进气阀,有的连排气阀也没有,而是在气缸下部开设扫气口及排气口;或设扫气口与排气阀机构。并专门设置一个由运动件带动的扫气泵及贮存压力空气的扫气箱,利用活塞与气口的配合完成配气,从而简化了柴油机结构。

燃烧膨胀及排气冲程:燃油在燃烧室内着火燃烧,生成高温高压燃气。活塞在燃气的推动下,由上止点向下运动,对外做功。活塞下行直至排气口打开,下行活塞把扫气口打开,扫气空气进入气缸,同时把气缸内的废气经排气口赶出气缸。活塞运行到下止点,本冲程结束,但扫气过程一直持续到下一个冲程排气口关闭。如图6.2所示。

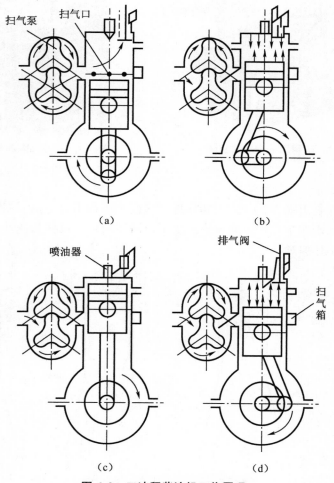

图6.2　二冲程柴油机工作原理

扫气及压缩冲程:活塞由下止点向上移动,活塞在遮住扫气口之前,由扫气泵供给储存在扫气箱内的空气,通过扫气口进入气缸,气缸中的残存废气被进入气缸的空气通过排气口扫出气缸。活塞继续上行,逐渐遮住扫气口,当扫气口完全关闭后,空气停止充入,排气还在进行,这阶段称为"过后排气阶段"。排气口关闭时,气缸中的空气就开始被压缩。当压缩至上止点前时,喷油器将燃油喷入气缸,与高温高压的空气相混合,随即在上止点附近发火,自行着火燃烧。本冲程结束,并与前一冲程形成一个完整的工作循环。二冲程柴油机与四冲程柴油机相比具有一些明显优点,当然也存在本身固有的缺点,两者外观如图6.3、图6.4所示。

图6.3 船用二冲程柴油机图

图6.4 四冲程柴油机("V"型机)

(2)四冲程柴油机工作原理

柴油机的工作是由吸气、压缩、做功和排气这四个过程来完成的,这四个过程构成了一个工作循环。活塞走四个过程才能完成一个工作循环的柴油机称为四冲程柴油机。图6.5为四冲程柴油机工作原理。

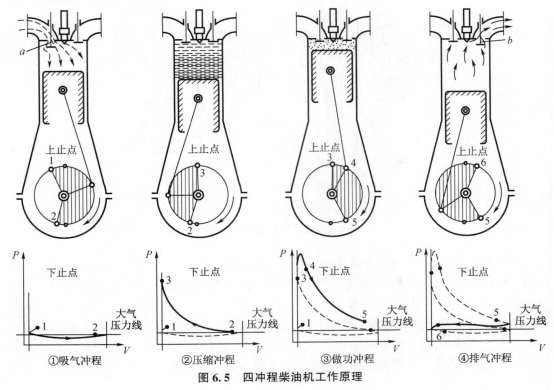

图6.5 四冲程柴油机工作原理

①吸气冲程

第一冲程:吸气。它的任务是使气缸内充满新鲜空气。当吸气冲程开始时,活塞位于上止点,气缸内的燃烧室中还留有一些废气。当曲轴旋转时,连杆使活塞由上止点向下止点移动,同时,利用与曲轴相连的传动机构使吸气阀打开。随着活塞的向下运动,气缸内活塞上面的容积逐渐增大:造成气缸内的空气压力低于进气管内的压力,因此外面空气就不断地充入气缸。在进气过程中由于空气通过进气管和进气阀时产生流动阻力,所以进气冲程的气体压力低于大气压力,在整个进气过程中,气缸内气体压力大致保持不变。当活塞向下运动接近下止点时,冲进气缸的气流仍具有很高的速度,惯性很大,为了利用气流的惯性来提高充气量,进气阀在活塞过了下止点以后才关闭。虽然此时活塞上行,但由于气流的惯性,气体仍能充入气缸。

②压缩冲程

第二冲程:压缩。压缩时活塞从下止点向上止点运动,这个冲程的功用有两个:一是提高空气的温度,为燃料自行发火做准备;二是为气体膨胀做功创造条件。当活塞上行,进气阀关闭以后,气缸内的空气受到压缩,随着容积的不断减小,空气的压力和温度也就不断升高,压缩终点的压力和湿度与空气的压缩程度有关,即与压缩比有关。压缩终点的温度要比柴油自燃温度高很多,足以保证喷入气缸的燃油自行发火燃烧。喷入气缸的柴油,并不是立即发火,而是经过物理化学变化之后才发火,这段时间称为发火延迟期。因此,要在曲柄转至上止点前一定角度的曲柄转角时开始将雾化的燃料喷入气缸,并使曲柄在上止点后一定角度时,在燃烧室内达到最高燃烧压力,迫使活塞向下运动。

③燃烧膨胀冲程

第三冲程:做功。在这个冲程开始时,大部分喷入燃烧室内的燃料都燃烧了。燃烧时放出大量的热量,因此气体的压力和温度便急剧升高,活塞在高温高压气体作用下向下运动,并通过连杆使曲轴转动,对外做功。所以这一冲程又叫做功或工作冲程。随着活塞的下行,气缸的容积增大,气体的压力下降,工作冲程在活塞行至下止点,排气阀打开时结束。

④排气冲程

第四冲程:排气。排气冲程的功用是把膨胀后的废气排出去,以便充填新鲜空气,为下一个循环的进气做准备。当工作冲程活塞运动到下止点附近时,排气阀开起,活塞在曲轴和连杆的带动下,由下止点向上止点运动,并把废气排出气缸外。由于排气系统存在着阻力,为了减少排气时活塞运动的阻力,排气阀在下止点前就打开了。排气阀一打开,具有一定压力的气体就立即冲出缸外,缸内压力迅速下降,这样当活塞向上运动时,气缸内的废气依靠活塞上行排出去。为了利用排气时的气流惯性使废气排出得干净,排气阀在上止点以后才关闭。由于进、排气阀都是早开晚关,所以在排气冲程之末和进气冲程之初,活塞处于上止点附近时,有一段时间进、排气阀同时开启,这段时间用曲轴转角来表示,称为气阀重叠角。排气冲程结束之后,又开始了进气冲程,于是整个工作循环就依照上述过程重复进行。

由于这种柴油机的工作循环由四个活塞冲程即曲轴旋转两转完成的,故称四冲程柴油机。在四冲程柴油机的四个冲程中,只有第三冲程即做功冲程产生动力对外做功,而其余三个冲程都是消耗功的准备过程。为此在单缸柴油机上必须安装飞轮,利用飞轮的转动惯性,使曲轴在四个冲程中连续而均匀地运转。

二、燃气轮机动力系统

燃气轮机动力系统由燃气轮机单独工作为电动机提供电能,从而驱动螺旋桨工作。

1. 燃气轮机的发展史

燃气轮机的发明最早可追溯到我国古代(1131—1161年)发明"走马灯",靠蜡烛火焰产生的热气吹动顶部的叶轮来带动剪纸人马旋转。西方则把其发展归结于一种早期的烤鸡装置。

1791年,英国人 J. 巴伯首次描述了燃气轮工作过程。

1872年,德国人 F. 施托尔策设计了一台燃气轮机,并于1900—1904年进行了试验,但因始终未能脱开起动机独立运行而失败。

1905年,法国人 C. 勒梅尔和 R. 阿芒戈制成第一台能输出功的燃气轮机,但效率太低,仅3%~4%,因而未获得实用。

1920年,德国人霍尔茨瓦特制成第一台实用的燃气轮机,其效率为13%、功率370 kW,按等容加热循环工作,但因等容加热循环以断续爆燃的方式加热,存在许多重大缺点而被人们放弃。

1939年,在瑞士制成了4 MW发电用燃气轮机,效率达18%。同年,在德国制造的喷气式飞机试飞成功,从此燃气轮机进入了实用阶段,并开始迅速发展。

1941年,瑞士制造的第一辆燃气轮机机车(1.64 MW)通过了交货试验。

1947年,英国制造的第一艘装备燃气轮机的舰艇下水,它以1.86 MW的燃气轮机作加力动力。

1950年,英国制成第一辆燃气轮机汽车(75 kW)。此后,燃气轮机在更多的领域获得应用。

到1998年世界上有56个国家在上千艘舰船上使用了燃气轮机作为动力,燃气轮机数量达2 500多台。燃气轮机在民用高性能商用船舶上的应用也在增加。

1991—2000年的十年中总共生产了近千台舰船用燃气轮机。

1987年美国燃气轮机发电量首次超过其他形式的发电量,当时专家预测,到2020年全世界燃气轮机发电可能会接近50%左右。燃气轮机发电较好地解决了高峰及应急用电及自备电源问题。发电应用是燃气轮机最为重要的市场领域。

当今世界上从事燃气轮机研究、设计、生产、销售的重要企业近30家。燃气轮机的研发和生产沿着两条不同的技术道路在发展:一是以航空发动机四大家:通用电气、普惠、罗·罗、斯奈克玛(GE,Pratt & Whitney,Rolls-Royce,SNECMA)等为代表的以航空发动机作为基本型的改型机组,如(GE) LM系列、(RR) RB211、501K、(P&W) FT-4、FT-8等。优点是结构紧凑,采用了大量先进和成熟的航空技术,维修方便;缺点是有的机组刚性稍感不足。二是索拉、通用电气、西门子/西屋(Solar,GE,Siemens/Westinghouse)、ABB/Alstom及俄罗斯、乌克兰、日本一些燃气轮机厂,以蒸汽机为理念开发的机组,除索拉(Solar)为中小型机外,大多为供发电站用的重型机组。

我国已形成了有一定规模的汽轮机行业,如哈尔滨汽轮机厂有限责任公司、上海汽轮发电机有限公司、东方汽轮机有限公司等,能生产30万~100万千瓦的蒸汽轮机机组,还有制造中小机组的南京汽轮电机(集团)有限责任公司、武汽集团武汉汽轮发电机厂、杭州汽轮动力集团有限公司等。但是,燃气轮机工业还处于起步阶段。虽然航空发动机厂都有生产燃气轮机的技术能力,机械、航天、造船和石化系统部分企业也已具有一定的维修和生产能力,不过燃气轮机的产量十分有限,尚未形成专业化设计、研发和生产基地。现在,我国航空工业已开始与外方合作参与燃气轮机有关的工作,如和 UTC 的 TPM 公司合作设计、生产 FT-8 燃气轮机,为国外公司生产零件等业务。然而,目前我国在使用的燃气轮机多为进口,尤其是大型机组。

2. 燃气轮机分类

(1)按使用对象分

航空用燃气轮机(飞机动力);

工业用燃气轮机(驱动发电机、压缩机、泵油机等);

舰船用燃气轮机(驱动舰船螺旋桨)。

(2)按功率大小分

轻型燃气轮机(航机改型);

重型燃气轮机;

微型燃气轮机。

(3)按热力循环方式分

简单循环;

复杂循环(回热、再热、中冷等);

联合循环(燃机+汽轮机)。

(4)按转子数目分

单转子;

双转子;

三转子。

3. 燃气轮机工作原理

压气机连续从大气中吸入空气并将其压缩。压缩后的空气进入燃烧室,与喷入的燃料混合后燃烧,成为高温燃气,随即流入燃气透平(以下简称透平)中膨胀做功,推动透平叶轮带着压气机叶轮一起旋转。加热后的高温燃气的做功能力显著提高,因而透平在带动压气机的同时,尚有余功作为燃气轮机的输出机械功。见图 6.6~图 6.8。

流入动力涡轮的燃气工质在动力涡轮中膨胀做功,推动动力涡轮旋转,并由动力涡轮轴以旋转扭矩的方式向天然气压缩机提供机械能,驱动离心式压缩机旋转工作,由压缩机对管道天然气增压。

燃气轮机由静止启动时,需用起动机(如液压、气动起动机或变频电动机)带着旋转,待加速到能独立运行后,起动机才脱开。燃气轮机的工作过程是最简单的,称为简单循环。此外,还有回热循环和复杂循环。见图 6.9。

燃气轮机的工质来自大气,最后又排至大气,是开式循环。此外,还有工质被封闭循环使用的闭式循环。燃气轮机与其他热机相结合的称为复合循环装置。

从燃烧室到透平进口的燃气温度称为燃气初温。初温越高透平出功越多,燃气轮机的输出功就越大。燃气初温和压气机的压缩比,是影响燃气轮机效率的两个主要因素。提高燃气初温,并相应提高压缩比,可使燃气轮机效率显著提高。

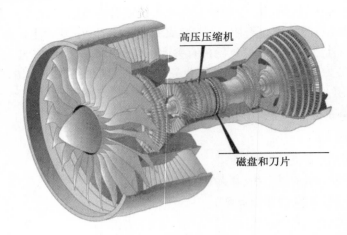

高压压缩机

磁盘和刀片

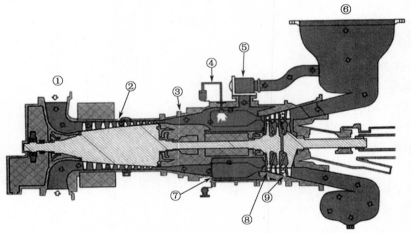

①—空气入口;②—压气机转子;③—扩压器;④—燃料汇管和喷嘴;⑤—放气阀;
⑥—排气出口;⑦—燃烧室;⑧—燃气涡轮转子;⑨—动力涡轮转子。

图 6.6　燃气轮机结构简图

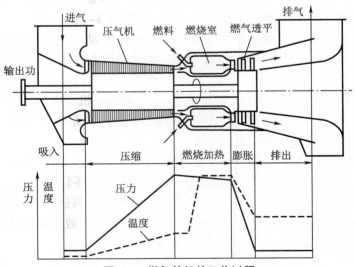

图 6.7　燃气轮机的工作过程

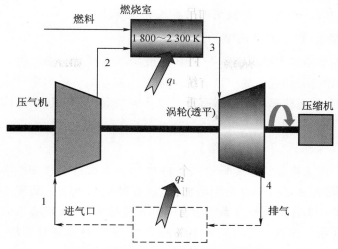

图 6.8　燃气轮机驱动压缩机装置示意图

图 6.9　气动起动机

第三节　推进装置

船舶推进装置对船舶营运的经济性起着决定性的作用。在选择船舶推进系统时要考虑投资费用、空间要求、推进效率、可靠性和船舶营运期间推进系统的有效利用率等问题。为了保护环境还必须限制主、辅机排气和各种废料所造成的污染。在船舶推进装置的设计中,发动机、螺旋桨和船舶水动力特性之间的相互作用有特殊重要意义。只有考虑了它们的组合,而且整个系统配置为最佳时,船舶推进系统才称得上成本合理。

一、船舶推进形式

近代船舶推进系统可以被划分为如下几种主要形式:1×FPP 方案、2×FPP 方案、POD 方案、CRP 加 POD 方案。简述如下:

1×FPP 方案——常规单螺旋桨推进。

2×FPP 方案——常规双螺旋桨推进。

POD 方案——吊舱式电力推进。

CRP 加 POD 方案——反转螺旋桨加吊舱式电力推进。

1. 常规螺旋桨推进(1×FPP 方案)

用一台二冲程柴油机直接驱动一个 FPP 是最简单可行的船舶推进方案。这个方案在大型散货船、油船和集装箱船市场中具有统治地位。该方案所用的部件数量少、耐用、推进效率高,但在主机有严重故障或推进器有重大损伤的情况下,单机/单桨推进装置就没有冗余,不适合用于豪华邮船的推进。

2. 常规双螺旋桨推进(2×FPP 方案)

用二台二冲程柴油机分别直接驱动二个 FPP,该方案推进装置和能源是双套并且完全相互独立的,尽管建造和运行作业费用增加,但该方案可有 50% 的裕度。但是这个裕度不适合船舶持续服务。当在两套推进系统中有一套发生故障时,该船必须以 50% 的功率运行并且长时间固定舵角。这意味着增加了 10% 的阻力,表明燃油耗量增加,而总的航速则减低约 25%。

3. 吊舱式电力推进

采用 POD 推进器时,舵的功能就可由全回转的 POD 推进器来实现。吊舱式电力推进器具有以下两个特征:1)电机置于吊舱内;2)具有全回转功能。其优点是可以减小机舱尺寸,操纵性更佳,船舶噪声小,船舶建造费用低等;缺点是需要更高的资金投入,能够提供的动力有限,能够达到的航速有限等。因此吊舱式电力推进器在不同船舶上的适用性不同,经过深入分析,吊舱式电力推进器非常适合双桨邮船、航速低于 26 节的滚装客船和破冰船等。

4. 反转螺旋桨加吊舱式电力推进

CRP 加 POD 推进器这种系统的布置方案为,在普通螺旋桨的正后方布置一个 POD 桨。POD 桨与固定桨位于相同的轴线上,拉力型的 POD 推进器的旋转方向与主螺旋桨的转向相反。这种方案可以达到最好的水动力特性,因为:主螺旋桨产生的能量被 POD 桨所吸收推进效率高;有两部桨,可以轻易地确定两部桨的负荷。CRP 加 POD 还有如下的优点:两套独立的推进系统,提高冗余度;不需要艉部推力器;降低螺旋桨对船底的激振力;灵活运用原动机;总布置设计更灵活;容易调整要求的推进功率步进。在运营的过程中还有如下优点:能提高在港口、河道中的操纵性;低速时有良好的机动性;排放低,环保性好。

二、吊舱式推进系统

1. 吊舱式推进系统发展史

1990 年前,芬兰海事局在探寻船舶更为有效破冰的解决方案时,产生了采用可靠性更高和兼顾耐用的推进单元来取代常规推进装置的想法。这种解决方案是将电动机直接和水下的轴相连接,用吊舱封住。这种推进单元可 360° 旋转,并可向各个方向上提供推力。这就是 ABB 公司 Azipod 概念发展的雏形。Kvarner Masa 船厂接受 Azipod 的概念,将概念设计成草图并申请专利。1991 年与 ABB 公司合作开发出了第一台 Azipod(Azimuthing Podded Drive)吊舱式推进器,用于 M/S Seili 号的改装,M/S Seili 号是一艘芬兰海事局的航道服务船,它是全球第一艘采用 Azipod 推进装置的船舶,至 2006 年 9 月,已经累计运行了 250 万小时。

第二艘配置 Azipod 的运输船是一艘 16 000 DWT 的化学品/成品油船,M/T Uikku 号,它是由一家德国船厂于 1978 年建成的。Uikku 号的改装工作是在 1993 年进行的,它采用的是功率为 11.4 MW 的 Azipod 推进器。船舶按冰区 1A 加强级建造,Azipod 入挪威船级社(DNV)冰区 10 级。1995 年,Uikku 号的姐妹船 M/T Lunni 号也进行了类似的改装。两条船改装至今一直处于繁忙的商务航运。1997 年 Uikku 号成为第一艘穿越北极东海岸的西方货轮。Uikku 号于 1997 年 9 月初从俄罗斯西部的摩尔曼斯克开始它的行程,12 天后到达位于西伯利亚东部白令海峡南部的普罗维杰尼亚。Uikku 号和 Lunni 号证明了 Azipod 的设计合理和结构坚固。由于该船在无破冰设备的支援下可以非常安全可靠地运行,因此让 Azipod 推进器使船舶在北极圈东海岸经济运行成为可能。Uikku 号和 Lunni 号的良好表现和操作上的安全性使得 CCL(Carnival Cruise Lines)公司在 1995 年将 Azipod 用于 M/S Elation 号和 M/S Paradise 号,这两艘船的推进功率均为 2×14 MW。CCL fantasy 系列的成功是非常重要的一步,引发了大型豪华邮船推进型式的改变,开始了豪华邮船的电力推进时代。

2008 年 5 月阿克尔船厂交付给皇家加勒比海集团 1 艘"自由"级豪华邮船"Independence of the Seas"号,该船是目前世界上第 3 艘"自由"级豪华邮船,是当时世界上最大的豪华邮船。该船采用了 ABB 公司提供的 3 个 14 MW 的 Azipod 推进器。

目前能够提供吊舱式推进器的共有 4 家公司——ABB(Asea Brown Boveri)、ALSTOM/KAMEWA、Siemens-Schotte 和 STN ATLAS。瑞典的 KAMEWA 公司与法国的 ALSTOM 公司分别是螺旋桨和电力推进领域世界驰名的公司,他们发挥各自的技术优势合作开发了以导流罩原理为基础的新颖电力推进装置,注册商标为"美人鱼"(Mermaid™)。新型豪华邮船"玛丽二世女王"号就是采用了 ALSTOM/KAMEWA 提供的 4 台 Mermaid 吊舱式推进装置(4×20 MW)。其他一些船东拥有的许多豪华邮船也采用了吊舱式推进装置,包括第一艘燃气轮机—电力推进船"Millennium"号,它是首次在船上装备新型 ALSTOM/KAMEWA Mermaids 机组(2×19 500 kW)的例子。第一台 Mermaid 机器实际上是在 1998 年 Sedco Forex 公司订购的一对半潜式钻井平台上使用的推进装置。

Siemens-Schottel SSP 装置具有许多或许未被竞争者注意的创新特点。最值得注意特点的是采用了从潜艇电机中发展起来的永久励磁电动机技术,可以减少电机尺寸以及整个吊舱式推进装置的尺寸,并具有很高的效率(较常规系统提高约 10%)。另一个特点是不需要为电动机配备空气冷却系统——所有热量都消失在海上。更为明显的优点是双串螺旋桨的采用——在桨毂的前后端各装一只旋转方向相同的螺旋桨,并在毂上装有一对导流鳍。导流鳍与吊挂柱结合起来可回收前螺旋桨损失的能量,而采用双串螺旋桨,可将其叶片负荷减少一半从而减小桨直径。

所有这些特点可使 Siemens-Schottel 提供输出功率达 30 MW 的单台机组。ABB 公司和 Kvaerner 公司 2001 推出的新型转向推进机组也采用了永久励磁电动机技术。德国的 STN Atlas Marine Electronics 与 Wartsila Propulsion(以前为 John Crane Lips)合作开发的 Dolphin 系统现在也进入了吊舱式推进系统的行列。第 1 套 Dolphin 吊舱式系统已于 2002 年 7 月从德累斯顿的 VEM Sachsenwerk 工厂运送到热那亚,准备安装到豪华旅游客船"Seven Seas Voyager"号上。当时该船正在 T Mariotti 船厂建造,船东为 V. Ships Leisure/Radisson Seven Seas,于 2003 年交船。

Dolphin 吊舱式推进系统具有较大的功率范围,适用于许多类型船舶。全 360° 回转保证了商船及海洋工程中要求动力定位者高度的机动性。Dolphin 系统的基本原理与其他吊舱式推进装置相同,但有一些重要方面是不同的。例如 ABB Azipod 采用循环变频器,而 Dolphin 采用同步变频器。

表6-1为几家公司吊舱式电力推进器的特性参数比较。

表6-1 典型吊舱式推进器特性参数

项目	Azipod	Mermaid	SSP	Dolphin
最大功率/MW	25	25	30	19
变频器类型	循环	同步	循环	同步
电动机类型	同步	同步	同步	同步
励磁	无刷	无刷	永磁	无刷
冷却	空气冷却	空气/海水冷却	海水冷却	空气冷却
电网功率因数(平均值)	0.7~0.75	0.75~0.80	0.65~0.70	0.75~0.80
操纵系统	电动液压	电动液压	电动液压	电动液压
螺旋桨类型	牵引桨类型	牵引式定距桨	2个三叶定距桨	牵引桨、定距桨

2. 电力推进系统特点

电力推进系统虽然会增大船舶自重,增加燃油消耗量并增加建造成本,但因具有许多优点,现已在许多船型上被普遍选用。

柴油机-电力推进的关键优点:

通过降低燃油消耗和维修工作量,降低全寿期的成本;

降低船舶在发生单个故障时的脆弱程度(对于冗余容易组态);

排放更少,柴油发动机运转更优化,在电力推进系统中具有更清洁的燃烧;

由于机械设备的布置更灵活,占用空间少,船舶有效载货量提高;

由于经过电缆供电,推进器可以脱离原动机设置;

采用变速驱动的推进电动机有助于降低噪声和振动。

在可变功率级运行中具有灵活性和经济性;

能将辅助动力和推进动力组合起来;

可以采用较广泛的柴油机机型;

逆转简便、可靠;

在整个转速范围内操作灵活。

从全球范围来看,船上电力的需求量在不断增长。现代人们的生活方式似乎要使用更多的电气设备,但船上出现这种增长趋势则有其一些具体原因,即它仅仅受着船舶工业本身的影响。其中,"尺度效应"可能是一个最重要的因素。在较大的船舶上平均每位旅客所耗的建造资本和营运成本较低,这种事实使船舶随时都可能越造越大。就特定的船舶而言,这通常意味着其辅助动力和推进动力之比会迅速升高。与旅客起居相关的电耗变得更为重要。推进动力的增加可能仅为船舶营运动力增量的几分之一,但由于需要较大的主机辅助系统,仍然会增大船舶的营运用电。

豪华邮船运营商在船舶航行期间对 2 500~3 500 名乘客肩负着重要的责任,在安全方面不能有丝毫差错。除了安全,乘客还希望在航行中感觉不到船舶的振动,同时要求船上的一切服务与设施如同星级宾馆的标准:24 小时不间断用电,无噪声,等等。此外,处于经济效益的考虑,船东希望船内设有尽可能多的船舱。吊舱推进系统恰恰可以满足上述要求,使船舶具有安全性、全天候作业性能以及冗余性。

3. 吊舱推进系统的组成

吊舱推进系统由下列分系统组成:发电机组、主配电板、变压器组、变频机组、吊舱推进器以及自动控制等模块。

(1)发电机组

发电机组作为船上动力源,目前常用的配置是用中速柴油机驱动发电机发电。随着人类环保意识的增强,柴油机在工作过程中排出的废气造成的大气污染问题引人关注。现代邮船采用完善的环保设施争取绿色船的称号成为主流。各大主机制造商也在积极进行环保柴油机的开发研究工作。目前豪华邮船主机的供应商主要为 WARTSILA,MAN B&W 和 CATERPILLAR 三家公司,每家公司都有自己面向豪华邮船市场的主打机型,WARTSILA 为 32 和 46 机型,MAN B&W 为 48/60CR 机型,CATERPILLAR 为 M43C 机型。

(2)主配电板、变压器组、变频器组及自动控制模块等

现代豪华邮船大多采用柴油机——电力推进(D-E),应用交流变频器,公共中央电站,中压 6.6 kV、10 kV 配电网络。电力推进系统,以调速驱动为目的,整体出现在豪华邮船上,主要环节有电动机、变频器、线路滤波器或变压器和控制系统。为了得到最优化的系统性能,构成这个系统的每个设备的细节都是必须考虑的。

(3)吊舱推进器

吊舱推进器(POD)主要由支架、吊舱和螺旋桨等部件构成。所谓吊舱推进器就是推进电机直接和螺旋桨相连,构成独立的推进模块,吊挂于船体尾部,该推进模块由电动液压机构驱动,可作 360°水平旋转,省去了舵机系统。目前涉及吊舱推进器生产的厂商有 ABB,Siemens & Schottel,John Crane & Lips 以及 Alstom & Kamewa。

以 ABB 提供的资料作为基础对吊舱推进器作一概貌性的介绍,后面一节再做详细介绍。

Azipod 是 ABB 吊舱式推进器的产品代号,Azipod 是 Azimuthing Podded Drive 的缩写,意思是旋转吊舱装置。Azipod 由吊舱内的电机驱动一固定螺距螺旋桨,该桨的转速是可变的,整个吊舱可绕垂直轴旋转。

Azipod 单元安装于船上时,其最大合成角(纵向和横向)为 4 度。Azipod 在任何情况下安装于船上的位置,不应超过船的两舷和尾部。如果安装两具 Azipod 则应尽量布置靠近船边,远离船尾,两只螺旋桨不论 Azipod 处于何种角度均要保持足够的间距(一般为 300~500 mm),以免相碰。

第四节　辅 助 设 备

一、船用泵

泵是用来输送液体的一种机械。液体机械能有位能、动能和压力能三种形式,它们之

间可以相互转换。水只能自发地顺流而下,而不能逆流而上。机械能量较低的液体不可能自发地到达机械能量较高的位置,况且液体在管路中流动还要克服管路阻力而损失一部分能量。例如,锅炉给水需要显著提高液体的压力能;将压载水驳出舷外,需要提高液体的位能,这些液体的输送都需要用泵来完成。本质上,泵是用来提高液体机械能的设备。

1. 按泵在船上用途分类

(1)主动力装置用泵

主海水泵、缸套冷却水泵、油头冷却泵、滑油泵、燃油供给泵、燃油驳运泵和滑油驳运泵等。

(2)辅助装置用泵

柴油发电机的副海水泵和淡水泵;辅锅炉装置用的给水泵;燃油泵;制冷装置用的冷却水泵;海水淡化装置用的海水泵、凝水泵;舵机或其他液压甲板机械用的液压泵等。

(3)船舶安全及生活设施用泵

压载泵;舱底水泵;消防水泵;日用淡水泵;日用海水泵(卫生水泵)和热水循环泵;通常还有兼作压载、消防、舱底水泵用的通用泵。

(4)特殊船舶用泵

油轮用于装卸的货油泵、挖泥船用以抽吸泥浆的泥浆泵、深水打捞船上的打捞泵、喷水推进船上的喷水推进泵、无网捕鱼船的捕鱼泵等。

2. 按泵的工作原理分类

(1)容积式泵

容积式泵是指依靠泵内工作部件的运动造成工作容积周期性地增大和缩小而吸排液体,并靠工作部件的挤压而直接使液体的压力能增加的泵。

容积式泵根据运动部件运动方式的不同分为往复泵和回转泵两类。往复泵有活塞泵和柱塞泵;回转泵有齿轮泵、螺杆泵、叶片泵和水环泵。

(2)叶轮式泵

叶轮式泵是指依靠叶轮带动液体高速回转而把机械能传递给所输送的液体的泵。叶轮式泵根据泵的叶轮和流道结构特点的不同,可分为离心泵、轴流泵、混流泵和旋涡泵。

(3)喷射式泵

喷射式泵是指依靠工作流体产生的高速射流引射流体,然后再通过动量交换而使被引射流体的能量增加的泵。喷射式泵根据所用工作流体的不同,可分为水喷射泵、蒸汽喷射器和空气喷射器等。

3. 泵的性能参数

泵的性能参数表明泵的性能和完善程度,以便选用和比较,是使用、维护管理的依据。

(1)流量

指泵在单位时间内所排送的液体量。泵铭牌上标示的流量是指泵的额定流量,即泵在额定工况时的流量,而泵实际工作时的流量则与泵的工作条件有关,不一定等于额定流量。

体积流量:用体积来度量所送液体量,用 Q 表示,单位是 m^3/s、m^3/h 或 L/min。

质量流量:用质量来度量所送液体量,用 G 表示,单位是 kg/s、t/h 或 kg/min。

(2)扬程(压头)

扬程指单位质量液体通过泵后所增加的机械能,即泵传给单位质量液体的能量,常用米(m)表示。单位质量液体的机械能又称水头。

泵实际工作时的扬程不一定等于额定扬程,它取决于泵所工作的管路的具体条件。泵的工作扬程可用泵出口和吸口的水头之差来求出,亦即由液体在泵进出口处的压力头之差、位置头之差和速度头之差相加而得到。

泵铭牌上标注的扬程是额定扬程,即泵在设计工况时的扬程。

(3)转速

泵轴每分钟的回转数,用 n 表示,单位是 r/min。

泵铭牌上的转速为额定转速。注意:泵转速与原动机的转速并非相同。

(4)功率

有效功率(输出功率):单位时间泵传给液体的能量;

轴功率 P(输入功率):原动机传给泵的功率;

配套功率 P_m:所配原动机的额定功率(考虑泵超负荷)。

(5)效率

泵效率 η:输出功率与输入功率之比。

容积效率 η_v:实际流量与理论流量之比。

水力效率 η_h:实际压头与理论压头之比。

机械效率 η_m:水力功率与输入功率之比。

(6)允许吸上真空高度(H_s)

保证泵吸入高度的情况下,正常吸入而不发生气蚀的最大允许吸上真空高度,即允许最大的吸入高度。

铭牌上的 H_s 是在标准条件、额定工况下测定的。H_s 反映泵的抗汽蚀能力,与泵的结构形式、大气压力、液体温度、流量有关。

4. 往复泵

往复泵主要是依靠活塞、柱塞或隔膜等在泵缸内往复运动使缸内工作容积交替增大和缩小来输送液体或使之增压的容积式泵。往复泵按往复元件不同分为活塞泵、柱塞泵和隔膜泵 3 种类型。

(1)往复泵工作原理

活塞右移,腔内压力降低,将上活门(排除阀)压下,下活门(吸入阀)顶起,液体吸入;活塞左移,腔内压力增高,将上活门顶起,下活门压下,液体排出。见图 6.10。

双动往复泵工作原理为活塞右移,左下吸液,右上排液;活塞左移,右下吸液,左上排液。活塞往复一次,有两次吸、排液,流量更加均匀。见图 6.11。

往复泵的流量与压头无关,与泵缸尺寸、活塞冲程及往复次数有关。往复泵的压头与泵的流量及泵的几何尺寸无关,而由泵的机械强度、原动机的功率等因素决定的。往复泵启动时不需灌入液体,因往复泵有自吸能力,但其吸上真空高度亦随泵安装地区的大气压力、液体的性质和温度而变化,故往复泵的安装高度也有一定限制。往复泵的流量不能用出口来调节,而应采用旁路管或改变活塞的往复次数、改变活塞的冲程来实现。往复泵启动前必须将排出管路中的阀门打开,否则气体无法排除,泵无法工作。往复泵的活塞由连杆曲轴与原动机相连。原动机可用电机,亦可用蒸汽机。

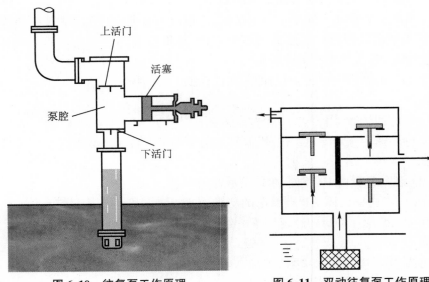

图 6.10　往复泵工作原理　　　　图 6.11　双动往复泵工作原理

（2）往复泵特点

①往复泵的流量不均匀。这一特性对泵的吸排工作性能有不利影响，即：吸、排管路中液流速度不稳定而产生惯性阻力损失，使吸入阻力增大而容易引起汽蚀，并且使排出压力波动。常采用多作用泵和空气室来改善往复泵的供液不均匀性。

②往复泵设有泵阀，在吸、排过程中泵阀的启阀阻力和流阻损失，会使泵缸内的吸入压力进一步降低而容易引起汽蚀，同时也会使排出压力升高。

③转速不宜太高。电动往复泵转速大多限定在 $200\sim300$ r/min，一般最高不超过 500 r/min。提高往复泵转速虽然可以增加泵的流量，但会使活塞不等速运动的加速度和惯性力增加，使泵容易汽蚀且排出压力波动加剧；此外，泵阀也是限制转速的一个重要因素，转速过高会使泵阀启闭迟滞和撞击加剧，泵阀阻力也会增加等。若吸入阀阻力损失过大，甚至造成不能正常吸入。

④被输送液体含固体杂质时，泵阀和活塞环容易磨损，或可能将阀盘垫起造成漏泄，必要时需设吸入滤器。

⑤往复泵的结构较复杂，泵内需装设吸、排阀，因而易损件（如吸排阀、活塞环、活塞杆填料箱等）较多，维修量大。

⑥自吸能力强，使用不需要灌泵。

⑦对液体污染不敏感，适用于低黏度、高黏度、易燃、易爆、剧毒等多种介质。

5. 齿轮泵

如图 6.12 所示，泵体内有一对相同模数，相同齿数的齿轮。齿轮的两个端面靠泵盖密封。泵体、端盖和齿轮的各齿槽组成了密封的容积。两齿轮沿齿宽方向的啮合线把密闭容积分成吸油腔和压油腔两部分，且在吸油和压油过程中彼此互不相通。

（1）齿轮泵工作原理

齿轮泵完成一次液体输送，包含两个过程：吸油过程和压油过程。见图 6.13。

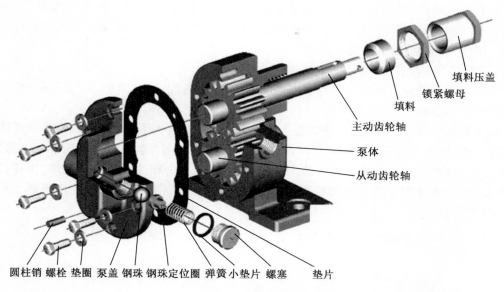

图 6. 12　齿轮泵

①吸油过程

当齿轮按图示箭头方向旋转,右侧油腔由于轮齿逐渐脱开,使右侧密封容积增大,形成局部真空,油压在大气压的作用下,从油箱经过油管被吸到右边油腔,充满齿槽,随着齿轮的旋转被带到左边。

②压油过程

再看左侧的油腔,由于齿轮逐渐进入啮合,使左侧密封的容积逐渐减小,齿槽中的油液受到挤压,从排油口排出。

当齿轮不断旋转时,吸油腔不断吸油,压油腔不断地压油,正是通过齿轮在啮合时引起的左右腔容积大小的变化,来实现吸油和排油这一过程的。

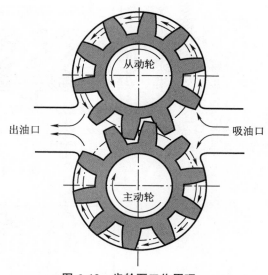

图 6. 13　齿轮泵工作原理

(2)齿轮泵特点

①齿轮泵有自吸能力;

②理论流量是由工作部件的尺寸和转速决定的,与排出压力无关;

③额定排出压力与工作部件尺寸、转速无关,主要取决于泵的密封性能和轴承承载能力;

④流量连续,但流量和压力有脉动;

⑤结构简单,工作可靠,价格低廉;

⑥摩擦面较多,适用于排送不含固体颗粒并具有润滑性的油类。

6. 螺杆泵

螺杆泵是利用螺杆的回转来吸排液体的。根据作用螺杆数的不同,有单螺杆泵、双螺杆泵、三螺杆泵和五螺杆泵。在船上应用最广的是三螺杆泵,不过,单螺杆泵和双螺杆泵也常用。下面以三螺杆泵为主加以说明。

(1)螺杆泵工作原理

由于各螺杆的相互啮合以及螺杆与衬筒内壁的紧密配合,在泵的吸入口和排出口之间,就会被分隔成一个或多个密封空间。

随着螺杆的转动和啮合,这些密封空间在泵的吸入端不断形成,将吸入室中的液体封入其中,并自吸入室沿螺杆轴向连续地推移至排出端,将封闭在各空间中的液体不断排出,犹如一螺母在螺纹回转时被不断向前推进的情形那样,其中螺纹圈数看作液体,当螺钉旋转螺纹转动时就相当于液体在螺杆泵里面的情形,这就是螺杆泵的基本工作原理。见图6.14和图6.15。

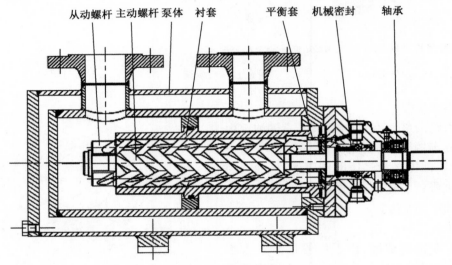

图6.14 三螺杆泵

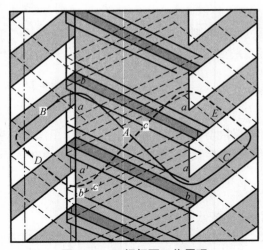

图6.15 三螺杆泵工作原理

螺杆与壳体之间的密封面是一个空间曲面。在这个曲面上存在着诸如 ab 或 de 之类的非密封区,并且与螺杆的凹槽部分形成许多三角形的缺口 abc、def。这些三角形的缺口构成液体的通道,使主动螺杆凹槽 A 与从动螺杆上的凹槽 B、C 相连通。而凹槽 B、C 又沿着自己的螺线绕向背面,并分别和背面的凹槽 D、E 相连通。由于在槽 D、E 与槽 F(它属于另一头螺线)相衔接的密封面上,也存在着类似于正面的三角形缺口 $a'b'c'$,所以 D、F、E 也将相通。这样,凹槽 $ABCDEA$ 也就组成一个"∞"形的密封空间(如采用单头螺纹,则凹槽将顺轴向盘烧螺杆,将吸排口贯通,无法形成密封)。不难想象,在这样的螺杆上,将形成许多个独立的"∞"形密封空间,每一个密封空间所占有的轴向长度恰好等于螺杆的导程 t。因此,为了能使螺杆吸、排油口分隔开来,螺杆的螺纹段长度至少要大于一个导程。

(2)螺杆泵的特点

①具有自吸能力。

②理论流量仅取决于运动部件的尺寸和转速。

③额定排出压力与运动部件的尺寸和转速无直接关系,主要受密封性能、结构强度和原动机功率的限制。

④具有回转泵无须泵阀、转速高和结构紧凑的优点。

⑤没有困油现象,流量和压力均匀,故工作平稳,噪声和振动较少。

⑥轴向吸入,不存在妨碍液体吸入的离心力的影响,吸入性能好。三螺杆泵在一定条件下允许吸上真空高度可达 8 m 水柱,单螺杆泵可达 8.5 m 水柱。

⑦三螺杆泵受力平衡和密封性能良好,效率 η_v 高,允许的工作压力高,可达 20 MPa,特殊时可达 40 MPa。

⑧对所输送的液体搅动少,水力损失可忽略不计,适于输送不宜搅拌的液体(如供给油水分离器的含油污水)。

⑨零部件少,相对质量和体积小,磨损轻,维修工作少,使用寿命长。

⑩螺杆的轴向尺寸较长,刚性较差,加工和装配要求较高。

⑪三螺杆泵的价格较高(约为同规格齿轮泵的 5 倍)。

7. 离心泵

离心泵是一种叶轮式泵,它依靠叶轮的高速回转使液体获得能量,产生吸排,从而达到输送液体的目的。

(1)离心泵工作原理

泵轴带动叶轮一起旋转,充满叶片之间的液体也随着旋转,在惯性离心力的作用下液体从叶轮中心被抛向外缘的过程中便获得了能量,使叶轮外缘的液体静压强提高,同时也增大了流速,一般可达 15~25 m/s。

液体离开叶轮进入泵壳后,由于泵壳中流道逐渐加宽,液体的流速逐渐降低,又将一部分动能转变为静压能,使泵出口处液体的压强进一步提高。液体以较高的压强,从泵的排出口进入排出管路,输送至所需的场所。与此同时,在叶轮中心形成一定的真空,因此,在吸入页面上的大气压力作用下,液体又会不断地经吸入管吸入叶轮中心。见图 6.16。

(2)离心泵的特点

①水沿离心泵的流经方向是沿叶轮的轴向吸入,垂直于轴向流出,即进出水流方向互成 90°。

②由于离心泵靠叶轮进口形成真空吸水,因此在起动前必须向泵内和吸水管内灌注引

水,或用真空抽气,以排出空气形成真空,而且泵壳和吸水管路必须严格密封,不得漏气,否则形不成真空,也就吸不上水来。

　　③由于叶轮进口不可能形成绝对真空,因此离心泵吸水高度不能超过10 m,加上水流经吸水管路带来的沿程损失,实际允许安装高度(水泵轴线距吸入水面的高度)远小于10 m,如安装过高,则不吸水;此外,大气压力低的高山地区安装时,其安装高度应降低,否则也不能吸上水来。

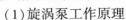

图 6.16　离心泵工作原理

　　8. 旋涡泵

　　旋涡泵也是一种叶轮式泵,它依靠叶轮回转使液体产生旋涡运动来传递能量,从而达到吸排液体的目的。又称涡流泵、再生泵。船舶上作为锅炉给水泵、生活水泵、卫生水泵、辅机淡水泵等使用。

　　(1)旋涡泵工作原理

　　旋涡泵是一种特殊的离心泵。叶轮由一金属圆盘在其四周铣出凹槽而成。余下未铣去的部分形成辐射状的叶片。泵壳内壁亦是圆形。

　　见图6.17,在叶轮与泵壳内壁之间有一引水道。其吸入口与排出口靠近,二者间以"挡壁"相隔。挡壁与叶轮间的缝隙很小以期阻止压出口压强高的液体漏回吸入口压强低的部位。排出管并非沿泵壳切向引出。

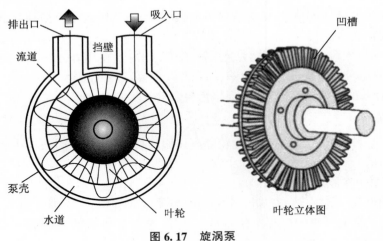

图 6.17　旋涡泵

　　叶轮高速旋转,叶轮各叶片间的液体在高速旋转中受到离心惯性力,于是,叶片外缘的液体压强高于叶片内缘液体的压强。于是,液体就从叶间甩出,撞击引水道的液体进行动量交换,同时,迫使引水道中的液体产生向心运动,从叶根进入后来的某一叶间。液体的这种圆环形运动称为纵向旋涡。

　　液体在叶片和环形引水道间的运动轨迹,是绕泵轴的圆周运动和纵向旋涡的叠加。对转动的叶轮来说,它是一条后退的螺旋线,而对固定的泵壳来说,它是一条前进的螺旋线。这样,液体在沿着整个引水道前进时,就能多次进入叶间获得能量,颇像在多级离心泵中那样,直到最后从排出口流出为止,这就是旋涡泵能产生较高扬程的原因。

（2）旋涡泵特点

①在小流量范围内可获得较高压头；

②扬程–流量曲线（H–Q）陡降,功率–流量曲线（P–Q）下降形；

③效率低；

④开式漩涡泵有自吸能力；

⑤气蚀能力较差（开式漩涡泵比闭式漩涡泵好）；

⑥叶轮承受不平衡径向力和轴向力；

⑦不宜输送带固体颗粒的液体和黏度较大的液体；

⑧结构简单、质量轻、体积小、制造和维修方便。

9. 喷射泵

（1）喷射泵工作原理

喷射泵靠高压工作流体经喷嘴产生高速射流,在吸入室形成低压以引射流体,并与之进行动量交换,使引射流体能量增加,从而达到排送液体的目的。

喷射泵的工作流体可以是液体或气体,引射流体也可以是液体或气体。尽管喷射泵因工作流体和引射流体物理性质上的差异,彼此在工作性能和结构细节上具有各自的特点,但它们的基本结构和工作原理大致相同。见图6.18。

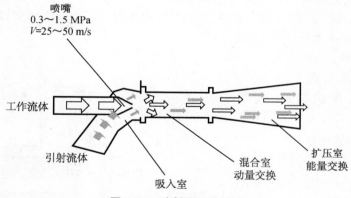

图6.18 喷射泵工作原理

（2）喷射泵特点

①结构简单,工作可靠,无运动部件,寿命长,无须修理；

②自吸能力强,能造成较高的真空；

③可输送含有杂质的污浊流体；

④效率低（$\eta < 36.5\%$）。

二、船用锅炉

1. 概述

（1）锅炉在船舶动力装置中的作用

锅炉是通过燃烧把燃料的化学能转化成热能,使锅炉内的水变成水蒸气或热水的设备。在蒸汽轮机动力装置的船舶上,锅炉产生的高温高压过热蒸汽用驱动主蒸汽机,以推动船舶前进,这种锅炉称为主锅炉。在柴油机动力装置的船舶上,锅炉产生的饱和蒸汽仅用于加热燃油、滑油及满足日常生活的需要,这种锅炉称为辅锅炉。

在柴油机干货船上,一般装设一台压力为 0.5~1.0 MPa,产生饱和蒸汽的辅锅炉,蒸发量为 0.4~2.5 t/h。在柴油机油船上,因为加热货油、驱动汽轮货油泵等蒸汽辅机以及洗货油舱等需要大量蒸汽,所以一般都装设两台辅锅炉,蒸发量常在 20 t/h 上。在大型柴油机客轮上,一般也装设两台辅锅炉以满足日常生活所需的大量蒸汽,且可以防止一台损坏时,也不影响船员和旅客的日常生活。

(2)锅炉的分类

①按锅炉的结构分类

烟管锅炉(或火管锅炉):燃烧产生的高温烟气在受热面管中流动,管外是水。

水管锅炉:受热面管中流动的是水或者是汽水混合物,而烟气在管外流过。

混合式锅炉:一部分受热面管子按烟管锅炉方式产生蒸汽,而其余管子按水管锅炉方式工作。

②按水循环的方法分类

自然循环锅炉:管子中水的流动是由于工质的密度差产生的。

强制循环锅炉:管子中水的流动是借助泵来实现的。

③按蒸汽压力高低分类

高压锅炉、中高压锅炉、中压锅炉、低压锅炉。

根据目前的发展水平,蒸汽工作压力在:2.0 MPa 以下者为低压锅炉;2.0~4.0 MPa 为中压锅护;4.0~6.0 MPa 为中高压锅炉;超过 6.0 MPa 为高压锅炉。

④按热量来源分类

燃煤锅炉、燃油锅炉、废气锅炉。

2. 立式横烟管锅炉

(1)结构和工作原理

若锅炉的燃油燃烧产生的高温烟气在受热面管内流动,管外是水,则称为烟管锅炉。图 6.19 所示是一种使用较普遍的立式横烟管锅炉。不同型号的蒸发量为 1~4.5 t/h,最大工作气压为 1.0~1.7 MPa。

锅炉具有一个直立的圆筒锅壳 9(直径为 1.5~2.6 m),由 20 号锅炉钢板卷制焊接而成。为了能较好地承受内部蒸汽压力,其顶部和底部均为椭圆形封头 3。整个锅炉的高度为 3.7~6.3 m。

在锅壳中的下部设有由钢板压成的球形炉胆 11。炉胆顶部靠后有圆形出烟口,与上面的燃烧室相

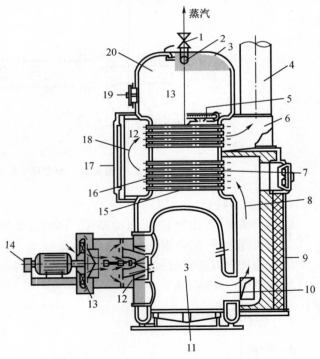

1—停气阀;2—集气管;3—封头;4—烟囱;5—内给水管;
6—后上烟箱;7—前管板;8—燃烧室;9—锅壳;10—出烟口;
11—炉胆;12—燃烧器;13—鼓风机;14—电动油泵;15—烟管;
16—后管板;17—检查门;18—烟箱;19—人孔门;20—汽空间。

图 6.19 立式横烟管锅炉

通。燃烧室与烟箱 18 之间设有管板 7 和 16,两管板之间装有数百根水平烟管 15。烟管由直径为 38 mm、45 mm 或 51 mm 的无缝钢管制成。管与管板可以扩接或焊接相连。锅壳内部分成两个互相隔绝的空间,炉胆和烟管里面是烟气,外面是水。

设在炉前的电动油泵 14 通过燃烧器 12 的喷油嘴向炉胆内喷油同时由鼓风机 13 经风门将空气送入炉内助燃。油被点着后,在炉胆内燃烧,高温火焰与烟气中的热量主要通过辐射方式经炉胆壁传给炉水。未燃烧完的油和烟气经出烟口向上流至燃烧室继续燃烧。然后顺烟管流至烟箱,最后从烟囱排入大气。烟气在烟管中的流速越高和扰动越强烈,对管壁的对流放热能力就越强,因此在烟管中常设有加强烟气扰动的长条螺旋片。由上述可见,烟管锅炉中的炉胆、燃烧室和烟管都是蒸发受热面。

锅壳中水位高出蒸发受热面,在水面以上为汽空间 20。炉水由于吸热沸腾而汽化,在水中产生大量蒸汽泡。蒸汽逸出水面后聚集在汽空间中,经顶部的集气管 2 和停气阀 1 输出,由蒸汽管道送至各处使用。

炉内的水不断蒸发成水汽,致使水位降至最低工作水位时,水位自动调节器动作,启动给水泵,给水就经给水阀和内给水管 5 补入。因给水泵的给水量大于蒸发量,故给水泵启动后水位就开始上升。当水位升到最高工作水位时,调节器又发生作用,停给水泵。

在燃烧室背后和烟箱前面都有可开启的检查门 17,以便于清除积存在烟管中的烟垢,或维修损坏的烟管。在锅壳上部设有人孔门 19,以便工作人员进入锅壳内部进行维修和清扫积存的污垢。在锅炉下部则设有手孔门。

为了减少锅炉的散热损失和降低周围环境温度,并防止工作人员烫伤,锅壳外面包有隔热材料层,最外面是一层薄铁皮外罩。不包隔热材料的锅炉是不允许工作的,因为冷空气吹到锅壳上会使锅炉受到损伤。

（2）特点

①在整个锅炉受热面中,炉胆和燃烧室仅占 10% 左右,但由此传给水的热量却占整个锅炉的一半以上。

②炉胆和燃烧室内热辐射非常强烈,蒸发率甚大。

③比较笨重,锅炉质量达蒸发量的 6~8 倍。锅炉工作压力和蒸发量受到限制,工作压力限于 2 MPa 以下,蒸发量也不超过 10 t/h。

④烟管锅炉蓄水量大,蓄热量也大,点火升气的时间必须较长。

⑤蓄水蓄热多使其气压与水位变动较慢,自动调节容易实现。

⑥对炉水质量要求不高,炉胆部分的传热强度高,但其水垢容易清除烟管间水垢难以清除,但该处烟气温度低,水垢不容易形成。

⑦烟管锅炉因性能指标落后,是一种日趋淘汰的形式。但由于辅助锅炉蒸发量小,质量和体积不是突出问题,烟管锅炉具有蓄水量大、压火后尚能较长时间继续供汽、对水质要求不高、工作可靠和无须过于费心照料等特,所以在内燃机船的辅助锅炉中,目前仍得到应用。

3. D 型水管锅炉

（1）结构和工作原理

D 型锅炉形状类似字母"D",它的结构布置较为合理,经济技术指标也较高。图 6.20 给出了 D 型水管锅炉的结构简图。由汽包 1、水筒 10、联箱 4、炉膛 7、水冷壁 2、蒸发管束 5、过热器 6、经济器 12 及空气预热等部件组成。现将主要部件介绍如下:

①炉膛、炉墙和炉衣。

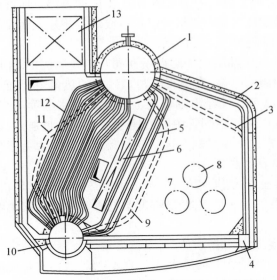

1—汽包；2—水冷壁；3—供水管；4—联箱；5—蒸发管束；
6—过热器；7—炉膛；8—燃烧器；9—供水管；
10—水筒；11—蒸发管束；12—经济器

图 6.20　D 形水管锅炉

炉膛、炉墙和炉衣的作用是提供足够的空间，使燃油得以充分燃烧。D 型锅炉炉膛内燃烧温度可达 1 700 ℃左右。D 型锅炉炉膛出口烟气温度为 1 100 ℃左右。炉膛出口烟气温度不宜太高，以免高于烟气中灰分的熔点温度，会使灰分熔解，黏附在蒸发管束的管壁上形成积渣；又不能太低，以免燃烧过程进行得不充分。炉墙或炉衣将锅炉的各种受热面包围以形成炉膛和烟道，起到隔热、密封以及气密作用（防止外界空气漏入炉膛或烟气漏至炉舱）。

炉墙由耐火层、隔热层和气密层叠加而成。与火焰接触的耐火层通常采用耐火砖，隔热层可用硅藻土砖或石棉板，最外面的密封层为薄钢板，风口等不规则造型部位，用耐火塑料或异形耐火砖砌成，炉底的耐火层厚度可以减半，因灰渣侵蚀严重，一般均由耐火砖砌成。

我国钢质海船建造规范规定：炉墙和炉衣外表面温度不应大于 60 ℃，以免烫伤工作人员，同时也可避免散热损失过大。

在较新式的水管锅炉中，采用一种双层罩壳的炉墙结构，具有内外两层壳板，中间通以去燃烧器助燃的空气。由于助燃空气压力比炉膛内烟气压力大，消除了烟气漏入舱内的可能。空气带走一部分热量，减少锅炉散热损失，提高助燃空气温度，降低了内、外壳板的温度，隔热层可以减薄。

②水冷壁、沸水管和下降管

水冷壁是垂直布置在炉膛壁面上的密集管排，组成水循环回路的上升管，是锅炉的主要辐射受热面，吸收辐射热占全部受热面的 1/3，保护炉墙不致过热烧坏。为防止在水冷壁管子中发生汽水分层现象，水冷壁管子水平倾角应大于 30°，最小不得小于 15°。水冷壁在汽包处吊挂，可自由向下膨胀。

沸水管是连接上、下锅筒的管束，称蒸发管束。沸水管布置在炉膛出口侧，前排属辐射换热面，后面的管束与烟气的换热方式主要是对流。烟气横向冲刷管束，设计上应避免出现烟气冲刷不到的滞流区。前三排的管距应不小于 250 mm，以防结渣堵塞烟道，沸水管束受热面积较大，但平均蒸发率较低。

汽包与联箱和水筒之间还连有不受热的各自独立的供水管 3，9 作为自然水循环的下降管。

③尾部受热面

在烟道后部，设有经济器（加热给水）和空气预热器，它们能回收锅炉排烟的余热，减少排烟所带走的热量，因而使锅炉效率得以提高。

经济器传热温差大，且给水强迫流动，其受热面积可以小一些，受热面的管径也小；结构简单紧凑，占据的空间小，造价也便宜。给水经过加热后再送入汽包，能提高热效率，可减少汽包因给水温度低而产生的热应力。设置经济器后，烟气侧的通风阻力增加，给水在温度升高的过程中,将析出一部分溶解在其中的气体,造成金属的腐蚀。设置经济器的锅炉只用于有除氧器的装置。

空气预热器位于经济器之后,它将进入炉膛的空气预热,使排烟温度进一步降低,以提高锅炉效率。由于空气温度提高,使炉膛温度上升,为改善燃烧提供了有利条件。但是由于空气对管壁的对流放热系数很小,空气预热器又处于低温烟气区,因此所需的受热面积很大。

由于尾部受热面使锅炉装置的尺寸、造价增加,管理工作(吹灰、防腐蚀等)也增加,所以一般只用于蒸发量较大、蒸汽参数较高的大、中型锅炉。

（2）特点

①蒸发率较高。原因是水冷壁和前排沸水管构成的辐射受热面所占比例大,烟气在沸水管束中是横向流动,流速较大。

②水管锅炉的效率较高。一般辅锅炉可达 80% ~ 85%,有些带尾部受热面的可高达92%以上。

③水管锅炉没有锅壳,单位蒸发量的相对体积小。

④蒸发量可达 100 t/h,工作气压可达 10 MPa。

⑤水管炉炉水循环好,蓄水量少,结构刚性又小,故点火升气时间较短,一般为几十分钟。

⑥对水质和除垢要求高。

三、活塞式空气压缩机

如图 6.21 所示,空气压缩机(以下简称空压机)是产生压缩空气的机械。在柴油机为主机的船上,空压机的用途主要有:供主机启动与换向;启动发电柴油机;为气动辅机(如舷梯、升降机救生艇起落装置等)或其他需要气源的设备(如压力水柜、汽笛、离心泵自吸装置、气动控制系统)等供气;检修工作中用来吹洗零部件、滤器等。

每艘船一般设有 2~3 台排压为 3 MPa 的空压机向主气瓶供气,而其他需要较低压力空气的场所则由主气瓶经减压阀供气。大型船舶有的也分别设主空压机、辅空压机、杂用空压机,各自向主气瓶、辅气瓶和杂用气瓶供气。船舶一般还设有一台小型柴油机驱动的或手动的应急空压机,可直接向应急空气瓶或辅气瓶供气,以便在应急情况下启动主发电柴油机或应急发电柴油机及起、降救生艇等急用。

1. 活塞式空压机工作原理

活塞式空压机有多种结构形式。按气缸的配置方式分有立式、卧式、角度式、对称平衡式和对置式几种。按压缩级数可分为单级式、双级式和多级式三种。按设置方式可分为移动式和固定式两种。按控制方式可分为卸荷式和压力开关式两种。其中,卸荷式控制方式是指当贮气罐内的压力达到调定值时,空压机不停止运转而通过打开安全阀进行不压缩运转。这种空转状态称为卸荷运转。而压力开关式控制方式是指当贮气罐内的压力达到调定值时,空压机自动停止运转。

如图 6.22 所示,在气缸内作往复运动的活塞向右移动时,气缸内活塞左腔的压力低于大气压力 Pa,吸气阀开启,外界空气吸入缸内,这个过程称为压缩过程。当缸内压力高于输出空气管道内压力 P 后,排气阀打开。压缩空气送至输气管内,这个过程称为排气过程。活塞的往复运动是由电动机带动的曲柄滑块机构形成的。曲柄的旋转运动转换为滑动活塞的往复运动。

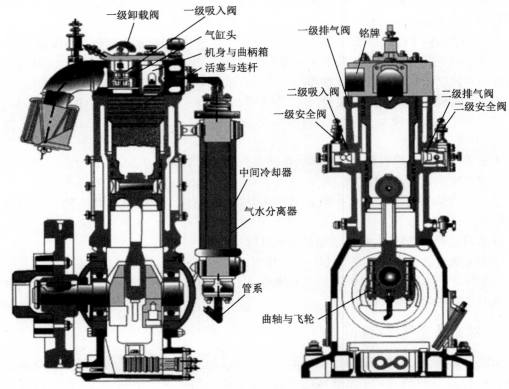

图 6.21　空压机结构图

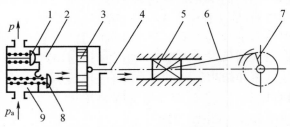

1—排气阀;2—气缸;3—活塞;4—活塞杆;5—滑块;6—连杆;7—曲柄;8—吸气阀;9—阀门弹簧。

图 6.22　活塞式空压机工作原理

　　这种结构的压缩机在排气过程结束时总有剩余容积存在。在下一次吸气时,剩余容积内的压缩空气会膨胀,从而减少了吸入的空气量,降低了效率,增加了压缩功。且由于剩余容积的存在,当压缩比增大时,温度急剧升高。故当输出压力较高时,应采取分级压缩。分级压缩可降低排气温度,节省压缩功,提高容积效率,增加压缩气体排气量。单级活塞式空压机常用于需要 0.3~0.7 MPa 压力范围的系统,若压力超过 0.6 MPa,各项性能指标将急剧下降,故往往采用多级压缩,以提高输出压力,为了提高效率,降低空气温度,需要进行中间冷却。图 6.23

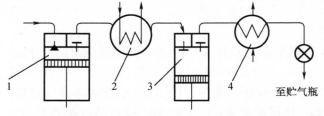

1—一级压缩气缸;2—级间冷却器;3—二级压缩气缸;4—后冷却器。

图 6.23　二级压缩的活塞式空压机

为二级压缩的活塞式空压机设备示意图。

2. 活塞式空压机特点

活塞式空压机的优点是结构简单,使用寿命长,并且容易实现大容量和高压输出。缺点是振动大,噪声大,且因为排气为断续进行,输出有脉冲,需要贮气罐。

四、船用通风机

通风机是一种重要的船舶辅助机械,按使用场所的不同,大体可分为以下几种:机舱通风机,主要用于为主机、辅机、锅炉等燃烧设备提供足够的空气量并保持机舱内定的空气清新度,主要有机舱送风机和抽风机;居住舱室通风机,主要为船员和旅客活动场所保持一定的空气指标而设置,如空调送风机和舱室抽风机;为一些空气质量较差且不适合空调的场所所设置的风机,如浴室、厕所排风机。此外,还有一些为燃油燃烧直接提供燃烧空气的风机,如主机应急鼓风机、锅炉风机、焚烧炉风机等。

按气体在通风机内的流动方向通风机可分为轴流式和离心式。前者气体沿着通风机轴线方向流入后继续沿着与轴线大体平行的方向流动;后者气体沿着风机轴线方向流入后沿着与轴线垂直的方向流出风机。

1. 离心式通风机工作原理

离心式通风机主要由叶轮、进风口及蜗壳等组成。叶轮转动时,叶道(叶片构成的流道)内的空气,受离心力作用而向外运动,在叶轮中央产生真空度,因而从进风口轴向吸入空气。吸入的空气在叶轮入口处折转 90° 后,进入叶道,在叶片作用下获得动能和压能。从叶道甩出的气流进入蜗壳,经集中、导流后,从出风口排出。见图 6.24。

2. 轴流式通风机工作原理

轴流式通风机组成部分含叶轮、轴、进风口、前流线体、圆筒形外壳、整流器、锥形扩散器等。见图 6.25。

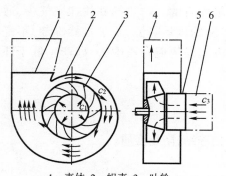

1—壳体;2—蜗壳;3—叶轮;
4—出风口;5—导风轮;6—进风口。
图 6.24 离心通风机结构示意图

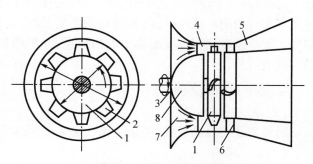

1—工作轮;2—叶片;3—轴;4—外壳;
5—扩散器;6—整流器;7—进风口;8—前流线体。
图 6.25 轴流式通风机结构示意图

当动轮旋转时,翼栅即以一定的圆周速度移动。处于叶片迎面的气流受挤压,静压增加;与此同时,叶片背面的气体静压降低,翼栅受压差作用,但受轴承限制,不能向前运动,于是叶片迎面的高压气流由叶道出口流出,翼背的低压区"吸引"叶道入口侧的气体流入,形成穿过翼栅的连续气流。

3. 离心式通风机与轴流式通风机的比较

（1）风流方向

离心式通风机中的空气沿轮的轴向进径向出，轴流式通风机中的空气沿轮的轴向进轴向出。

（2）结构方面

①轴流式通风机比旧式离心通风机结构尺寸小，质量轻；与新型离心式通风机相比则差不多。

②轴流式通风机结构复杂，维修较困难。

③轴流式通风机噪声大，需安装消声措施。

（3）效率方面

离心式通风机最高效率比轴流式通风机高，但平均效率低于轴流式通风机。

（4）通风机调节方面

轴流式通风机调节方法多，经济性好；离心式较差。

（5）特性方面

轴流式通风机特性曲线陡斜，适用于矿井阻力变化大而风量变化不大的矿井；离心式通风机则相反。

（6）启动方式

轴流式通风机启动时可关闭闸门也可不关，启动负荷变化不大；离心式风机必须关闭闸门启动，以减小启动负荷。

五、船舶制冷装置

1. 制冷技术

制冷技术是为适应人们对低温条件的需要而产生和发展起来的。制冷作为一门科学是指用人工的方法在一定时间和一定空间内将某物体或流体冷却，使其温度降到环境温度以下，并保持这个低温。这里所说的"冷"是相对于环境而言的。灼热的铁放在空气中，通过辐射和对流向环境传热，逐渐冷却到环境温度，是自发的传热降温，属于自然冷却，不是制冷。制冷就是从物体或流体中取出热量，并将热量排放到环境介质中去，以产生低于环境温度的过程。

2. 制冷在船舶上的应用

（1）伙食冷库

延缓果蔬类食品成熟，不至于腐烂变质；肉类食品的冻结，防止变质。

（2）空气调节

降低空气的温度和含湿量，分为舒适性空调及工艺性空调。

（3）冷藏运输

主要用于冷藏集装箱船。

3. 制冷原理

机械制冷的主要方法有蒸发制冷、气体膨胀制冷和半导体制冷，其中以蒸发制冷最为普遍。蒸发制冷是利用液体蒸发汽化时吸收汽化潜热的原理来制冷，常用的有蒸汽压缩式制冷、吸收式制冷、蒸汽喷射式制冷、吸附式制冷。

（1）蒸汽压缩式制冷

目前船舶制冷装置普遍采用蒸汽压缩式制冷。蒸汽压缩式制冷系统由压缩机、冷凝器、膨胀阀、蒸发器组成，用管道将它们连接成一个密封系统。见图6.26。

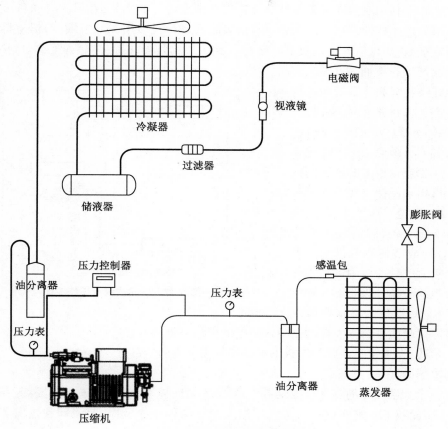

图6.26 蒸汽压缩式制冷原理图

蒸汽压缩式制冷工作过程如下：制冷剂在蒸发压力下沸腾，蒸发温度低于被冷却物体或流体的温度。压缩机不断地抽吸蒸发器中产生的蒸气，并将它压缩到冷凝压力，然后送往冷凝器，在冷凝压力下等压冷却和冷凝成液体，制冷剂冷却和冷凝时放出的热量传给冷却介质（通常是水或空气）与冷凝压力相对应的冷凝温度一定要高于冷却介质的温度，冷凝后的液体通过膨胀阀或其他节流元件进入蒸发器。当制冷剂通过膨胀阀时，压力从冷凝压力降到蒸发压力，部分液体汽化，剩余液体的温度降至蒸发温度，于是离开膨胀阀的制冷剂变成温度为蒸发温度的两相混合物。混合物中的液体在蒸发器中蒸发，从被冷却物体中吸取它所需要的汽化潜热。混合物中的蒸气通常称为闪发蒸气，在它被压缩机重新吸入之前几乎不再起吸热作用。

在整个循环过程中，压缩机起着压缩和输送制冷剂蒸气并造成蒸发器中低压力、冷凝器中高压力的作用，是整个系统的心脏；节流阀对制冷剂起节流降压作用并调节进入蒸发器的制冷剂流量；蒸发器是输出冷量的设备，制冷剂在蒸发器中吸收被冷却物体的热量，从而达到制取冷量的目的；冷凝器是输出热量的设备，从蒸发器中吸取的热量连同压缩机消耗的功所转化的热量在冷凝器中被冷却介质带走。

根据热力学第二定律,压缩机所消耗的功(电能)起了补偿作用,使制冷剂不断从低温物体中吸热,并向高温物体放热,从而完整个制冷循环。

(2)吸收式制冷

吸收式制冷利用溶液在一定条件下能析出低沸点组分的蒸气,在另一种条件下又能吸收低沸点组分这一特性完成制冷循环。目前吸收式制冷机多用二元溶液,习惯上称低沸点组分为制冷剂,高沸点组分为吸收剂。获得广泛应用的是溴化锂-水溶液(水为制冷剂,溴化锂为吸收剂),在下面做介绍。

溴化锂吸收式制冷系统包括两个回路:制冷剂回路和溶液回路。发生器和冷凝器(高压侧)与蒸发器和吸收器(低压侧)之间的压差通过安装在相应管道上的膨胀阀或其他节流机构来保持。在溴化锂吸收式制冷机中,这一压差相当小,一般只有 6.5 ~ 8 kPa,因而采用 U 形管、节流短管或节流小孔即可。发生器是在吸收式制冷机中通过加热析出制冷剂的设备。吸收器是在吸收式制冷机中,通过浓溶液吸收剂

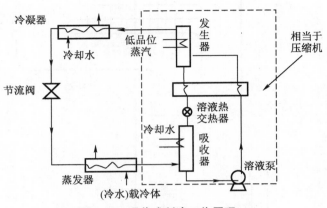

图 6.27 吸收式制冷工作原理

在其中喷雾以吸收来自蒸发器的制冷剂蒸气的设备。见图 6.27。

综上所述,溴化锂吸收式制冷机的工作过程可分为两个部分:

①制冷剂循环

发生器中产生的冷剂蒸气在冷凝器中冷凝成冷剂水,经 U 形管进入蒸发器,在低压下蒸发,产生制冷效应。这些过程与蒸汽压缩式制冷循环在冷凝器、节流阀和蒸发器中所产生的过程完全相同;

②溶液循环

发生器中流出的浓溶液降压后进入吸收器,吸收由蒸发器产生的冷剂蒸气,形成稀溶液,用泵将稀溶液输送至发生器,重新加热,形成浓溶液。这些过程的作用相当于蒸汽压缩式制冷循环中压缩机所起的作用。

(3)固体吸附式制冷

固体吸附式制冷是通过微孔固体吸附剂在较低温度下吸附制冷剂,在较高温度下解吸制冷剂的吸附-解吸循环来实现的。相对于同样利用热能驱动的吸收式制冷而言,在热源温度比较低或冷凝温度比较高的条件下,采用合适的制冷工质对,吸附式制冷具有更高的效率,因此,吸附式制冷在低品位热源的利用方面极具优越性。

具有吸附作用的物质称为吸附剂;被吸附的物质称为吸附质(用作制冷剂),吸附剂与吸附质组成了吸附式制冷的工质对。工质对的性能直接影响到制冷循环的效率以及装置的大小。理想的工质对应能满足平衡吸附量、吸附与解吸温度、吸附与解吸速率等一系列要求。要求吸附剂的吸附量大,吸附等温线平坦,吸附容量对温度变化敏感,吸附剂与吸附质相容。一般说来,吸附剂的表面积越大,它的吸附能力就越强。固体吸附式制冷对吸附质的要求是单位体积蒸发潜热大,冰点较低,饱和蒸气压适当,无毒,不可燃,无腐蚀性,具

有良好的热稳定性。

目前已开发出的工质对主要有如活性炭-甲醇/氨、沸石-水、硅胶-水等物理吸附工质对以及氯化钙-氨、氯化锶-氨、氯化钙-甲醇等化学吸附工质对等百余种。

如图 6.28 所示，固体吸附式制冷系统由吸附器、冷凝器、蒸发器以及控制阀等辅助设备组成。

吸附器里填满了固体吸附剂，当它被加热时，已被吸附的吸附质，从吸附剂表面脱附出来，进入冷凝器，与冷却介质进行热量交换，由气体冷凝为液体，并进入蒸发器。停止对吸附剂加热时，吸附剂开始冷却，吸附能力逐渐升高，并开始吸附蒸发器里的制冷剂蒸气达到制冷的目的。吸附了大量制冷剂蒸气的吸附剂为下一次加热脱附创造了条件。脱附-吸附循环如此周而复始，间歇地进行着制冷过程。

（4）蒸汽喷射式制冷

蒸汽喷射式制冷是以喷射器代替压缩机，以消耗热能作为补偿，利用工质在低压下气化吸热来实现制冷的。

蒸气喷射式制冷的工质可以是水，也可以是氨、R134a、R123、R600a 等。目前在空调工程中多采用以水为工质的蒸汽喷射式制冷装置，简称为蒸汽喷射式制冷装置。

图 6.28　固体吸附式制冷原理图

蒸汽喷射式制冷装置的主要设备有蒸汽加热器、喷射器、冷凝器、蒸发器、节流阀以及循环泵等，其工作原理如图 6.29 所示。

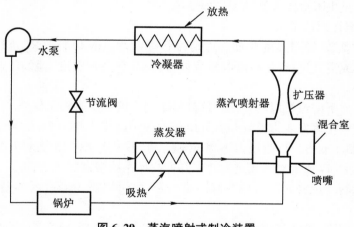

图 6.29　蒸汽喷射式制冷装置

来自蒸汽加热器的高温高压工作蒸汽在喷射器喷嘴中绝热膨胀，形成一股低压高速气流，从而将蒸发器里的低压水蒸气抽吸到喷射器中，并于之混合，在扩压器中增压后进入冷凝器，被冷却水冷能成液体。一部分凝结水通过循环泵提高压力后送回蒸汽加热器加热汽化，用作高温高压工作蒸汽开始下一个循环；在蒸发器中的被冷却介质因失去热量而温度下降，产生制冷效应。另一部分凝结水经节流阀降压后进入蒸发器，在蒸发器内吸收冷水的热量汽化为低压水蒸气后又被喷射器中的低压高速气流抽走。蒸发器中的冷水因失去热量而温度下降，被送入空调系统作为冷源使用。

4. 制冷剂

制冷剂又称制冷工质,它是在制冷系统中不断循环并通过其本身的状态变化以实现制冷的工作物质。制冷剂在蒸发器内吸收被冷却介质(水或空气等)的热量而汽化,在冷凝器中将热量传递给周围空气或水而冷凝。它的性质直接关系到制冷装置的制冷效果、经济性、安全性及运行管理,因而对制冷剂性质要求的了解是不容忽视的。

1987 年 9 月在加拿大的蒙特利尔市召开了专门性的国际会议,并签署了《关于消耗臭氧层的蒙特利尔协议书》,于 1989 年 1 月 1 日起生效,对氟利昂制冷剂的 R11、R12、R113、R114、R115、R502 及 R22 等 CFC 类的生产进行限制。1990 年 6 月在伦敦召开了该议定书缔约国的第二次会议,增加了对全部 CFC、四氯化碳(CCl_4)和甲基氯仿($C_2H_3Cl_3$)生产的限制,要求缔约国中的发达国家在 2000 年完全停止生产以上物质,发展中国家可推迟到 2010 年。另外对过渡性物质 HCFC 提出了 2020 年后的控制日程表。HCFC 中的 R123 和 R134a 是 R12 和 R22 的替代品。

人类诞生几百万年,一直和自然界相安无事,因为人类的活动能力,也就是破坏自然界的能力很弱,最多只能引起局地小气候的改变。

但是工业革命以来就不一样了,因为工业化意味着大量燃烧煤和石油,意味着向地球大气排放巨量的废气。其中二氧化碳气体会造成大气温室效应,使全球变暖,极冰融化,海平面上升;二氧化硫和氮氧化合物可以形成酸雨;氯氟烃气体能破坏高交臭氧腰,造成南极臭氧洞。此外,工业化排放的污染气体也使人类聚居的城市成了浓度特高的大气污染岛⋯⋯人类在发展经济,改善生活质量的同时,无形中闯下了弥天大祸。这些弥天大祸看起来是"天灾",却不折不扣是人类自己造成的"人祸"。这也是地球大气对人类进行的可怕的报复。大自然是决不会因人类的无知而原谅人类的。

(1)对制冷剂性质的要求

①临界温度要高,凝固温度要低。这是对制冷剂性质的基本要求。临界温度高,便于用一般的冷却水或空气进行冷凝;凝固温度低,以免其在蒸发温度下凝固,便于满足较低温度的制冷要求。

②在大气压力下的蒸发温度要低。这是低温制冷的一个必要条件。

③压力要适中。蒸发压力最好与大气压相近并稍高于大气压力,以防空气渗入制冷系统中,从而降低制冷能力。冷凝压力不宜过高(一般不大于 12～15 绝对大气压),以减少制冷设备承受的压力,以免压缩功耗过大并可降低高压系统渗漏的可能性。

④单位容积制冷量要大。这样在制冷量一定时,可以减少制冷剂的循环量,缩小压缩机的尺寸。

⑤导热系数要高,黏度和密度要小。以提高各换热器的传热系数,降低其在系统中的流动阻力损失。

⑥绝热指数要小。

⑦具有化学稳定性。不燃烧、不爆炸、高温下不分解、对金属不腐蚀、与润滑油不起化学反应、对人身健康无损无害。

⑧价格便宜,易于购得。且应具有一定的吸水性,以免当制冷系统中渗进极少量的水分时,产生"冰塞"而影响正常运行。

(2)制冷剂的一般分类

根据制冷剂常温下在冷凝器中冷凝时饱和压力和正常蒸发温度的高低,一般分为三大类:

①低压高温制冷剂,如 R11(CFCl3),这类制冷剂适用于空调系统的离心式制冷压缩机中。

②中压中温制冷剂,如 R717、R12、R22 等,这类制冷剂一般用于普通单级压缩和双级压缩的活塞式制冷压缩机中。

③高压低温制冷剂,如 R13(CF3Cl)、R14(CF4)、二氧化碳、乙烷、乙烯等,这类制冷剂适用于复迭式制冷装置的低温部分或-70 ℃以下的低温装置中。

(3)常用制冷剂的特性

目前使用的制冷剂已达 70~80 种,并正在不断发展增多。但用于食品工业和空调制冷的仅十多种。其中被广泛采用的只有以下几种:

①氨(代号:R717)

氨是目前使用最为广泛的一种中压中温制冷剂。氨有很好的吸水性,即使在低温下水也不会从氨液中析出而冻结,故系统内不会发生"冰塞"现象。氨对钢铁不起腐蚀作用,但氨液中含有水分后,对铜及铜合金有腐蚀作用,且使蒸发温度稍许提高。因此,氨制冷装置中不能使用铜及铜合金材料,并规定氨中含水量不应超过 0.2%。

氨的密度和黏度小,放热系数高,价格便宜,易于获得。但是,氨有较强的毒性和可燃性。若以容积计,当空气中氨的含量达到 0.5%~0.6%时,人在其中停留半个小时即可中毒,达到 11%~13%时即可点燃,达到 16%时遇明火就会爆炸。因此,氨制冷机房必须注意通风排气,并需经常排除系统中的空气及其他不凝性气体。

综上所述,氨作为制冷剂的优点是:易于获得、价格低廉、压力适中、单位制冷量大、放热系数高、几乎不溶解于油、流动阻力小、泄漏时易发现。其缺点是:有刺激性臭味、有毒、可以燃烧和爆炸、对铜及铜合金有腐蚀作用。

②氟利昂-12(代号:R12)

R12 为烷烃的卤代物,学名二氟二氯甲烷。它是我国中小型制冷装置中使用较为广泛的中压中温制冷剂。

R12 是一种无色、透明、没有气味,几乎无毒性、不燃烧、不爆炸,很安全的制冷剂。只有在空气中容积浓度超过 80%时才会使人窒息。但与明火接触或温度达 400 ℃以上时,则分解出对人体有害的气体。

R12 能与任意比例的润滑油互溶且能溶解各种有机物,但其吸水性极弱。因此,在小型氟利昂制冷装置中不设分油器,而装设干燥器。同时规定 R12 中含水量不得大于 0.0025%,系统中不能用一般天然橡胶作密封垫片,而应采用丁腈橡胶或氯乙醇等人造橡胶。否则,会造成密封垫片的膨胀引起制冷剂的泄漏。

R12 是氟利昂制冷剂中应用较多的一种,主要用于中、小型食品库、家用电冰箱以及水、路冷藏运输等制冷装置,近年来电冰箱的代替冷媒为 R134a。

③氟利昂-22(代号:R22)

R22 也是烷烃的卤代物,学名二氟一氯甲烷,标准蒸发温度约为-41 ℃,凝固温度约为-160 ℃,在常温下冷凝压力同氨相似。

R22 的许多性质与 R12 相似,但化学稳定性不如 R12,毒性也比 R12 稍大。但是,R22 的单位容积制冷量却比 R12 大得多,接近于氨。当要求-70~-40 ℃的低温时,利用 R22 比 R12 适宜,故目前 R22 被广泛应用于-60~-40 ℃的双级压缩或主要以家用空调和低温冰箱中采用。近年来大型空调冷水机组的冷媒大都采用 R134a 来代替。

④氟利昂-502(代号:R502)

R502 是由 R12、R22 以 51.2%和 48.8%的百分比混合而成的共沸溶液。R502 与 R22 相比具有更好的热力学性能,更适用于低温。

R502 的标准蒸发温度为-45.6 ℃,正常工作压力与 R22 相近。在相同工况下的单位容积制冷量比 R22 大,但排气温度却比 R22 低。R502 用于全封闭、半封闭或某些中、小制冷装置,其蒸发温度可低达-55 ℃。R502 在冷藏柜中使用较多。

⑤氟利昂-134a(代号:R134a)

氟利昂 134a($C_2H_2F_4$,R134a):R134a 不含氯原子,是一种较新型的制冷剂,其蒸发温度为-26.5 ℃。它的主要热力学性质与 R12 相似,不会破坏空气中的臭氧层,是目前国际公认的替代 R12 的主要制冷工质之一,常用于车用空调,商业和工业用制冷系统,以及作为发泡剂用于硬塑料保温材料生产,也可以用来配置其他混合制冷剂,如 R404A 和 R407C 等。

六、船舶空气调节装置

船舶航行于各个海域,气象条件复杂多变,同时,船上人员和机器设备不断散发大量的热量和湿气,因此,为了能在舱室内创造出一个适宜的人工气候,以便为船员、旅客提供一个舒适的工作和生活环境,现代船舶大都设有空气调节装置。

船舶空调主要用于满足人们对工作和生活环境舒适和卫生的要求。它与某些生产工艺和精密仪器等所要求的恒温恒湿空调不同,对温、湿度等空气条件的要求并不十分严格,允许在稍大的范围内变动,属于舒适性空调。

1. 空调空气参数的要求

船舶空调装置应能在规定的舱外空气设计参数下,使室内空气条件符合以下要求。

(1)温度

就空调来说,使人舒适与否最重要的是能在一般衣着时自然地保持身体的热平衡,其中影响最大的是空气的温度。在温度适中和稍有流动的空气条件下,根据通常的衣着情况,一般人感到舒适的温度条件冬季为 18~22 ℃,夏季为 24~28 ℃。我国船舶空调舱室设计标准是:冬季室温为 18~22 ℃;夏季室温为 24~28 ℃;夏季室内外温差为 6~10 ℃;室内各处温差为 3~5 ℃。

(2)湿度

人对空气的湿度并不十分敏感。相对湿度在 30%~70%的范围内人都不会感到明显不适,但如果湿度太低,人呼吸时会因失水过多而感到口干舌燥,而湿度太高,则汗液难以蒸发,也不舒服。夏季空调采用冷却除湿法,室内湿度一般控制在 40%~60%;冬季室内湿度以 30%~40%为宜,以便减少送风加湿量,并防止靠近外界的舱壁结露。

(3)清新程度

所谓清新程度是指空气清洁(少含粉尘和有害气体)和新鲜(有足够的含氧量)的程度。如果只从满足人呼吸对氧气的需要出发,新鲜空气的最低供给量为每人 2.4 m^3/h 即可,然而要使空气中二氧化碳、烟气等有害气体的浓度在允许的程度以下,则新风量就需达到每人 30~50 m^3/h。

(4)气流速度

在室内的活动区域,要求空气能有轻微的流动,以使室内温、湿度均匀和人不感到气闷为标准,室内气流速度保持 0.15~0.25 m/s 为宜,最大不超过 0.35 m/s,否则人会感到不舒适。距室内空调出风口 1 m 处测试的噪声应不大于 60~65 dB(A)。

2. 船舶中央空调装置工作原理

船舶空调装置一般都是将空气经过集中处理再分送到各个舱室,这样的空调装置称为集中式或中央空调装置。有的船舶空调装置还能将集中处理后送往各舱室的空气进行分区处理或舱室单独处理,称为半集中式空调装置。只有某些特殊舱室,例如机舱集中控制室,才单独设专用的空气调节器,称为独立式空调装置。见图 6.30。

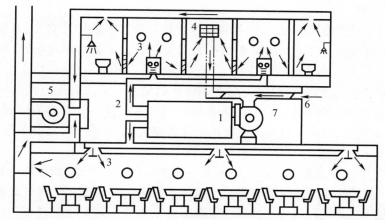

1—中央空调器;2—主风管;3—布风器;4—回风吸口;5—排风机;6—新风吸口;7—通风机。

图 6.30　船舶集中式空调装置示意图

外界空气和回风混合后由通风机 7 吸入,在空气调节器中进行过滤、消音,在夏天对空气进行冷却、除湿处理;在冬天对空气进行加热、加湿处理。处理后的空气经并列的几根主风管分别送到各空调舱室的布风器 3。通过布风器向室内供入一定数量的空调供风(冷风或热风),与室内原有的空气相混合,即可使舱内维持适宜的温度和湿度。此处借助布风器还可对室内温度进行调节。而在气候适宜的春秋季节,则可采用单纯通风,即将吸入的舱外空气只经过滤、消音后直接送入各舱室,以保持室内空气的清新。在上述的空调装置中,由于外界的空气都需要经过中央空调器 1 集中处理,故这种空调器称为集中式空气调节器(或中央空调)。

舱室中的旧空气,除公共舱室、办公室和病房等由专设抽气口直接抽出外,其他各个舱室则都是通过房门下部的格栅或墙壁上留出的缝隙逸入走廊,并经走廊里的回风吸口 4 重新被通风机吸回,这部分风即称为回风。通风机把回风和舱外空气(称为新风)混合后,再次送入空气调节器中进行处理。新风量与新风、回风混合后的总风量之比称为新风比。回风温度虽然与舱室的适宜温度比较接近,但空气比较污浊,所以回风量就不宜过多,以便既能节省空调的能耗,又可保持空调供风的清新程度。至于空调舱室的另一部分旧空气,则依靠设置在厕所、浴室、配餐间里的抽气口所造成的负压而进入这些非空调舱室,以使这些非空调舱室也能保持接近于空调舱室的气候条件,同时又可使其中有味的气体经专门的抽气系统由排风机 5 抽出,然后经烟囱排出。

船舶各空调舱室的热负荷是各不相同的,即使是同一空调舱室,其热负荷也会变化;各舱室人员对气候条件的要求也可能不同,因此,就希望能对各空调舱室的空气温度进行单独调节。

空气调节的方法有两种:一是改变送风量,即变量调节,主要通过改变布风器风门开度来实现,变量调节可能影响风管中的风压,干扰其他舱室的送风量,而且会影响室温分布的均匀性,调节性能不如变质调节好;二是改变送风温度,即变质调节,在布风器中进行再加热、再冷却或采用双风管系统来实现。

当外界气候条件很差,以致全船空调舱室的热负荷超过设计值,而送风量又已达到设计限度时,要保持舱室的温度适宜,就只能靠暂时减少新风量、增大回风量的方法来解决。

3. 空调的分区

货船上,由于空调舱室不多,一般都是根据对热负荷影响的差别将左、右舷分为两个空调区,较大的船也有将受日光和海风影响较大的艇甲板以上舱室单独设区,即全船设三个空调区。

客船上,由于空调舱室为数甚多,则空调分区就要多得多。客船空调分区除照顾热湿比的差异外,还应避免风管穿过船上的防火隔墙或水密隔墙。如果确需穿过,则必须加设防火风闸或水密风闸,以便一旦发生火灾或船体破损进水时,能及时将其关闭,以防火势蔓延或海水进入。

邮轮上配置了大量满足旅客奢华生活和高端娱乐要求的设施,如各种主题餐厅、酒吧、舞厅、剧场等。邮轮的空调系统为奢华生活提供了保障。邮轮上几乎所有旅客能达到的处所均设有空调系统,其运行效果直接影响乘客的搭乘体验。其系统配置在很大程度上体现了邮轮的豪华程度。

邮轮空调通风系统能耗占全船总能耗的13%,为仅次于推进系统的第二大能源消耗源。因此在进行邮轮空调系统配置选择时,不仅需考虑系统形式、空间布置、运行效果、投资成本等因素,还需考虑节能技术及产品的应用。

邮轮舱室众多,根据功能及特性划分,邮轮上的众多区域大致可以归属为以下几大类:旅客居住区域、旅客公共区域、高级船员居住区域、普通船员居住区域、船员公共及服务区域、船员工作区域及其他特殊处所等。由于各区域的功能定位不同,因此对空气调节的需求也有所区别。不同的空调系统将被用于不同性质的区域,以实现差异化、精准化的空气调节。

七、船用海水淡化装置

1. 概述

船舶每天都需要消耗相当数量的淡水,以满足船员、旅客和动力装置的需要。而大型邮轮上每天用水量巨大,不宜携带过多淡水,就需要设有海水淡化装置(习惯性称造水机),以满足船舶动力设备和人员的用水需求。

所谓淡水一般为含盐量在 1 000 mg/L 以下的水。船舶上淡水主要有两个来源:一是岸上供给;二是海水淡化装置提供。

船上淡水主要用于柴油主机冷却、锅炉补给、洗涤和饮用等。柴油机冷却水只要是淡水即可;洗涤水一般要求氯离子浓度不大于 200 mg/L,硬度不大于 7 毫克当量/升;饮用水必须不含有害健康的杂质、病菌和异味,含盐量不大于 500~1 000 mg/L,氯离子浓度不大于 250~500 mg/L,pH 值为 6.5~8.5。

造水机生产的蒸馏水所含矿物质太少,也不能杀灭病菌,故作为饮用水时应经过矿化和杀菌处理。对锅炉补给水的水质要求最高,一般船用海水淡化装置对所产淡水含盐量的要求皆以锅炉补给水标准为依据.我国船用锅炉给水标准规定补给蒸馏水的含盐量应小于 10 mg/L(NaCl)。

生活用水每人每天为 150~250 L。动力装置用水以主机功率计:柴油机船每天每千瓦需 0.2~0.3 L,汽轮机船每天每千瓦需 0.5~1.4 L。辅锅炉的补水量可按蒸发量的 1%~5% 估计,中、高压锅炉按蒸发量的 1%~3% 计。一般主机功率为 7 500 kW 左右的柴油机货船,造水机容量大多每天不超过 25 t,而邮轮每天淡水的需求量达到几百吨甚至更多。

海水是一种含有 80 多种盐类的水溶液,其中含量超过 1 mg/L 的有 11 种,含量最多的是 NaCl 和 $MgCl_2$。大洋中海水平均含盐量约为 35 g/L;但不同海域的海水含盐量是不同的。海水含盐量与所在海区的地质、降雨量、入海河流流量和海水蒸发量等有关。某些离河口近、蒸发量小的内海,如波罗的海含盐量仅为 2~6.7 g/L,黑海含盐量为 17~18.5 g/L;而某些蒸发量大的内海,如红海、地中海,含盐量可达 40 g/L 以上。不同海域的海水含盐量虽然不同,但各种主要盐类所占比例却基本不变。

海水淡化的方法有蒸馏法、电渗析法、反渗透法和冷冻法。船用海水淡化绝大多数采用蒸馏法,也有很多邮轮采用反渗透法。

一条邮轮上生活着好几千人,每天需要消耗的淡水不是个小数目。吃喝拉撒、洗澡、洗衣服、游泳池、桑拿房、空调系统都要用淡水,另外还有好多机器设备也要靠淡水来冷却。直接接触人体的习惯上叫生活淡水(portable water),给机器使用的叫技术淡水(technical water)。像"海洋量子号"邮轮,根据相关标准,一天需要的生活淡水大概是 1 960 m^3,技术淡水则是 60 m^3 左右。那么,这些淡水都从何而来呢? 除了在靠岸的时候接水把舱加满,另外就是靠船上的制淡装置了。以"海洋量子号"为例,船上装有 2 台蒸发式制淡装置(它是利用水的蒸发-冷凝的原理来造水的,即把海水加热使其汽化,然后再把蒸汽冷凝成清洁的水,从而达到使海水中的盐分等杂质与水分离的目的)和 3 台反渗透净水器,一天能生产出大概 3 300 m^3 的淡水。这些水分两路,一路经过处理消毒后送入生活淡水舱,另一路直接送入技术淡水舱。船上有 16 个生活淡水舱,容积共计约 4 900 m^3,7 个技术淡水舱,容积共计 600 m^3。水送到舱里储存,然后再通过各种管路送到每个用水的地方。

2. 真空沸腾式海水淡化装置

蒸馏法虽然是一种古老的方法,但由于技术不断地改进与发展,至今仍占统治地位。蒸馏淡化过程的实质就是水蒸气的形成过程,其原理如同海水受热蒸发形成云,云在一定条件下遇冷形成雨,而雨是不带咸味的。根据设备不同蒸馏法可分为普通蒸馏法、蒸汽压缩蒸馏法、多级闪急蒸馏法等。此外,以上方法的组合也日益受到重视。

船用蒸馏式海水淡水装置采用真空式的好处有:可以采用温度不太高的介质作为热源,利用船舶动力装置的废热,提高装置的经济性;保持较低的加热温度能减少蒸发器换热面的结垢且便于清除。

真空蒸馏式海水淡化装置分为沸腾式和闪发式两种。两者的主要区别是后者海水是在单独的加热器里被加热,然后再喷入真空容器内"闪发"成气。闪发式装置虽有结垢少的优点,但经济性不如沸腾式,船上已基本不用。见图 6.31。

真空沸腾式海水淡化装置的主要部分是蒸发器。采用壳管式换热器的蒸馏器下部有竖管式蒸发器,上部有横管式冷凝器。工作时,造水机海水泵首先将所排海水的一部分送入真空泵作为其工作流体,真空泵将蒸馏器抽成真空;造水机海水泵所排的部分海水经给水阀调节进入蒸发器的竖管内,自下向上流过。加热介质(主机缸套冷却水或蒸汽)在竖管外自上而下横向往复多次流过,对海水进行加热。被加热的海水到达沸点后开始汽化,产生的蒸汽(称为二次蒸汽,以区别于某些装置加热用的蒸汽)逸出后,绕过横置在蒸发器上方的汽水分离板,从冷凝器壳体上部的开口进入冷凝器。冷却海水在冷凝器内流过,将管外的蒸汽冷凝成淡水,聚集在冷凝器底部,由蒸馏水泵抽送至淡水舱。在蒸发器内,海水汽化后剩下的盐水由排盐泵连续排往舷外。蒸馏器中真空的建立和维持少不了真空泵。真空泵和排盐泵通常采用海水泵,其工作水是由造水机海水泵提供。

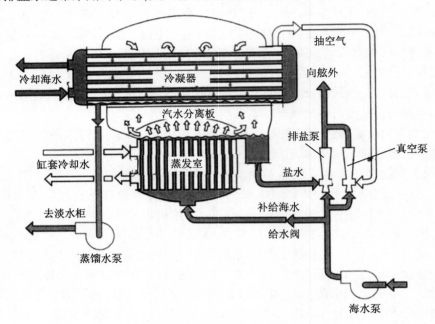

图 6.31　真空沸腾式海水淡化装置

现在采用板式换热器的真空沸腾式海水淡化装置由于传热系数高,结构更紧凑,清洗也方便,已经逐渐取代了壳管式换热器的海水淡化装置。

3. 反渗透式海水淡化装置

当把相同体积的稀溶液和浓液分别置于一容器的两侧,中间用半透膜阻隔,稀溶液中的溶剂将自然地穿过半透膜,向浓溶液侧流动,浓溶液侧的液面会比稀溶液的液面高出一定高度,形成一个压力差,达到渗透平衡状态,此种压力差即为渗透压。若在浓溶液侧施加一个大于渗透压的压力时,浓溶液中的溶剂会向稀溶液流动,此种溶剂的流动方向与原来渗透的方向相反,这一过程称为反渗透。见图 6.32。

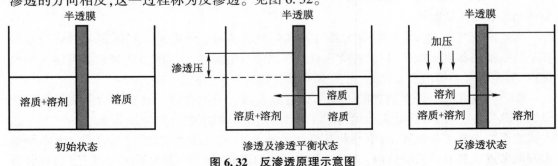

图 6.32　反渗透原理示意图

反渗透膜材料主要有醋酸纤维素和聚酰胺。反渗透膜具有以下特点:在高流速下具有高效脱盐率;具有较高机械强度和使用寿命;能在较低操作压力下发挥功能;能耐受化学或生化作用的影响;受 pH 值、温度等因素影响较小;制膜原料来源容易,加工简便,成本低廉。见图 6.33。

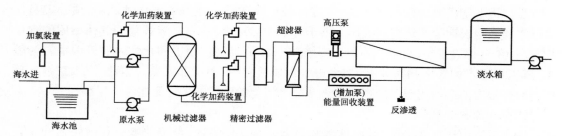

图 6.33　反渗透海水淡化装置

反渗透海水淡化装置的组成部分主要有:取水系统、预处理系统、海水淡化脱盐系统、能量回收系统、化学清洗系统、化学加药系统以及装置供配电及自控系统。

海水淡化的基本工艺流程为:海水由深水泵将海水送入海水池,经过化学加药系统投加杀菌剂和絮凝剂后进入石英砂和活性炭过滤系统过滤。滤后水经过水质还原、pH 调整以及添加阻垢剂后进入 5 μm 的保安过滤系统,过滤后的低压海水一路进入高压泵加压,另一路进入压力交换式能量回收装置,升压后的海水经过增压泵加压后与高压泵出水混合进入反渗透膜堆系统。高压海水在膜堆的处理下一部分透过膜形成淡水,经过水质调整后进入淡水水箱储存。其余的高压浓缩水进入压力交换能量回收装置回收能量后排放。见图 6.34。

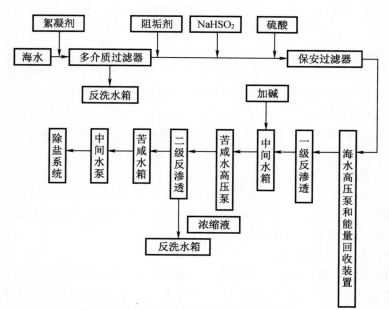

图 6.34　反渗透法海水淡化的基本工艺流程

反渗透法海水淡化与蒸馏法相比,反渗透法只能利用电能,蒸馏法可利用热能和电能。所以反渗透法适合有电源的场合,蒸馏法适合有热源或电源的各种场合。但是随着反渗透膜性能的提高和能量回收装置的问世,其吨水耗电量逐渐降低。反渗透海水淡化经一次脱盐,能生产相当于自来水水质的淡化水。虽然蒸馏法海水淡化水质较高,但反渗透技术仍具有较强的自身优势,如应用范围广,规模可大可小,建设周期短,不但可在陆地上建设,还适于在车辆、舰船、海上石油钻台、岛屿、野外等处使用。

反渗透系统需要较好的预处理,才能保证出水水质。在海水淡化领域中,预处理是保证反渗透系统长期稳定运行的关键。由于海水中的硬度、总固体溶解物和其他杂质的含量均较高,在运行过程中,反渗透系统对于浊度、pH 值、温度、硬度和化学物质等因素较为敏感,所以对进水的要求相对较高,如果进水水质差,产水率就非常低。因此,海水在进入反渗透膜装置之前必须进行预处理。以下是海水淡化的常用的工艺简述。

①海水杀菌灭藻

由于海水中存在大量微生物、细菌和藻类。海水中细菌、藻类的繁殖和微生物的生长不仅会给取水设施带来许多麻烦,而且会直接影响海水淡化设备及工艺管道的正常运转,所以海水淡化工程多采用投加液氯、次氯酸钠和硫酸铜等化学剂来杀菌灭藻。

②混凝过滤

因为海水周期性涨潮、退潮,水中常夹带大量泥沙,浊度变化较大,易造成海水预处理系统运转不稳定,故在预处理中要加入混凝过滤,目的在于去除海水中的胶体、悬浮杂质,降低浊度。在反渗透膜分离工程中通常用污染指数(SDI)来计量,要求进入反渗透设备的给水的 SDI<4。由于海水密度较大,pH 值较高,且水温季节性变化大,预处理系统常选用三氯化铁作为混凝剂,其具有不受温度影响、矾花大而结实、沉降速度快等优点。

③过滤器过滤

为了使反渗透的进水水质得到进一步提高,降低进水的浊度,通常在混凝过滤之后加上一个砂滤过滤器,使得水中的微小悬浮物和颗粒物得到进一步的去除,确保水质的进一步提高。

④阻垢剂和还原剂

海水的组成非常复杂,硬度和碱度都非常高,为了使得反渗透系统能够更好地运行,保持系统始终在没有结垢的情况下运行,需要根据具体的水质投加相对应的阻垢剂。另外,因为反渗透预处理中投加了氧化剂杀菌,故在反渗透进水时需要投加还原剂来还原,使得反渗透系统的进水余氯小于 0.1 ppm①(或 ORP<200 mV),满足反渗透系统对进水氧化物质含量的要求。

⑤保安过滤器

因为海水的含盐量非常多,故保安过滤器的材质要采用 316L 滤器,滤芯孔径通常选5 μm,过滤进高压泵前的海水,阻挡海水中直径大于 5 μm 颗粒杂质,确保高压泵、能量回收装置和反渗透膜元件安全、长期稳定的运行。

⑥高压泵和能量回收装置

高压泵和能量回收装置是为反渗透海水淡化提供能量转换和节能的重要设备,按反渗透海水淡化所需的流量和压力选型,能量回收装置具有水力透平结构,能利用反渗透排放浓缩海水的压力使反渗透进水压力提升 30%,使得浓缩海水的能量得到有效的利用,同时降低能耗,从而有效地减少运行费用。

---

① 1 ppm = 1 mg/L。

⑦反渗透元件与装置

反渗透膜元件是反渗透海水淡化的核心部件,要选用与海水淡化系统相对应的海水淡化膜。海水淡化系统的设备材质在高压部分要采用316L以上的不锈钢材质,防止海水的高含盐水质对高压管路的腐蚀。

⑧系统控制

反渗透海水淡化控制系统通常采用可编程控制器PLC组成一个分散采样控制,集中监视操作的控制系统。按工艺参数设置高低压保护开关,自动切换装置,电导、流量和压力出现异常时,能实现自动切换、自动联锁报警、停机,以保护高压泵和反渗透膜元件。变频控制高压泵的起动和关停,实现高压泵的软操作,节省能耗,防止由于水锤或反压造成高压泵和膜元件损坏。程序设计在反渗透装置开机和停机前后,能实现低压自动冲洗,特别在停运时,浓缩海水的亚稳定状态会转化出现沉淀,污染膜面,低压淡化水自动冲洗能置换出浓缩海水,保护膜面不受污染,延长膜的使用寿命。对系统的温度、流量、水质、产水等相关参数能实现显示、储存、统计、制表和打印。监视操作中的动态工艺流程画面清晰直观,系统控制简化人工操作,确保系统能自动、安全、可靠地运行。

第五节　船用液压设备

船用液压设备是指以液压油来驱动执行机构的机械设备。现代化船舶的甲板机械以电动为辅、液压为主,邮轮上常见的液压设备有锚设备、系泊设备和舵机等。

一、液压系统的组成原理

尽管液压传动系统的种类、功用、复杂程度不同,但它们的基本组成原理是相同的,都是利用液压传动原理,即流体力学中的帕斯卡原理:施加于静止液体上的压力,等值传递到液体内各点;压力总是垂直作用于液体内的任意表面;液体中各点的压力在所有的方向上都相等。

同理,虽然液压系统种类不同,功用不同,复杂程度相差很大,但系统都是由四部分组成的,以液压千斤顶为例,加以分析。

图6.35是运用液压传动原理制成的液压千斤顶的液压系统结构简图。由图可知,液压系统由四部分组成。

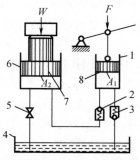

1—小液压油缸;2—排油单向阀;3—吸油单向阀;4—油箱;5—截止阀;6—大液压油缸;7—大活塞;8—小活塞。

图6.35　液压千斤顶组成原理图

1. 动力元件

其功用是将原动机的机械能转换成液体的压力能,如各类液压泵。图中为手动小活塞8。

2. 执行元件

其功用是将液体的压力能转换为机械能以驱动工作部件运动,如各类液压缸和液压马达。图中为液压缸6。

3. 控制元件

其功用是调节与控制液压系统中油流的压力、流量和方向,以满足工作机械所需的力(力矩)、速度(转速)和运动方向(运动循环)的要求,如各种压力阀、流量阀和换向阀等。图中为2,3,5。

4. 辅助元件

其功用是协助组成液压系统,保证液压系统工作的可靠性和稳定性。上述三项组成部分之外的其他元件都称辅助元件,包括油箱、油管、管接头、滤油器等。

图6.35所示的液压斤顶液压系统,采用的是结构简图,直观性强但绘制麻烦,况且没有统一标准,不同的人有不同的画法,易产生误会,故一般不用结构简图,转而采用国家标准(GB/T786.1-1993)规定的图形符号来绘制液压系统图。

液压系统的工作介质通常是矿物油,其功用是传递能量、冷却、润滑、防锈、减震和净化。

二、液压锚机和绞缆机

1. 锚设备

锚设备是操纵船舶的辅助设备,如靠离码头、系离浮筒、狭窄水道调头或需紧急减刹船速等,都要用到锚设备。锚设备主要由锚、锚链和锚机等组成。锚机是用来收放锚和锚链的机械,一般布置在船首。

由于锚机工作时拉力变化很大,因此负荷变化也很大。电动锚机通常采用双速或三速交流异步电动机;而液压锚机常采用有级变量液压马达来限制功率,也可采用恒功率液压泵或液压马达。

《钢质海船入级规范》对锚机的基本要求是:

①必须由独立的原动机或电动机驱动。对于液压锚机,其液压管路如果与其他液压机械设备管路连接时,应保证锚机的正常工作不受影响。

②在船上试验时,锚机应能以平均速度不小于9 m/min 将1只锚从水深82.5 m处(三节锚链入水)拉起至27.5 m(一节锚链入水处);国际通行锚链长度为每节27.5 m,我国为每节25 m。

③在满足规定的平均速度和工作负载时,应能连续工作30 min;在过载拉力(不小于工作负载的1.5倍)作用下应能连续工作2 min,此时不要求速度。

④链轮与驱动轴之间应装有离合器,离合器应有可靠的锁紧装置,链轮或卷筒应装有可靠的制动器,制动器刹紧后应能承受锚链断裂负荷45%的静拉力;锚链必须装设有效的止链器,止链器应能承受相当于锚链的试验负荷。

⑤所有动力操纵的锚机均应能倒转。

2. 绞缆机

绞缆机按所用动力的不同可分为电动绞缆机和液压绞缆机。绞缆机是系缆设备的主设备。系缆设备是船舶为停靠码头、系带浮筒、傍靠他船和进出船坞等所使用的机械设备。系缆设备主要由系缆桩、带缆桩、导缆装置、绞缆机、绳车以及碰垫等组成。利用绞缆机收绞缆索,即可使船舶系靠。在船首,系缆卷筒通常和锚机一起,它们同用一动力驱动,并可以通过离合器啮合或脱开;在船尾则大多数设置独立的绞缆机。

《钢质海船入级规范》对绞缆机的基本要求是:应能保证船舶在受到 6 级风以下作用时(风向垂直于船体中心线)仍能系住船舶。额定负荷时的绞缆速度一般为 15~25 m/min,空载绞缆速度多在 30 m/min 以上。

三、舵机

舵机的功用是保证船舶按照既定航线航行,确保船舶安全进出港口、狭窄水道的重要设备。现代船舶大多采用电动液压舵机,它包括主油路系统转舵机构和遥控反馈系统。控制方式为阀控型,转舵机构采用拨叉式。

《钢质海船入级规范》对舵机提出了明确的要求,其基本精神就是要求舵机必须具有足够的转舵扭矩和转舵速度,并且在某部分发生故障时,能迅速采取替代措施,确保操舵能力。其基本要求包括以下几点。

(1)必须具有一套主操舵装置和辅操舵装置;或主操舵装置有两套以上的动力设备,当其中一套失效时,另一套应能迅速投入工作。

(2)主操舵装置应具有足够的强度,并能在船舶处于最深航海吃水,并以最大营运航速前进时将舵自任一舷 35°转至另一舷的 35°,并且于相同的条件下自一舷的 35°转至另一舷的 30°所需的时间不超过 28 s。此外,在船以最大速度后退时应不致损坏。

(3)辅操舵装置应具有足够的强度,足以在可驾驶航速下操纵船舶,且能在应急情况下迅速投入工作;应能在船舶处于最深航海吃水,并以最大营运航速的一半但不小于 7 km 前进时,能在 60 s 内将舵自任一舷的 15°转至另一舷的 15°。

(4)在主操舵装置备有两套以上相同的动力设备并符合相关条件时,也可不设辅操舵装置。

四、液压设备的管理

1. 控制油温

油温越高,氧化变质速度越快,油液使用寿命越短。油温超过 55 ℃后,每升高 9 ℃油的使用寿命约缩短一半。因此,规定油箱进口处油温一般不应超过环境温度 30 ℃,通常油温不超过 60 ℃。

环境温度高时,液压设备连续重载工作应特别注意油温。负荷不大的室内液压装置,可将最高工作油温定为 65 ℃;舵机通常将最高工作油温定为 70 ℃。超过极限温度使用,不仅液压油会很快变质,而且液压设备得不到良好润滑,属于破坏性使用。

2. 控制油液污染

液压系统的故障约有 70% 是由液压油的污染引起的。主要包括固体杂质污染、水污染和空气污染。

固体杂质污染的主要危害是:①使阀件卡紧或孔口淤塞,发生故障;②使泵和液压马达、液压缸运动副和密封件磨损、擦伤,内外漏泄增加,性能下降;③堵塞滤器,压力损失增加,吸入滤器堵塞还会导致油泵吸口发生"气穴现象";④会加快油液氧化。

油中含水造成的危害是:①使金属元件锈蚀;②油液乳化,润滑能力降低,磨损加快;③与添加剂作用,产生黏性胶质,进一步恶化油质;④低温下会形成坚硬的冰晶。

油中空气过多造成的危害是:①会形成直径为 $200\sim500~\mu m$ 的气泡,使执行机构动作迟滞;②产生噪声和振动;③加快油液氧化速度。

为了控制油液的污染,必须对液压系统采取一系列合理的管理措施。

(1)新装或大修后液压系统要进行彻底的清洗

新装系统比工作 1 000 h 的系统更脏,因此应采取的主要措施有:①清洗时可利用系统本身的油箱和液压泵,也可以采用临时的清洗泵对系统进行循环冲洗;②清洗液可用系统准备使用的油液,或与它相容的低黏度油液(一般以温度为 $30\sim40~℃$,黏度为 $13\sim25~mm^2/s$ 为宜),切忌用煤油为清洗液;③清洗时应尽可能采用大流量,使油液在管路中呈紊流状态;④系统中需添设高效能滤油器(经验表明用绝对精度为 $5\sim10~\mu m$ 的滤油器可获满意的清洗效果),直至滤油器上再无大量污染物为止;⑤在清洗过程中应使各元件动作,并用钢锤敲打各焊口和连接部。

(2)防止固体杂质侵入工作油

主要措施:①在油箱呼吸孔处装设高效能的空气滤清器。②采用性能可靠的液压缸柱塞(或活塞杆)密封装置。③新油必须经过过滤后才能加装进系统。国内外调查都表明,大部分新油的颗粒污染等级超过了液压系统所允许的等级。因此,注入系统的新油必须经过精滤,过滤精度不得低于系统要求的过滤精度。补油应通过专用的清洁软管,最好用滤油车补油。液压油桶应盖紧后贮藏。④拆修液压元件时要特别注意保洁。清洗过的元件和拆开的管口应该用清洁的塑料布包盖。用溶剂清洗的元件应用压缩空气吹干,因为一般溶剂的润滑性、防锈性都很差。⑤定期清洗油箱。不允许使用易残留纤维的织物擦拭箱壁。油箱内的壁面和油管不准涂浸油后可能脱落的油漆。

(3)防止水分混入工作油

液压系统混入水的途径主要是油箱和冷却器。大气中的水分很容易通过油箱呼吸阀混入工作油中(特别是在雨天和风浪大时),故油箱应尽可能置于能关闭严密的室内。现在油冷却器大多采用风冷,若采用海水冷却要特别注意防止水管锈穿而漏水。另外,加油用的设备和软管不应有水。

(4)防止空气进入系统

主要措施:①油箱内油位应保持在要求范围内,泵的吸入管口与系统回油管口必须插入最低油面之下,以免发生吸空和回油冲溅产生气泡。②有正吸高的泵应防止吸入管漏泄和吸入滤器堵塞,闭式系统应有足够高的补油压力,防止低压管路漏入气体。③初次充油时应耐心地驱尽系统中的空气。充油时系统进油速度不宜太快。阀控型闭式系统通过高置油箱向系统充油固然不错,但若将空的系统灌满要花很长时间。可以先关膨胀油柜通泵进口的管路上的截止阀,拆下液压马达控制阀顶盖(该处一般在系统中位置最高),用手摇泵加油。泵控型系统可用手摇泵、辅泵或以小排量工作的变量主泵等向系统充油。加油时系统高处的各放气旋塞、压力表接头等均应松开,直至流出不含气泡的整股油流时再关紧。然后用手转动液压泵(如果太费力可用绳在联轴节上绕一圈),让留在系统中的空气随油移动,再在各放气旋塞处放气,耐心地重复多次,直至流出的油不再有气泡为止。即使这样仍会有空气残留在系统中。这时,对于泵控型装置(如舵机等),可瞬时起动液压泵电机(变量泵在小排量位置)3~5 s即停;对于阀控型装置(如绞缆机等),应有人在换向控制阀旁,在停止液压泵电机的瞬间,将手柄扳向绞起来的方向,让液压马达利用剩余压力转一下,然后再在各处放气,重复这种操作,并改换排油方向,直至任何部位都放不出气体为止。千万不要在确认空气放尽前使泵大流量、长时间运转,因为空气与油搅混后便不易除净。

(5)优质过滤

优质过滤对保证液压系统的可靠性起重要作用。过滤精度一般按系统中对杂质敏感度最大的元件来选择。通常高压系统(>20 MPa)10~15 μm;中高压系统(10~20 MPa)15~25 μm;中压系统(6.3~10 MPa)20~40 μm;低压系统(<6.3 MPa)30~50 μm。近年提倡推广使用高精度滤油器,实践证明这样可显著降低故障发生率,元件使用寿命可提高4~10倍。

液压装置在工作稳定期,总会有磨损物和氧化物生成,即使没有故障,也应定期拆检、清洗滤器。拆检后从滤芯污垢情况可以帮助判断油液污染程度。

设有压差指示的滤器可按压差增加的限度清洗或更换芯。液压系统正常工作1 000 h左右,需要清洗或更换滤芯(新装或大修后初次使用要短得多)。没有工作小时记录的,一般半年至一年内应检查、清洗一次。发现滤芯上有金属碎末或磁芯上有较多铁末时应特别警惕,这可能表明系统内液压泵或马达有部件损坏。

若发现执行元件动作滞后,怀疑系统里有太多空气,可通过管路高处的放气阀释放。必要时也可从油箱底部泄放阀泄放水和污垢。

液压油长期使用质量会恶化,不及时换油将影响液压系统的性能和使用寿命,使故障发生率显著增加;换油过早又会造成经济上的浪费。船舶液压机械要规定液压油的使用期限是困难的,因为它受工作条件(压力、温度、负载等)、液压设备和系统的类型及所用材料、管理好坏等影响,差异甚大。因此,及时准确地掌握船舶液压系统油液污染程度的实际情况,是船舶轮机管理人员的一项重要技能和重要工作。液压油一般每半年至一年应采样、检测评估一次。

3. 液压油的采样与检测评估

(1)采样程序

采样前应首先备妥干燥、洁净的瓶子和耐油塑料管(用汽油清洗后吹干),并在回油管路的压力表接头上接上一个可与塑料管相接的螺纹接头,以备取样。采样前应先使设备空转一段时间,待液压油已被搅匀,油温升至正常温度后才可采样。应该注意,从采样管中最初流出的油液不宜留做油样。供检验用的油样通常约1 L,采样时可取2~3 L。取样后,应将瓶子盖严,贴上标签,并注明采样地点、设备名称及编号、采样部位油的品种及牌号、液压油开始工作日期和采样日期等。

(2)三种油液污染程度的主要检测评估方法

综合化验法是通过专门的检测设备和化验仪器对油液的理化性能和污染度等级进行化验检测的方法。该方法最准确,但最复杂,一般要请油公司进行化验。对于要求高、用油量大的液压系统,常用此法。

经验时间法是油公司或液压装置制造厂或船舶管理机务部门根据液压油的特性和设备的类型、工况等情况以及相应的试验或使用经验,规定油液达到一定的使用时间便达到了应更换的污染程度的方法。该方法最不准确,但执行起来最简便,所以仍有船舶使用。

现场观测法是依靠人的感官通过对油液与新油做比较和简易的测试来对油液的污染

程度进行定性评估的方法。该方法准确性居中,可在现场进行,简单方便,使用广泛。

经验表明,油氧化后应全部更换。如保留10%的旧油将使新换油寿命缩短一半。此外,液压泵、马达损坏换新后,如不彻底清洗系统和换油,寿命将不超过6个月。

4. 控制液压油漏泄

液压系统的漏泄包括内漏和外漏。内漏不易被发现,会导致执行机构运行速度下降,严重时无法工作,还会导致油液发热加剧、氧化速度加快。外漏一般容易发现,需要及时排除,以防污染外部环境,系统内油量不足而无法正常工作等。

5. 防止超负荷

液压装置的负荷可由液压油泵的工作电流来衡量。空载时油压和电流如果超过正常值,可能是执行机构或液压油泵等机械摩擦损失过大,或液压管路流动损失过大。

第六节　船用防污染设备

一、船舶产生的主要污染物

船舶航行会产生五种污染物质:生活污水、可再利用的废水、油性舱底水、压载水和固体废物。

1. 生活污水

生活污水,是船上生活垃圾和医疗垃圾的一部分。一艘邮轮每周产生约 350 000 gal[①]的生活污水。如果一艘船在美国水域内航行,它必须配备美国法律规定的海洋环境卫生装置,经过海洋环境卫生装置处理的生活污水才可以排入海洋,但是我国却没有这种限制。

2. 可再利用的废水

可再利用废水是"洗漱、淋浴、厨房工作和洗衣"排放出来的水,可再利用的废水必须在48 h 之内排出,如果可再利用的废水存储在容器中超过了48 h,水中氧气耗尽,就会生成含有人类病原体的厌氧细菌。

3. 油性舱底水

油性舱底水储存在船舱最下端,是去除油、泥沙、水和引擎碎屑等工作中产生的。油性舱底水的排放威胁着人类和海洋野生动物。如果鸟误食了这种水,会导致疾病或死亡。海洋动物与石油接触会导致患有皮肤病和眼病以及损害游泳能力。

4. 压载水

压载水是"用来平衡和稳定船舶的水及悬浮物质"。压载水中有几千种生物,其中外来物种会影响生态系统、本地植物和动物的生存,可能导致物种灭绝和生态系统的改变。

5. 固体废物

固体废物包括垃圾、塑料、纸、木材、纸板、食物垃圾、罐子和玻璃等。通常情况下,固体废物在船上焚烧,灰烬直接排入大海,余下的废弃物则带到岸上处置或回收。

---

① 1 gal = 3.79 L。

二、生活污水处理装置

1. 工作原理

按污水的排放方式船舶生活污水处理装置可分为无排放型生活污水处理装置和排放型生活污水处理装置。无排放型生活污水处理装置通常包括船上储存方式和再循环处理方式;排放型生活污水处理装置必须按照国际公约和相关规定的排放要求,对生活污水进行相应处理后再排放。船上一般选用的都是排放型生活污水处理方式,按其净化方式的不同有生化处理方式、物理化学处理方式等。

（1）无排放型生活污水处理装置

能满足《国际防止船舶造成污染公约》(MARPOL)要求的简单常用的方法就是船上安装生活污水储存柜。该储存柜系统将船舶日常产生的生活污水收集、储存起来,当船舶航行到允许排放海域时,将储存的生活污水排出舷外或条件允许时排入岸上的接收设备。其简单流程图如图6.36所示。

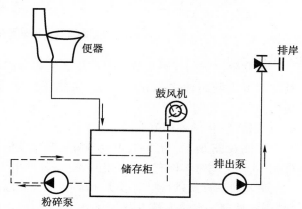

图 6.36　船上生活污水简单储存方式系统流程图

该系统包括生活污水的收集储存和排放两部分,主要设备有储存柜和排除泵。储存柜通常设置两个,两套排除泵、管系采用为相互备用的并联方式,以备必要时调换使用。由于排出泵易被坚硬的粪便和碎纸片等固体物质堵塞,影响其正常运转而产生臭味,因此在储存柜的出口专门装设了粉碎机、充气风机和通风管,以维持固体物的漂浮,减少气味和可燃性气体。柜内与外界保持密封并装有冲洗设备。为了引出柜内产生的可燃气体,要装有带防火罩的透气管,另外该装置在甲板上装有便于生活污水排往岸上接收设备的管路和标准排放接头。

该方式结构简单,操作管理容易,且对水环境几乎无任何损害。其主要缺点是储存舱柜的容积较大,特别是在限制海域长期航行或停泊的船舶,必然造成船舶有效装载容积或机舱工作空间的减少;为了防止系统在工作中散发臭味,需适时地进行投药处理,从而使药品的使用费增加;船舶过驳生活污水增加了停港和抛锚时间,降低了船舶的营运效率。

（2）排放型生活污水处理方式

①生化处理方式

该方式通过建立和保持微生物(细菌)生长的适宜条件,利用该微生物群体来消化分解污水中的有机物,使之生成对环境无害的二氧化碳和水,而微生物在此过程中得以繁殖。生物处理法有好氧生物法和厌氧生物法两大类,好氧生物法又分为活性污泥法和生物膜法两种。船上常用以好氧菌为主的活性污泥对污水中的有机物质进行分解处理。

图6.37是活性污泥法处理生活污水的工作流程图。污水进入曝气池,在不断通入空气的情况下,活性污泥在此消化分解有机物,离开曝气池后的混合液进入沉淀池,在沉淀池中活性污泥沉淀分离,而澄清的水进入投有杀菌药剂的消毒池,经杀菌后的净水排出舷外。从沉淀池中沉淀分离的活性污泥一部分流回曝气池,多余部分定期排出舷外。

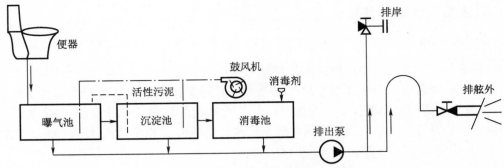

图 6.37　活性污泥法处理生活污水的流程图

生物膜法中的接触氧化法是利用微生物群体附着在其他物体(填料)表面上呈膜状,让其与污水接触而使之净化的方法,生物膜法主要用来除去污水中溶解性和胶体性的有机物。

②物理-化学处理方式

如图 6.38 所示,物理-化学处理方式的原理是通过凝聚、沉淀、过滤等过程,消除水中的固体物质,使之与可溶性有机物质相脱离,来降低生活污水中的五日生化需氧量(BOD_5)值,然后让液体通过活性炭进行吸附过滤,最后将符合要求的处理后的生活污水排出舷外。采用物理-化学法处理污水的装置体积小,使用灵活,对污水量的变化适应性较强,工作过程可全面实现自动化,但是该处理方式的药剂使用量较大,运行成本较高。

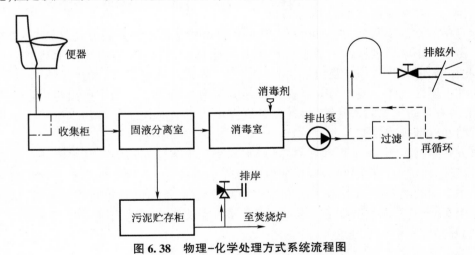

图 6.38　物理-化学处理方式系统流程图

2. 典型装置:WCB 型生活污水处理装置

(1)工作原理

WCB 型生活污水处理装置的是利用活性污泥和生物膜的处理原理消解有机污染物质,在一级曝气池内以好氧菌为主的活性污泥菌团形成像棉絮状带有黏性的絮体吸附有机物质,在充氧的条件下消解有机物质变成无害的二氧化碳和水,同时活性污泥得到繁殖,在作为菌团营养的有机污染物质减少时,细菌呈饥饿状态以致死亡,死亡的细胞就被附着在活性污泥中的原生物和后生动物所吞噬,粪便污水中 95% 以上是易消解的有机物质,能完全被氧化。

在二级接触氧化室内悬挂有软性生物膜填料,具有吸附消解有机物功能的生物膜在水中自由飘动,大部分原生动物寄居于纤维生物膜类,同样由于充氧的作用,有机物质进一步与生物膜接触氧化分解。污水在进入沉淀柜时污泥量已经很少,在沉淀柜内累积的活性污泥沉淀物再被返送至一级爆气柜内为菌种繁殖。

如果停机一段时间再启动的话,由于生物膜中上有细菌的孢子存活,因此比常规曝气法启动时间要快得多。经过沉淀处理过的污水,最后进入消毒柜,用含氯药品杀菌,然后由排放泵排至舷外。污泥排放周期视污水性质和负荷而定,一般三个月左右排放一次多于污泥是适当的。

（2）系统构成

回转式鼓风机用于向装置供送空气,鼓风机运转时,由滴油嘴往气缸内滴入必要的润滑油,使摩擦表面润滑。润滑系统是利用鼓风机工作时产生的压力差而形成的自动供给机油的循环装置,因此风机不能空负载运转。

粉碎泵即排放泵,安装在装置前方,用于排出处理过的排放水。当需要排放本体各腔污泥时,也可以排放污泥,此时具有粉碎功能。

加药泵用于向装置消毒柜添加氯,泵头由几个聚四氟乙烯滚轮组成,由一个电动机通过减速齿轮驱动,含氯液体由加药泵从塑料桶通过一根硅胶管由滚轮挤压到消毒柜内,在泵运转时始终有一个滚轮接触地压住尼龙管,保证液体不返回到塑料桶内,也不虹吸自流至柜内。

鼓风机由控制箱内"连续/断续"选择开关控制。选择开关转向"连续"时,鼓风机连续运转;转向"断续"时,鼓风机断续运转和停止。其时间可由一个时间继电器控制,通常是运转 20 min,停止 20 min。

粉碎排放泵由控制箱内液位继电器根据消毒柜内液位自动控制泵的启动和停止。控制箱上有"手动/自动"选择转换开关。转向"手动"时,排放泵连续运转,但应注意不要让排放泵无水运转;转向"自动"时排放泵按下述方式运转。

当液位达到"中位"电极时,泵自动启动,开始排放处理过的水;当液位降到"低位"电极时,泵自动停止,此时加药泵自动加药,经过设定时间（一般 2 min）自动停止,等待下一周期,周而复始;当液位达到"高位"电极时,控制箱将发出报警信号。

在船上人员减少等造成低负荷甚至零负荷时,可以将装置上的"连续/断续"开关转向"断续",意即自动断续启停气泵,使细菌呈抑制繁殖状态,不致因过于富氧而饿死,同时也可节约能耗,待恢复正常运行时可很快启动装置。

粉碎泵（排放泵）的保养:避免粉碎泵（排放泵）的干运转。

（3）鼓风机保养

①润滑系统的检查。定期检查油箱内的储油量是否低于最低刻度,如机油不足需加机油;定期检查机油是否混入水分等杂物而变质,如变质需及时更换机油;定期清洗油过滤器;定期检查滴油嘴的滴油状况是否正常,如滴油嘴脏堵可卸下调整螺钉清洗。

②空气滤清器的检查。定期检查空气滤清器是否脏堵,如脏堵可卸下空气滤清器,旋开蝶形螺母,拿开盖子,清洗过滤海绵。清洗滤清器时注意不要把脏物掉进鼓风机主机内。

③三角带的检查。鼓风机运行一段时间后三角带会伸长,这时要将电机的固定螺栓松开,移动电机,拉紧三角带到合适位置后再将电机固定螺栓紧住,并注意电机皮带轮和风机

皮带轮的端面要在同一平面上,同时检查一下皮带轮的顶紧螺丝是否松掉,如松了需紧固。

④定期检查安全阀的灵活状况,若不灵活需清洗调试以保证可靠启闭。

⑤定期检查有无漏油、漏气的部位并修理,若不能修理需立刻通知生产厂商。

⑥经常检查风机及电机的运行状况。如发现噪声、温度不正常时,需及时停机检修。

（4）电气控制箱的保养

检修电气控制箱时,要保证船舶外部开关处于断开位置,控制箱内电流断路器处于断开位置。在拆卸某几个电器元件时不必将整个电器控制板拆下来。检查某个电器元件时,应该先拆去接线,注意电线上的标记和代号。在必须拆下电器元件时才取下该电器元件。当必须更换某个损坏的电器元件时,应参照电气原理图及原来的接线编号连接电线。只有当确认接线无误后才可以合闸通电试验。

三、油水分离装置

为了达到《国际防止船舶的污染公约》的要求,船用油水分离器在各类船舶上获得广泛的应用。实践证明,油水分离器在防止船舶对海洋造成油污染方面起到了很好的作用。对船用油水分离器的要求:①经分离的污水应能满足《国际防止船舶造成污染公约》规定的排放标准;②能自动排油;③在船舶横倾22.5°时仍能正常工作;④构造简单、体积小、质量轻,易于拆洗和检修。

1. 工作原理

油水分离的方法较多,主要有物理分离法、化学分离法、电浮分离法和生物处理方法等。

物理分离法是利用油水的密度差或过滤吸附等物理现象使油水分离的方法,主要特点是不改变油的化学性质,而将油水分离,主要包括重力分离法、过滤分离法、聚结分离法、气浮分离法、吸附分离法、超滤膜分离法及反渗透分离法等;化学分离法是向含油污水中投放絮凝剂或聚集剂,其中絮凝剂可使油聚集成凝胶体而沉淀,而聚集剂则使油凝聚成胶体后上浮,从而达到油水分离的一种方法;电浮分离法是把含油污水引进装有电极的舱柜中,利用电解产生的气泡在上浮过程中吸附油滴而加以分离,从而实现油水分离的方法,实际上是一种物理化学分离方法;生物处理法有活性污泥法、生物滤池法等。由于船舶条件有限,目前在船用油水分离器中采用最多的方法是物理分离法,而物理分离法中又以重力分离、聚结分离、过滤分离和吸附分离为主。

（1）重力分离

重力分离是指利用油水的相对密度差或密度差使油浮于上部,而后排入污油柜中,下部清水若符合排放标准则排出舷外。重力分离法如按其作用方式的不同,还可分为机械分离、静置分离和离心分离三种。

机械分离是让含油污水流过斜板、波纹板细管和滤器等,使之产生涡流、转折和碰撞,以促使微小油粒聚集成较大的油粒,再经密度差的作用而上浮,从而达到分离的目的。

静置分离是将含油污水储存在舱柜内,在单纯的重力作用下经过沉淀,使油液自然上浮以达到分离的目的。这种方法需要较长的时间和较大的装置,同时也难以连续使用。

离心分离法是利用高速旋转运动产生的离心力使油水在离心力和密度差的作用下实现分离,它的特点是油污水在分离器中的停留时间很短,所以分离器体积较小。

重力分离法的优点是结构简单,操作方便;缺点的是分离精度不够,只能分离自由状态的油,而不能分离乳化状态的油。一般认为油粒直径小于 50 μm 就很难分离,不能满足 15 ppm 的排放要求。因此,船用油水分离器都采用重力分离法作为第一级分离。

（2）聚结分离

聚结分离是指当含油污水通过聚结分离元件时,让它们互相碰撞以使油粒聚合增大,油污水中的微细油珠被聚结成较大的油粒（在这种分离过程中,由于微小油粒逐渐聚合长大,因此这种分离过程称聚结,也叫作粗粒化过程）,在外力的作用下,粗粒化后的油粒脱离聚结分离元件的表面,利用油水相对密度差,克服阻力迅速上浮,从而达到提高油水分离精度满足排放要求的目的。微细油珠的粗粒化过程可分为截留、聚结、脱离和上浮四个步骤。粗粒化的程度与聚结元件的材料选择以及材料充填的高度和密度等有关。提高油水分离效果,聚结分离元件（粗粒化元件）的材料是关键。为了强化油粒聚结效果,使聚结后剥离的油粒直径大,上浮速度快,进口处用孔隙小的粗粒化材料,出口处用孔隙大的粗粒化材料做成聚结元件。多孔介质对油的亲和性也影响聚结效果,亲油性强则剥离时可能形成油包水现象,容易堵塞,不宜长期连续使用,而亲水性材料粗粒化的油粒较小,所以应选用适宜的材料。目前应用的粗粒化材料有聚丙烯无纺布、丙烯腈纤维、弹性尼龙纤维、车削尼龙、玻璃、金属丝网等。聚结分离一般能将油污水中 5 ~ 10 μm 油粒全部除去,甚至更小的油粒也能除去,效果好,设备紧凑,占地面积小,一次投资低,便于分散处理且运行费用低,不产生任何废渣,不产生二次污染。

（3）过滤分离

过滤分离是指让油污水通过多孔性介质滤料层,而油污水中的油粒及其他悬浮物被截留,去除油分的水通过滤层排出,从而使油水得以分离。过滤分离过程主要靠滤料阻截作用,将油粒及其他悬浮物截留在滤料表面,此外由于具有很大表面积的滤料对油粒及其他悬浮物的物理吸附作用和对微粒的接触媒介作用,增加了油粒碰撞机会,使小油粒更容易聚合成大油粒而被截留。一般使用的过滤材料有:人造纤维和金属丝织成的滤布、特制的陶瓷塑料制品、石英砂、卵石、煤屑、焦炭以及多孔性烧结材料等。这些滤料共同的特点是化学稳定性好,不易溶于水,一般不与污染物质起化学反应,不会产生有害或有毒的新污染物,同时还具有足够的机械强度。任何一种过滤介质对污染物的过滤能力都有一定的限度。如果油污水中含有的悬浮固体物过多,将会大大缩短过滤介质堵塞时间,促使过滤效果变差,甚至过滤过程过早中断。因滤料达到饱和状态后,必须进行反冲洗,使滤料重新获得良好过滤性能。如强度不够,会在反冲洗时由于不断碰撞和摩擦而使滤料产生粉末,并随冲洗水流一起流失掉,增加滤料损耗;反过来,在过滤时粉末又会聚积于滤料表层,增加流动阻力,滤速增大,过滤质量恶化。

使用粒状介质作滤料时,要依据过滤要求及工艺条件选用适宜的滤料粒径的范围及在此范围内各种粒径的数量比例。在一定范围内还应尽可能选用孔隙大的滤料,即滤料的孔隙体积与整个滤层体积的比值越大,水力阻力损失越小,滤层含污能力越大,过滤效果越好。

用粒状介质组成的滤料层,理想的状态应是各层粒径沿水流方向逐渐减少。这样整个滤料的作用都能充分发挥出来,含污能力高,水头损失速度慢,过滤使用时间增长。对仅用一种滤料做成的滤层,当水流方向自上而下流动时,实际难以保持粒径自上而下逐渐减少的状态。因为反冲洗时,整个滤层处于悬浮状态,而且必然有粒径大、质量大的滤料悬浮在下层,粒径小、质量小的滤料悬浮于上层,反冲洗停止后,就会自然形成粒径上小下大的滤层,这样的滤层对过滤是很不利的。因此,为提高滤料过滤性能,可改变水流方向或采用两种以上滤料组成多层滤料层。

过滤分离法通常是油污水处理过程的终端手段,作精分离用。

（4）吸附分离

吸附分离是指利用多孔性的固体吸附材料直接吸附油污水中的油粒以达到油与水分离的目的。固体吸附材料表面的分子在其垂直方向上受到内部分子的引力,但外部没有相应引力与之平衡,因此,存在吸引表面外侧其他粒子的吸引力,由固体表面分子剩余吸引力引起的吸附称为物理吸附,由于分子间的引力普遍存在,所以物理吸附没有选择性,而且可吸附多层粒子,直到完全抵消固体表面引力场为止。

吸附是一种可逆过程,被吸附的粒子由于热运动,会摆脱固体表面粒子引力从表面脱落下来重新回到污水中,这种现象称为脱附。当吸附速度与脱附速度相等时,吸附达到平衡状态,这时单位质量吸附材料所吸附的油量称为吸附量,它是表面吸附材料吸附能力的参数,比表面积（单位质量吸附材料所具有的表面积）越大,吸附量越大。常用的吸附材料具有良好的亲油性,有纤维材料、硅藻土、砂、活性炭焦炭和各种高分子吸附剂（如分子筛）等。吸附分离法主要是用来直接回收微小的油粒,一般用作油污水处理的精分离。吸附材料吸附油料达到饱和时,失去油水分离效能,因此,吸附材料达到饱和之前就应更换,而吸附材料的更换和处理都比较困难,并且需要用大量新的吸附材料,所以吸附分离主要用于含油量很少的细分离。

近年来,为达到提高后排放标准（油分浓度小于 15 ppm）,油水分离器多为重力式分离器配以过滤、吸附等组合方式,即由粗分离和细分离（精分离）两部分组成。

粗分离部分多用于第一级,主要采用重力分离法,处理容易上浮的分散油滴。重力分离法结构形式有多层斜板式、多层隔板式、细管式和多层波纹板式等。

细分离部分用于第二级和第三级,多采用聚结法、过滤法、吸附法等,用以去除油污水中的微细分散油滴和乳化油滴。细分离部分结构形式有圆筒式和填充式,采用最多的是以纤维材料构成的圆筒式分离元件,其特点是结构紧凑、元件容易更换。填充式是在油水分离器中填充有形纤维等过滤吸附材料,截留和吸附微小油滴,在其吸饱油后,可进行反冲洗,但当压力降达到一定值时,就必须更换过滤吸附材料。

2. 典型结构

实际使用的船用油水分离器种类繁多,但绝大多数是采用重力分离法,再加上聚结分离、过滤分离或吸附分离等方法,即所谓组合式结构,以达到国际公约规定的排放标准。下面简要介绍 CYF-B 型油水分离器、塞里普 SFC 型油水分离器和真空式油水分离器的基本结构组成及其工作原理。

（1）CYF-B 型舱底水分离器

CYE-B 型油水分离器属于重力-聚结组合式分离器,其结构如图 6.39 所示。它主要由粗分离装置即多层波纹板式聚结器 4、细分离装置即聚结材料构成的纤维聚结器 14、细滤器 16、加热器 7、油位检测器 8、自动排油阀 11 和安全阀 3 等组成。

其工作过程如下:舱底水由污水泵经油污水进口 6 和喷嘴从左集油室中部送入油水分离器内,由于喷嘴的扩散作用,进入油水分离器内的污水迅速分散开,大颗粒油滴即上浮到左集油室 9 的顶部,而含有小颗粒油滴的污水向下流动进入峰谷对置的多层波纹板式聚结器 4 构成的机械式重力分离装置中。由于双波纹板组的湿周大、上浮距离小、流路长、水流平均流速低,因此使含油污水处于层流状态,并在特有的水腔结构内使小颗粒油滴相互碰撞,聚合形成较大的油滴。当其流出波纹板组后,外接管流至细滤器16,滤除水中的固态悬浮粒子和机械杂质,在浮力的作用下上浮至右集油室13的顶部,实现重力粗分离。此后,含有更小油滴的污水顺次进入串联布置的两级聚结元件14中,残留在水中的细微油粒在其中经截留、聚结、脱离和上浮四个步骤实现精分离。分离出的污油上浮至中间集油室顶部,而分离出的清水经排出口5排出舷外。

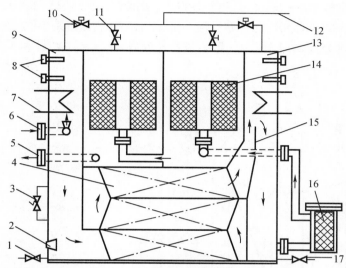

1,17—泄放阀;2—蒸汽冲洗喷嘴;3—安全阀;4—板式聚结器;5—清洁水排出口;6—油污水进口;
7—加热器;8—油位检测器;9—集油室(左);10—自动排油阀;11—手动排油阀;12—污油排出管;
13—集油室(右);14—纤维聚结器;15—隔板;16—细滤器
图 6.39　CYF-B 型舱底水分离器

两级纤维聚结器都呈圆筒形,外形尺寸相同,但后级填充的材料多,比前一级更紧密、孔隙更小,能分离更细微的油滴,但更易堵塞。安装时注意不能互换,其填充的聚结材料采用介于亲油和亲水之间的涤纶纤维及弹性尼龙纤维。

由油位检测器 8 检测左、右集油室内的污油量,控制自动排油阀的启闭。中间集油室的污油量较小,通过手动排油阀采用人工定期排放。集油室内设有蒸汽加热器或电加热器以保证高黏度污油在环境温度较低时能顺利排出。

CYF-B 型油水分离器主要用于处理机舱舱底水,可使排放水的含油量小于 10 ppm,并能在船舶倾斜 22.5°的条件下正常运行,其配套污水泵为单螺杆泵。

CYF-B 型油水分离器污水泵位于分离器的前端,含油污水被泵入分离筒内,污水在水泵的搅拌下增加了乳化程度,影响分离效果。因此为了减轻乳化程度,往往使用对输送液体扰动性小的水泵,如螺杆泵、往复泵,但输送泵与没有经过处理的污水直接接触,污水中的杂质和泥沙会使泵的磨损增大,甚至使螺杆泵卡住或折断,影响水泵的工作可靠性。

(2)ZYF 型油水分离器

ZYF 型油水分离器与 CYF-B 型油水分离器不同之处在于,它仅靠重力分离元件配以后置螺杆泵抽吸而达到污水处理目的,这种分离器的分离筒内保持一定真空,油水在真空状态下进行重力分离,避免了污水泵造成的乳化对分离效果的影响。

ZYF 系列油水分离器将污水泵后置,属于真空式油水分离器。真空式油水分离器具有如下特点:

①水泵后置,真空抽吸含油污水,进出水泵的液体为处理后的清水,无杂质和泥沙,泵的磨损小,工作可靠。

②避免了油污水的乳化,筒内的真空度同时起到了"气浮分离"的效应,提高了油水分离效果。

③可采用电动柱塞泵和螺杆泵,密封性好、自吸能力强、磨损小、工作可靠。

④分离装置中的聚合元件能自动反向冲洗,不会堵塞,长期使用不需要更换。

ZYF 系列油水分离器属于重力-聚结组合式分离器,其基本结构和工作原理如图 6.40 所示。

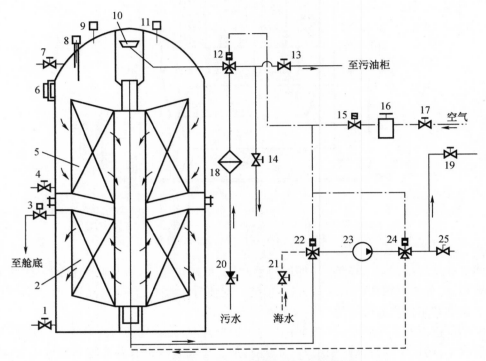

图 6.40　ZYF 真空式油水分离器原理系统图

1—下排污阀;2—第二级集油器;3—第二级自动排油阀;4—上排污阀;5—第一级集油器;6—电加热器;7—检油旋塞;
8—油位探测器;9—真空压力传感器;10—污水进入喷口;11—温度控制器;12,22,24—气动三通阀;13—排油截止阀;
14—反冲洗管截止阀;15—气源电磁阀;16—空气压力控制阀;17—气源截止阀;18—污水吸入滤器;19—净水出口;
20—污水吸入止回阀;21—海水吸入截止阀;23—单螺杆泵;25—取样旋塞

ZYF 系列油水分离器基本工作原理:当分离器在运行过程中,单螺杆泵 23 在分离装置排出口处抽吸处理后的排水过程中,使分离筒内产生真空度,舱底水经过污水吸入滤器 18 和上部气动三通阀 12 进入分离筒内部扩散喷口,进行初步的重力分离,被分离的大油滴浮至顶部集油室,含有小油滴的污水向下由环形室进入第一级集油器 5,在内部进行首次聚结分离,聚结形成的较大油滴逆向上浮至顶部集油室,污水继续由中心通道向下,进入第二级集油器 2 后向外腔流动,聚结后的大油滴停留在环形室顶部。

符合排放标准的水(含油量小于 10 ppm)则向下经分离器底部排出,流向气动三通阀

22,进入单螺杆泵23吸入口,从泵的排出口排出再经过气动三通阀24排向舷外。当分离出的污油在顶部聚集到一定程度时,油位探测器8触发信号,使电磁阀15开启,压缩空气同时进入三只气动三通阀12,22,24的顶部气缸,推动活塞向下,关闭常通口,打开常闭口,舱底水暂停进入分离器,分离后的水暂停排出。由于单螺杆泵23仍在继续运转,使来自海水管的海水由气动三通阀22进入单螺杆泵23的吸入口,泵出后再通过气动三通阀24进入分离器底,逆向经过聚结元件集油器2,5进行反向冲洗,向分离器内部补充海水,并使分离器内部由真空变成压力状态。聚集的污油通过上部气动三通阀12排向污油柜。第二级集油器属于精分离过程,聚集在环形室顶部的污油较少,当顶部集油室排油时,环形室排油阀就会自动开启将污油或油水混合液排放至舱底水舱。

（3）TURBULO MPB型舱底水分离器

TURBULO MPB型舱底水分离器利用重力–聚结原理完成油水分离,其外观结构如图6.41所示。

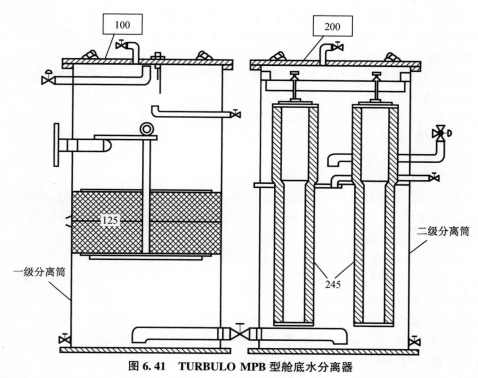

图6.41 TURBULO MPB型舱底水分离器

油污水从左侧一级分离器100的左上部泵入,在分离器上部粗分离后,污水迅速分散,由于流速较慢,污水在向下流动的过程中,大颗粒油滴上浮到分离筒顶部的集油室,含有较小油滴的污水则向下通过聚结元件125(High Efficiency Coalescer,简称HEC)。聚结元件表面亲油,呈多孔海绵状结构,具有高比表面积和低压头损失,在污水中具有足够的稳定性,污水中的污垢不会对其造成损害,即使有一定程度的脏污也无须更换,只需将聚结元件拆下,用热水冲洗干净即可重新使用。污水通过聚结元件时,由于聚结元件表面的亲油性,含有污水中的小油滴会短暂吸附在其表面,经过聚结长大,最后在浮力的作用下逐渐上浮进入分离筒顶部的集油室。细小油滴则随处理后的污水,一并经两分离筒底部的连通阀进入二级分离筒200。

二级分离筒内装有多个圆筒式分离元件245（Hydrocarbon Separator，简称 HycaSep），每个元件外形一致，材质为高分子聚合纤维，具有良好的吸油性能。每一分离元件分上、下两级，经中间挡板和顶部支架固定在分离筒内，构成了二级分离筒内两级油水聚合分离层。进入二级分离筒的污水从分离筒的底部经下层分离元件的外表面流入，细小油滴经聚合后从水中分离；流入下层分离元件内腔体的水沿腔体轴线向上流动，进入上层分离元件的内腔体，在水流压力的作用下，向外流出上层分离元件，其间，细微油滴被进步分离。经处理后满足要求的清水从二级分离筒的上部排出阀流出。

二级分离筒内上、下两层分离元件虽均由聚合纤维构成，但由于处理的水质不同，因此上层聚合纤维比下层聚合纤维更聚密、空隙更小，能分离的油滴也更细微。在工作过程中，如果压力损失过大，则需对分离元件进行更换，而不是对其进行清洗。新的分离元件压力差约为 0.015 MPa，最大可用压力差约为 0.14 MPa。

在一级分离筒的上部装有油位检测电极，可以感知分离筒上部的油位控制排油阀打开或关闭，间歇地进行排油。二级分离筒上、下腔体内的集油量很小，采用人工方法定期通过手动排油阀排出。在一级分离筒上部集油室还装有电加热器，可以保证高黏度污油在环境温度较低的情况下顺利排出。

新舱底水分离器在一级分离筒中的聚合元件顶部可能有选装的一层"临时过滤垫"，其作用是防止新船时期的大量污垢进入，在分离器正式运行前应撤除该垫。如装有该垫，分离器会贴有标签。此外，舱底水分离器在首次投入运行时，需冲洗数次（每周两次，每次0.5 h），以免颗粒、铁锈等形成堵塞。

（4）舱底水分离系统

①典型的系统布置

船用舱底水分离系统主要包括控制箱、分离器（内有滤板、滤芯等）、管路、专用配套泵、自动排油监控系统（排油电磁阀、加热器、压力表、温度表及探头等附属设备）、油分浓度监测装置、自动停止排放装置等。

管路布置应尽量减少阻力节流损失，管路内径选择应使管内液体保持在层流状态下流动，不能用节流或旁通方法调节泵排量。为了以后在船上方便相关检查，应尽可能在靠近油水分离器出口的排液管垂直部分设取样口。应在贯通装置舷外出口后面及附近装有再循环设备（经过船级社认可），使包括 15 ppm 报警装置和自动切断装置的舱底水分离系统在停止舷外排放的情况下进行试验，典型的系统布置如图 6.42 所示。

②油分浓度监测装置（15 ppm 报警装置）

《国际防止船舶造成污染公约》规定，船舶油水分离器必须在有油分浓度监测装置时才能使用，以便对排放水的含油浓度、排放总量及瞬时排放率进行测定、记录和控制。若排放水中含油浓度超过规定的标准，检测器就发出声光报警，并自动切断舷外排放。轮机人员应立即检查舱底水处理系统的工作情况，并排除故障，直到水中含油浓度符合标准为止。

目前，常用光学方法来检测水中含油浓度，它又分为光学浊度法、红外线吸收法、紫外线吸收法和荧光法。

③自动排油装置

油水分离器分离出的污油聚集在分离器顶部达到一定数量时，便自动打开排油阀将污油排往污油柜或油渣柜，这种装置称为自动排油装置。自动排油装置主要由气动排油阀

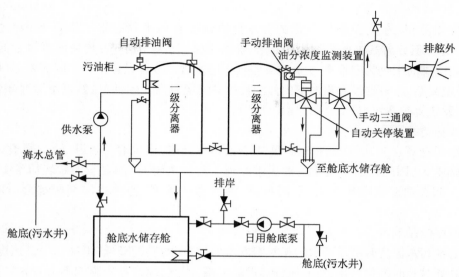

图 6.42　典型的舱底水分离系统

(或电磁阀)和电阻式或电容式油位探测器组成。油位探测器在分离器的集油室中,利用感受元件在油水中与分离器壳体之间导电率(或电容)的变化,测出油层厚度的变化,并输出控制信号,通过电气控制箱控制排油阀的启闭。

④自动停止排放装置

在适用情况下,自动停止排放装置指当排出物含油量超过 15 ppm 时用于自动关停油性混合物的任何舷外排放的装置。该自动停止排放装置为一种阀门装置,装于 15 ppm 舱底水分离器的排出物出口处,当排出物含油量超过 15 ppm 时自动将排向舷外的排出物引回舱底或舱底水舱。

3. 操作、维护与保养

(1)油水分离效果的影响因素

油水分离器工作性能在实际使用中受到许多因素影响,同样一台油水分离器在不同情况下使用,其工作性能相差很大。油水分离器的分离效果与其结构、内部清洁状况、舱底水泵的形式、污水中油的种类及其含油量、分离温度、工作压力流量等因素有关。

①泵的影响

污水中油的微粒化、乳化程度越高,油水分离器效果越差,因此,污水通过泵时应尽量不产生乳化搅拌或节流。

容积式泵,如往复柱塞泵、单螺杆泵等乳化程度最小,容易分离。在同样静置时间内,往复泵排出的水中含油量比离心泵、齿轮泵等少,也就是说大部分油很快与水分离。

②工作压力的影响

油水分离器工作压力对分离性能有显著影响,工作压力提高,泵排出压力就要相应提高,则污水通过泵输送时,严重乳化,分离效果下降,排水含油量显著上升。如果油水分离器在真空条件下工作,比如污水泵不是以一定压力向油水分离器供水,而是从油水分离器出口吸水,这样,泵输送污水所产生的乳化现象可以完全消除。过滤式分离器在真空条件下工作,当过滤元件堵塞时,通流能力降低,而通流速度保持不变,不会影响分离效果。

据实验测得：在真空条件工作的油水分离器比在压力状态下工作排水含油量降低1/15~1/26。但分离器在真实条件下工作，管路应保证良好密封、安装高度要尽量低，如分离器安装位置高于机舱底板3~5 m时真空就无法实现。或者设置重力式沉淀柜，这样设备增多、系统复杂，分离器顶部集油室内油的排放系统更复杂。因此，虽然真空工况净化质量高，但因系统复杂体积大，不宜在船舶上应用。

③油种类的影响

根据司托克斯公式，油的相对密度越小越容易分离，但也容易乳化，而且乳化对分离效果影响重大，因此相对密度小的油更难分离。总的来讲，原油含有大量轻质油分，比较难分离。润滑油比较容易分离，不同种类、油质劣化程度、各种添加剂等都会影响分离性能。

④温度的影响

若含油污水温度升高及油水的相对密度差增加，水的黏度降低，则油滴上升速度快，但温度升高通过泵时乳化严重，反而使分离性能下降，因此，综合起来影响不大。如果是低温通过泵，高温下分离可取得良好分离效果，特别是陆用大型静止分离池，提高温度是提高分离效果的有效办法。

⑤污水中含油的影响

污水中油分浓度越高，分离性能当然越差，因为油分浓度增加，乳化程度加重。但油分浓度高油滴相互碰撞机会也增加，一部分乳化油滴直径有加大的可能，使分离性能提高。油滴直径加大的程度，同油水分离器的种类、构造有关，但总的影响仍然是浓度增加，分离性能下降。

⑥管路的影响

油水分离器系统中管路的长度、直径、曲度、阀门、滤器等对分离性能的影响比较复杂。一般来说，管径越大、管路越长，分离性能越好。阀门、滤器、管路弯曲部分等造成的节流，流动状态的变化都会使分离性能下降，使用管理中应注意保持水流在稳定层流状态下流动。

⑦流量的影响

油水分离器流量增加，油水在分离器内停留的时间减少，流速增加，分离效果必然下降。当流量超过油水分离器标准处理量时，分离效果显著下降，排水质量根本达不到排放标准要求，在使用中和选用污水泵时应特别注意。

⑧旁通的影响

舱底水分离系统的污水泵，往往用船上原有的舱底水泵，而排量大于分离器处理量时，多余部分经旁通管再返回污水井，这部分经泵排出乳化的污水，下次再被泵吸入，会更进一步乳化，所以送入油水分离器内的油污水乳化程度相当严重，使油水分离器性能显著下降。如果污水仅一次通过泵，油水分离效果可达到30 ppm，当有一半污水旁通再次通过泵送入分离器时，其分离效果超过150 ppm。

因此，当分离效果不佳时，可从上述方面查找原因。例如，油品的相对密度过大或过小都不利于油水分离器的分离；离心式和齿轮式舱底水泵会使油污水乳化，不易分离，宜采用低速往复式活塞泵和柱塞泵或单螺杆泵。

如果油水分离器中分离出的水含油量过大，即分离效果不佳时，可采用以下措施：

a. 改为间歇工作，即当分离器中装满舱底水后，停止供水，使容器内的舱底水有足够停留时间，然后再开启污水泵，用新泵入的水将沉淀分离后的污水排出。

b. 分层抽吸，即先把下层含油少的污水直接排出舷外，只使上层含油较多的污水经分离器分离。

c. 适当加温，对分离器内污水加热至 40~60 ℃，使油与水的相对密度差加大，增大浮力，水的黏度也降低，从而减少油滴上浮的阻力，增加油滴上浮速度。但一般当加热温度超过 60 ℃时，油水乳化程度显著增加，分离效果显著下降，并很难达到排放标准。

d. 改用输水平稳的污水泵(如单螺杆泵)以减轻油污水的乳化程度，使进入分离器的油污水中的大颗粒状的油易于分离。

(2)运行管理

正确使用和定期维护保养是保证油水分离器充分发挥其分离能力的先决条件和重要保证。轮机人员应仔细阅读其使用说明书，了解其工作原理、运行及维护要求等。

①启动的检查及准备

使用分离设备和过滤系统排放前，应先征得驾驶员同意，并注意监视海面是否有明显油迹。

首先检查油水分离装置的水、油、气源系统及电气线路安装是否正确。油水分离装置首次起动运转时，首先应向分离筒内注满清水，注水时应将分离筒顶部空气阀和高位检查旋塞打开，直至水从这些阀流出后，再将其关闭并停止注水，否则分离器顶部充满空气，很可能会导致油位探测器误动作，将自动排油阀打开，大量的污水/清水灌入污油柜。

打开出水、排油、泵前引水管系及吸入清水(海水或淡水)管系上的阀，关闭舱底油污水吸入阀。油水分离器在首次使用或清洗后投入使用时应先注满清水，以便有助于洗掉可能黏附的油污和杂质，避免油污水对分离器的污染。

接通电源，起动配套泵的电机，向油水分离装置内供水，查看配套泵的转向是否符合箭头指示方向。此时自动排油指示灯应亮，直至顶部空气阀中有水溢出，表明分离器内已注满水，排油指示灯应自动熄灭。起动污水泵前应先打开舷外排出阀，检查自动排油装置和应急操纵手轮是否处于正常位置。

打开舱底水吸入管系上的阀，然后关闭清水阀，由配套泵将舱底油污水输入分离装置进行分离处理；同时开启监控系统，调整排放水的含油指标为 15 ppm，确认监控系统和自动停止排放装置正常，并一直处于运行中。

②运行中的管理及注意事项

油水分离器在使用中若管理不善，分离性能就会下降，排水中含油量将超过排放标准，甚至将大量污油排出舷外，因此，必须严格按照各项管理要求使用油水分离器。

日常检查：

a. 检查控制箱。油水分离器控制箱有输油泵电控箱、自动排油电控箱及排油监控系统电控箱等，有的是结合在一起，有的是分开的。在检查时，主要查看各电控箱能否对相关的用电设备正常供电及控制，有关指示灯是否亮。若电源指示灯不亮，则可能是总配电板或分配电板上油水分离设备电源开关未合闸，或电控箱内保险丝断了。

b. 检查分离器和管路。查看油水分离器本体，确认无严重锈蚀、无锈穿现象；铭牌位置明显、标明的处理能力与证书相符；查看本体上取样口的阀门，保持畅通，开关自如。

查看有无不经油水分离器而直接排往舷外的旁通补路。若有，必须割除。若暂时不具备割除的条件,允许临时用盲板封死。查看管路是否锈蚀严重,有无漏水现象。

c. 检查排油监控系统。可通过试验,检查油水分离器排油监控系统的报警功能。

具有自动停止排放功能的油水分离器排油监控系统,还需检查油水分离器在超过15 ppm 时能否使分离器专用配套泵停止运转或能否使油水分离排水管路上的气动、电磁气动/电磁组合式等的三通阀动作。若不能,则说明油水分离器排油监控系统本身故障或三通阀故障。

三通阀故障原因有:电磁阀故障;气动三通阀驱动气体未达到设定气压;三通阀本身漏气。

d. 检查排油电磁阀。可通过从油水分离器自动排油按钮转换到手动排油按钮时的下列现象判断其是否正常:排油电磁阀,手触有震感,且可听到动作声;排油指示灯亮;观察镜中,可看到有污油排出等。

如油水分离器排油电磁阀设计成处于自动排油状态,可以通过在控制箱内的强制性动作试验按钮,查看排油电磁阀是否处于良好工作状态。

e. 检查油位探头。油位探头通常在非排油状态。油水分离器腔体内充满水时探头上的工作指示灯是亮的(工作指示灯需打开探头盖才能看到)。若只是油位探头指示灯不亮,可能是油水分离器排油电磁阀故障。若油位探头工作指示灯不亮而相应排油电磁阀开启指示灯亮,可能是探头受到污染,需要抽出来擦洗干净。若油位探头工作指示灯不亮,且相应油水分离器排油电磁阀开启指示灯也不亮,或相应探头取样口有污油排出,则可能是油水分离器探头本身故障,电信号不能传送到电磁阀处。

f. 检查运转情况。检查油水分离器专用配套舱底水泵在供电后能否正常运转,所附连的压力表、真空表或混合型的压力表、真空表是否有指示,根据油水分离器泵的出口压力来判断泵的工作状态。在泵运转过程中,还需查看泵是否漏水(有时会出现盘根漏水的现象)。

使用注意事项:

油水分离器在使用中应充分注意排油、加热和清洗。

a. 一定要按油水分离器说明书规定的条件(油水分离器工作压力、额定处理量、泵类型、转数等)使用油水分离器。调整排出水管路上阀的开度,保持分离器内具有一定压力,以利于分离器内污油排出。观察压力表、真空表等指示值是否正常,探测配套泵轴承表面温度是否在允许的范围内。设有电加热器温度自动控制的分离装置,应注意查看分离器上的温度表,以防温度过高产生故障。严禁分离器内无水时起动加热器。

b. 运行中特别注意避免油水分离器超负荷。所谓超负荷,即超过其达到排放标准的分离能力。如果供水量过大,或排油装置失控,积油过多,都会降低分离效果,造成污油污染分离器内壁。检验超负荷的方法:一是检查低位检验旋塞,当它有油流出时说明积油过多,应立即排油,如果自动排油失灵应改为手动排油;二是通过出水口水样的观察,如果发现有可见的油迹,应停止分离器工作。

c. 观察处理后的排出水的水质和油分浓度报警器的工作情况。在刚起动油水分离器或运行一段时间后,经常出现油分浓度检测装置误报警,可能是由于油分浓度检测装置的玻璃管内壁脏污,此时应视情况手动清洁。

d. 要定期排放集油室中空气,防止自动排油装置因存气太多而失灵。

e. 油水分离器的供水泵多为单螺杆泵或柱塞泵,运行中千万不能空转,不允许泵在关阀时运行。无自动控制停装置或未设置泵干运转保护的油水分离器,应注意在舱底油污水吸空前及时停泵,避免配套泵空转而烧坏。

f. 为保证分离效果,根据气候条件和污水中油种的不同,采用加热的方法提高分离效果。蒸汽加热器一般用 0.25~0.3 MPa 的饱和蒸气加热到 40~60 ℃为宜,以加速油滴上浮和黏附内壁上的污油脱落。

g. 每次运行油水分离器时,切忌一次将舱底水柜彻底排空,以免舱底水柜内积存在上部的污油大量进入油水分离器中降低其性能。

h. 在油污水排放完后停用分离器之前,应引入海水继续运行 20~30 min,用以清洁油水分离器及其监控系统,以免被油污堵塞和污染。停泵后,应关闭油水分离器的进出口阀,防止筒内充满的水泄露,减轻内壁氧化腐蚀。

i. 每次使用油水分离器进行舱底水排放,均应记入油类记录簿。

j. 经常注意检查保养。定期清洗分离器内部或调换集结元件,一般 1~2 个月应清洗一次,为清除沉积在分离元件表面上的蜡质等黏附物,最好用 50~60 ℃的热水清洗,但有的分离器不能用热水或蒸汽清洗,这点应引起注意。一定不能用任何种类清洁剂清洗油水分离器。

k. 要及时排出集聚在分离器集油室内的油,自动排油装置如发生故障时,应采用手动排油。

四、压载水处理装置

1. 压载水处理技术

(1)压载水置换

该方法以生态学和生物学原理作为理论基础:第一,反向引入的可能性是不存在的。生活在淡水、河口以及绝大部分浅海中的生物不可能在深海环境中生存下来。同理,深海压载水中的生物在排入淡水、河口或浅海中时也不可能生存。第二,被排入深海中后,幸存下来的生物通过其他船舶的置换压载水操作被带到近海水域的可能性也非常小。根据这个原理,IMO A.868(20)号决议指出,压载水置换应该在深水、公海和尽可能远离海岸处进行。该方法被认为是目前减少压载水排放带来的外来物种入侵的最有效的方法之一。

目前主要采用以下两种置换方法:

①排空-注入法

此方法的基本原理是将压载舱的压载水全部排出,直到把压载水排空为止,然后用深海海水重新加满。

该方法中,压载水的排空和注入通过已有的压载水管系和压载泵就可以实现。IMO 规则推荐应在压载舱完全没有吸入时,才可以将压载水排出舱外。因此,在满负荷压载时,载荷变化大将会影响到船舶的稳性、结构强度、吃水以及纵倾。

②溢流法

此方法的基本原理是把深海海水从舱底泵入使压载水从舱顶连续不断地溢出,直到换掉足够量的压载水,以减少残留在舱中的微生物的数量。

巴西提出了一种新的置换压载水的方法:稀释法,即用 3 倍于舱容的水量从顶边舱注入,底部流出。此方法比底部注入、顶部流出产生的紊流大,有利于搅起沉积物,效果更好。

（2）过滤及旋流分离

过滤法处理压载水被认为是对环境最无害的方法，主要包括快速沙滤、筛漏、布质筛漏/过滤器和一系列的膜过滤器，可去除压载水中的微生物和病原体。但像病毒和细菌最小的直径只有 0.02 μm 和 0.1 μm，原生动物最小的直径是 2 μm。滤网数目越多，过滤需要的压力就越大，而且很快就需要反冲洗，否则过滤就无法进行下去。实际上海水本身含有许多悬浮物，会使过滤更加困难。

压载水中的许多微生物都具有特定的密度，并且与水的密度相近，其中的很多生物活动能力很强，在没有外力的情况下，这些微生物不会"安定"下来。因此要采用一定的技术对其进行分离。

旋流分离法就是利用水流在管路中高速流动产生的分离作用，将液体的水和固体的生物及病原体分离开。

（3）化学处理方法

该方法主要是采用杀虫剂来杀灭水生物，所使用的杀虫剂分为氧化杀虫剂和非氧化杀虫剂。氧化杀虫剂广泛应用于废水处理中。强氧化杀虫剂能破坏生物结构，如细胞膜。目前所使用的氧化杀虫剂主要包括氯、二氧化氯、臭氧、过氧化氢、溴等。非氧化杀虫剂则是通过影响生物的繁殖、神经系统或新陈代谢功能来发挥作用。

（4）加热处理

目前看来，可以用于航行中处理的方法是加热处理。加热方法从实用性经济性两方面分析都是一种非常好的处理方法，其主要原理是利用高温杀死压载水中的有害生物。来自船舶冷却系统和排气装置的废热是可免费获得的能量，这使它在成本上与置换处理大致持平。目前加热压载水的方法有：

①利用压载水与发动机的冷却水回路接触加温。

②利用压载水在热交换系统里反复流动加温。

③采用外加热源加热压载水。

（5）紫外线处理

波长在 240~260 nm 尤其是 253.7 nm 的紫外光（UV）对压载水中的微生物和病原体有杀灭作用。该方法应用的主要问题是，沿岸水中因含有大量的悬浮物质会阻挡紫外线对微生物和病原体的照射，含有的另一种溶解性有机物对波长为 254 nm 的紫外线有强烈的吸收作用，这两者都会影响处理效果。此外紫外线处理能耗很大。

（6）超声波处理

超声波通过各种间接反应对海洋生物有致命作用。它可以产生热量、压力波的偏向，形成半真空或真空状态从而脱氧导致浮游生物的死亡。

在健康和安全方面，一些转换环节可能会产生噪声，可能还有一些目前未知的牵涉船舶结构完整性和人员频繁接触在超声波中引发的健康方面的问题。气蚀过程还会造成船舱表面或结构的破坏。这些限制条件，意味着超声波处理压载水并不是十分可行的方案。

（7）岸上处理

把压载水排放到岸上的污水处理厂进行处理，由于存在处理量大、时间长、占地面积大、设备利用低等问题，导致运行成本大幅度提高。

（8）压载水不排放

压载水不排放就不会造成污染，但由于减少了船舶货物载运量，因此会使吨位运输成本增加。

2. 典型压载水处理系统

（1）过滤+紫外线压载水处理系统

处理工艺流程如图 6.43 所示。

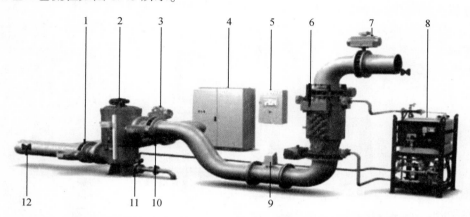

1—进口阀；2—滤器；3—旁通阀；4—紫外线灯控制箱；5—控制箱；6—紫外线杀菌单元；
7—控制阀；8—清洗单元；9—流量传感器；10—旁通阀；11—反冲洗阀；12—取样点。

图 6.43　过滤+紫外线压载水处理方法流程图

系统原理是在打压载水的时候先通过滤器，把大的微生物都排出去，然后用紫外线处理器杀死那些微生物；卸载的时候就是旁通滤器，直接经过处理器杀菌后排出去。清洗单元用于清洗和保护紫外线灯管。杀菌单元是紫外线灯和人造石英管的组合，可以使波谱达到最优，从而提高并增强杀菌效果以达到最大值。

设备优点是技术成熟，对大部分微生物种类有效；缺点是对水质有要求，灯管有一定使用寿命，耗电量较大。

（2）电解处理压载水系统

处理工艺流程如图 6.44 所示。

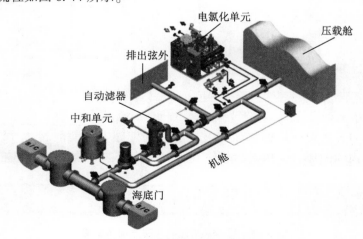

图 6.44　电解处理方法示意图

系统原理是打压载水的时候,大部分压载水经过自动滤器进入压载舱,少量压载水经过自动滤器后进入电解装置后产生次氯酸钠,次氯酸钠返回压载水中进行消毒杀菌;排压载的时候压载水经过中和单元中和后旁通自动滤器排出。

　　设备优点是技术成熟,对水质要求不高,对于大流量系统适用;缺点是对水温特别是盐度比较敏感,电解时候产生氢气,要考虑设备所在区域的通风和防爆要求,电解产物对管道腐蚀性比较大。

　　(3)化学药剂注入处理压载水系统处理工艺流程如图 6.45 所示。

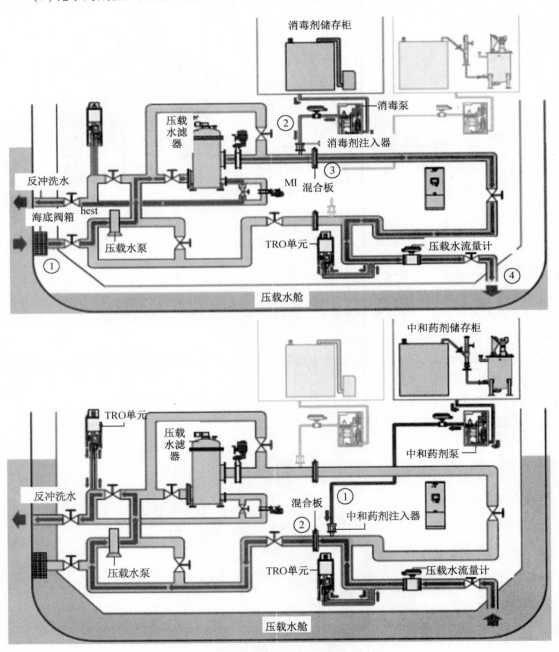

图 6.45　化学药剂注入处理方法示意图

系统原理是在打压载水的时候先通过滤器,把大的微生物都排出去,过滤后的压载水与消毒剂混合,消毒剂从消毒剂存储舱经过消毒泵进入到注入器,在混合板后边与压载水进行充分混合后进入压载舱,TRO 控制仪控制消毒泵的排量(图 6.45(上图));排放压载的路径如图 6.45(下图),中和药剂从中和药剂存储柜经过中和泵进入注入器,与压载水混合后排出船外,另一个 TRO 控制仪控制中和泵的排量。

设备优点是系统运行费用低,节能;缺点是化学药剂对管路有腐蚀性,设备数量较多,占用空间较大。

3. BalClor BWMS 压载水处理系统

BalClor BWMS 压载水处理系统是青岛双瑞海洋环境工程股份有限公司生产的产品。

(1)BalClor BWMS 压载水处理系统工作原理

该系统对压载水处理过程分为三个过程:过滤、灭活和中和,如图 6.46 所示。压载时,压载水全部通过安装在主管路上的过滤器以过滤除去>50 μm 的海生物和固体杂质,从过滤器后的海水主管路引一支管进入电解单元电解,电解后的海水又会注回压载水主管路,并随主管路海水进入压载舱,对细菌及微生物进行灭活,残余的活性物质会在压载舱内存在一定时间,以抑制航行过程中细菌和微生物的生长。排载时,海水无须进入电解单元和过滤单元,可直接排出舷外,排载口的 TRO 传感器会即时监测排载水中 TRO 浓度(总残余氧化剂浓度),如果 TRO 浓度>0.1 ppm,系统会自动启动中和单元向海水管中注入中和剂,中和残余的氧化剂,如果 TRO 浓度<0.1 ppm,中和单元不会启动,排载海水可直接排放。

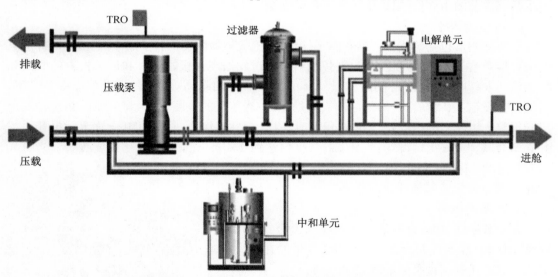

图 6.46 BalClor BWMS 压载水处理系统管路布置图

(2)主要部件介绍

①过滤单元 AFU

过滤单元包括过滤器、排污泵和淡水注入管路。过滤器是一个自动反冲洗过滤器,在冲洗过程中只有很小的压力降,不会影响系统工作以保证系统能够连续工作。该过滤器可以有效过滤大于 50 μm 的海生物和固体杂质。当前后压差变化超标或者达到设定时间,系统自动反冲洗时间为 2~3 min,被反冲洗污水通过排污泵排至舷外。

图 6.47 电解单元 EDU

②电解单元 EDU

电解单元主要作用是电解海水产生次氯酸钠,用于杀灭海水中的病菌,由电解槽、旋风式分离器、抽风机、气体探测器等组成,如图 6.47 所示。

a. 电解槽

电解槽是整个系统的核心部件,应用于船舶全寿命周期。被过滤过的压载水有大约 1%引入电解槽,在直流电作用下发生电解反应,阳极:$2Cl^- \rightarrow Cl_2 + 2e$;阴极:$2H_2O + 2e \rightarrow 2OH^- + H_2 \uparrow$,总的反应式为 $NaCl + H_2O \rightarrow NaOCl + H_2 \uparrow$,即电解产生电解液(次氯酸钠溶液)和附属产物氢气,电解后的海水又被注回压载水主管路。

b. 旋风式分离器

应用旋风分离原理分离在电解过程中产生的氢气。重力、惯性力和离心力的复合作用推动次氯酸钠溶液径向向外向下通过液管出口流出,同时氢气向里向上通过气管排出。

c. 抽风机

抽风机是 BalClor BWMS 系统最重要设备之一,其主要目的是稀释电解产物——氢气,至少是释放前的 100 倍,以确保船舶操作的安全。

d. 气体探测器

气体探测器包括氢气探测器和氯气探测器,把气体的浓度值转换成 4~20 mA 的标准电流值并传送给 PLC。经过逻辑分析,控制器将通过发送声光报警信号和记录报警的时间和浓度值回复所收到的信号,同时如果气体的浓度值达到超高报警值,整个系统将会关闭。氢气报警设定:氢气在空气的低爆炸极限是 4%。当氢气的浓度达到 20% LEL,系统将发出声光报警。当氢气的浓度超过 60% LEL 时,EDU 会立即停止,并在 HMI 上面显示报警明细并立即通风。氯气报警设定:一旦氯气浓度值达到 0.4 ppm,系统将发出声光报警。当氯气浓度超过 0.55 ppm,EDU 将会立即停止工作,并在 HMI 上面显示报警明细并立即通风。

e. 海水增压泵

在压载期间,如果是在淡水区域或者含盐分低的海水区域,需要先起动海水增压泵,少量的在尾尖舱过滤的压载水被泵进电解装置。

f. 加药单元

由加药泵、电磁流量计和气动阀组成,经电解后的海水通过加药单元注回压载管路。

③中和单元 ANU

中和单元用于中和排载水中残余的氧化剂。由中和罐和计量泵组成,如图 6.48 所示。

a. 中和罐

中和罐是一个容积为 1 m³ 的容器,用来配置中

图 6.48 中和单元 ANU

和剂(中和剂有效期为3个月)。中和剂采用硫代硫酸钠,它与次氯酸钠发生反应生成无毒产物,反应式为:$Na_2S_2O_3 + 4NaClO + H_2O \rightarrow 2NaHSO_4 + 4NaCl$。配药方法:先注入淡水至中和罐液位达总高度的一半,加入固体硫代硫酸钠(每立方米需加入290 kg硫代硫酸钠),再重新注入淡水至满,开启搅拌器,连续搅拌20 min。

b. 计量泵

计量泵被用来泵出一定量的中和物和残余氧化物作用,确保TRO(总残余氧化物)水平不要超过IMO颁布的关于活性物质的排放标准。泵速是根据TRO值和所排放压载水的流量计算出所需中和液的数量通过PLC来调节。

④TRO余氯监测装置

TRO余氯监测装置用来监测压载水中的TRO浓度,由TRO取样装置和TRO分析仪组成,取样装置由气动泵和几个电动阀组成。TRO分析仪有两瓶试剂,一瓶缓冲剂,一瓶指示剂。压载时TRO余氯监测装置测量压载水中的次氯酸钠溶液浓度并发送到PLC,PLC与设定值比较分析后将结果发送给整流器,整流器根据结果调整输出电流来控制电解产生次氯酸钠的量,以维持TRO浓度(7.5 mg/L)。排放压载水时,取样装置从压载水中吸取少量压载水到TRO分析仪中,由控制系统根据TRO值和所排压载水的流量自动分析计算出所需中和剂的量。

⑤控制系统

a. 整流器

整流器是一种高频率电闸,整流功率提供用来AC(交流)装换成DC(直流),并为整个BWMS提供直流电源。整流器主要由功率调制器,监控器以及机座构成。每个功率调制器分开地工作在平均电流并列运行。

b. 系统控制箱柜

系统控制柜是BalClor BWMS的控制中心,能够稳定工作和方便的操作。这控制柜是由箱体、PLC、触摸屏、中间继电器、终端和接触器等组成。系统的远程控制是通过远程控制盒来实现的。控制柜提供AC电源给仪表和电动阀。PLC在箱中控制整流器、电解器和电动阀来实现电解和中和过程,所有的这些操作都可以被导入到触摸屏上。控制箱可以通过RS485或者无源触点信号与岸上控制系统联系。

(3)日常操作与维护

①在设备进行压载/排载运行前,先确认相关的阀门处于正确的打开/关闭状态。注意:如果船舶要进入淡水区域或含盐量低的海水区域压载,要预先把艉尖舱压载一定量的含盐量高海水,以备做电解海水。

②确认TRO的试剂(包括缓冲剂和指示剂两种)已配置好并正确安放在TRO上,并保证试剂的注入管路通畅。(注:TRO的指示剂配置后有效期为3个月、缓冲剂有效期为1年)。

③进行排压操作时,确认中和单元的中和液已配置好,并高于液位报警值(20 cm)。

④设备停止运行后,关闭相关的管路阀门和设备气源,并将TRO的指示剂取出,冷藏保存。

⑤压载作业结束前,要至少手动反冲洗过滤器5~6次,以彻底冲洗过滤器,作业结束后,最好用淡水冲洗过滤器8~16次以置换滤器内海水,如果没有足够的淡水,也至少要用淡水注满滤器。

⑥开始排载后,前 10 min 左右管路有可能流量不稳定,TRO 一直显示测试值,10 min 后显示正常数值。

⑦TRO 每 2 min 取样一次,整流器电流依据取样四次动作一次。

⑧投药泵出口压力≥0.2 MPa,保证电解液能完全注入压载管路。

五、焚烧炉

根据"MARPOL 73/78"附则Ⅵ,2000 年 1 月 1 日或以后建造的船舶上的焚烧炉或 2000年 1 月 1 日或以后船舶上安装的焚烧炉,须符合公约附则Ⅵ的附录Ⅳ"船用焚烧炉的型式认可和操作限制"的要求。符合该要求的焚烧炉须经主管机关按 MEPC 制定的《船用焚烧炉标准技术规范》予以认可。

按要求安装焚烧炉的所有船舶应持有一份制造厂的操作手册,该手册须随焚烧炉存放。

按要求安装的焚烧炉,在该炉运行期间须随时对燃烧室烟气出温度进行监测。如焚烧炉为连续进料型,在燃烧室烟气出口温度低于 850 ℃ 的最小许可温度时,不应将废弃物送入该焚烧炉装置。如焚烧炉为分批装料型,该装置应设计成其燃料室烟气出口温度在起动后5 min 内达 600 ℃,且随后稳定在不低于 850 ℃ 的温度上。

1. 工作原理

船舶垃圾来源于食品废弃物、舱室污泥、废油、污油、渣油、油泥及扫舱垃圾等。对不同性质的垃圾采用不同的处理方法:排岸接收或航行中直接投弃、粉碎处理后投弃和焚烧炉焚烧处理等。

焚烧炉用来处理油渣、废油、生活污水处理装置中产生的污泥、食品残渣以及机舱产生的废棉纱和其他可燃的固体垃圾等。其中污油通过污油燃烧器燃烧;固体垃圾经投料口送入炉内燃烧;生活污泥可送入污油柜中与污油混合,经粉碎泵循环粉碎后,通过污油燃烧器送入炉内燃烧。

2. 典型结构:ATLAS 200 SLIWSP 型焚烧炉

一般焚烧炉都有一个钢制的外壳、内衬耐火砖形成炉膛,炉膛周围设有固体废物投料口和出灰口。污油燃烧器用以喷入污油、污水和污泥;而辅助燃烧器用以点火助燃。装有排烟风机以保证炉膛呈负压并冷却排烟,防止烟气外漏和发生火灾。此外,还有废油柜控制箱、废油加热装置和观察孔等。

图 6.49 为 ATLAS 200 SLIWSP 焚烧炉,配置 1200 SP 型污油混合柜。

焚烧炉炉体是由主燃烧室和两级辅燃烧室组成。主燃烧室用于焚烧固体垃圾和所有形式的可燃非爆炸性的闪点不低于 60 ℃ 的污油,由一个速度控制单元自动调节污油供给量;辅燃烧室主要用于焚烧未充分燃烧的废气。主燃烧室和第一级辅燃烧室分别配有燃用柴油的主燃烧器和辅燃烧器,来自主燃烧器的热量用于干燥和点燃固体垃圾和污油。主要技术参数:焚烧污油 24 L/h(最大 40 L/h);焚烧固体垃圾最大 40 kg/h;烟气温度 250 ℃;装置的运行由 PLC 单元自动控制。

主辅燃烧室之间用顶端开口的耐高温重质陶瓷墙隔开,辅燃烧室顶装有排烟混合室,既便于维修、又可自由选择排烟管的走向。主燃烧室侧面分别设有固体加料门和出灰门。炉层可分为内外两层,内炉层敷设耐火材料,内外壳之间通空气隔热,主鼓风机、辅助燃烧器(包括主、辅燃烧器)和废油燃烧器等配套设备组装在炉体上。主鼓风机提供冷却炉壁、燃烧和排烟用的空气。排烟混合室中以空气作介质的文丘里式抽气机抽吸并冷却烟气。

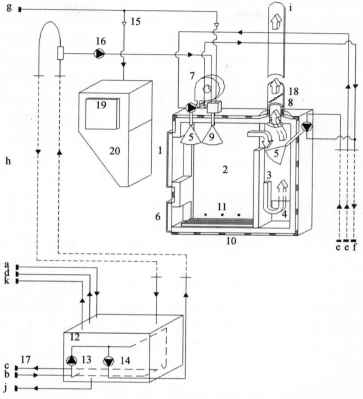

1—加料门;2—主燃烧室;3——级辅燃烧室;4—二级辅燃烧室;5—带内置泵的燃油燃烧器;6—出灰门;
7—鼓风机;8—引风喷射器;9—污泥燃烧器;10—空气冷却双层壁;11—燃烧空气入口;12—污油柜;
13—粉碎泵;14—循环泵;15—压缩空气;16—污油供油泵;17—加热单元;18—阻尼器;19—进料门;
a—污泥油入口;b—蒸汽入口;c—蒸汽出口;d—污泥油通风出口;e—柴油入口;f—柴油通风出口;
g—压缩空气入口;h—电源;i—烟气出口;j—放残柜;k—污油溢油柜

图 6.49　ATLAS 200SLIWSP 型焚烧炉原理图

　　主、辅燃烧器为全自动气流式燃烧器,并配有电点火装置和火焰控制装置。污油燃烧器为压缩空气雾化式燃烧器,适用于燃烧含固体杂质直径不大于 0.8 mm 的油水污泥。压缩空气供应到焚烧炉,用于污油燃烧器、加料槽和速闭阀。为避免空气管阻塞,设置空气滤器,网孔尺寸最大 20 μm。

　　装置中主辅燃烧器的内置泵和污油计量泵具有自吸能力,并由变速电动机驱动。主、辅燃烧器的内置泵均为齿轮泵,内置滤器,将柴油在焚烧炉柴油柜和燃烧器之间不断地打循环。柴油供应管路上装有粗滤器避免管路堵塞,滤器网孔尺寸最大为 50~75 μm。内置柴油泵设定压力为 10 bar[①],建议的管路吸入真空为 0.4 bar。

　　污油和生活污水装置产生的污泥焚烧前需作预处理,将二者均匀混合,用粉碎泵反复处理,使其中的固相杂质充分搅拌、粉碎和乳化,减少沉淀和放残的需要,用蒸汽加热提高

---

① 　1 bar＝0.1MPa。

其流动性。装置的这一预处理系统包括污油混合柜(柜内装有加热管、搅拌器等)、粉碎泵和循环泵等。

　　袋装的固态垃圾,在焚烧炉起动前投入主燃烧室。启动时,先点燃主燃烧器,燃烧约30 min 以加热炉膛,同时起动污油混合柜搅拌器、循环泵和粉碎泵,当炉温达到800 ℃时自动起动废油计量泵,自油水污泥预处理系统抽出的油水污泥被送往主燃烧室焚烧,污油计量泵的转速由主燃烧室的温度自动来调节。污泥含水量在60%以下时,污油燃烧器可正常燃烧,若污泥含水过多,热值过低使炉温下降到800 ℃以下时,主燃烧器自动投入工作,以保证正常的焚烧作业。当污油混合柜的液位下降到低位开关动作液位时,便停止污油的燃烧,焚烧炉停炉后自动转入冷却状态。在燃烧和冷却期间,固体加料门紧锁。

　　单独焚烧固体垃圾时,在主燃烧器辅助燃烧及污油燃烧器工作过程中,若出现温度过高、过低熄火、雾化压力太低等失常情况时,报警系统会发出报警信号。

思政一点通

船舶机械重要设备——"泵"字的由来

你知道"泵"字是怎么发明出来的吗?

对于我们中国来讲,泵及其机器制造是国外传进来的。就是"泵"这个字,古时候没有,辞源里查不到,而是在清朝初期,有人根据泵的英文单词"Pump"发音"嘣浦"之"嘣"音,想到用一块石头扔在水里,发出"嘣"之响,造出了上石下水的会意字,现今在《康熙字典》之"备考"中查得到。这也深深体现了我们中华民族文化的博大精深与智慧。

思考题

1. 描述常见的动力装置类型及特点。
2. 阐述常见船舶动力系统的组成和功能。
3. 查找资料,了解最新的船舶防污染法规及设备的要求。

第七章 专业发展与职业规划

第一节 我国航海教育的现状与挑战

一、我国航海教育现状

1. 全国航海院校概况

（1）全国航海院校数量和办学规模

2020 年底，全国共有航海院校 59 所，其中，普通本科院校 17 所，高等职业学校 34 所，中等职业学校 8 所。

全国 59 所航海院校中，航海类专业办学历史超过 20 年的院校有 22 所，其中，普通本科院校 11 所，高等职业学校 9 所，中等职业学校 2 所；航海类专业办学历史不超过 20 年的院校共有 37 所，其中，普通本科院校 6 所，高等职业学校 25 所，中等职业学校 6 所。即，全国航海院校有近 2/3 是进入新世纪后创办或设立航海类专业。

进入新世纪后，我国航海院校招生规模快速扩张。2001 年全国航海院校海上专业招生 5 900 余人，至 2010 年增长至 4 万余人，之后因中专招生萎缩，全国招生总量趋于平稳。近 20 年全国航海院校海上专业招生规模变化见表 7-1，其中 2020 年本科招生数量为世纪初的 2 倍多，大专招生数量为世纪初的 5 倍。

表 7-1 2001—2020 年全国航海院校海上专业招生数量 单位：人

年份	本科	大专	中专	合计
2001	2 637	2 225	1 051	5 913
2005	3 271	7 959	1 462	12 692
2010	4 475	12 829	23 324	40 628
2015	4 862	8 211	1 414	14 487
2016	6 021	8 242	646	14 909
2017	5 927	7 892	570	14 389
2018	6 204	9 110	609	15 923
2019	6 332	10 644	846	17 822
2020	6 104	11 459	721	18 284

注：表中数据不包括非全日制教育及非学历教育的船员培训班。

（2）国家"双一流"建设高校和"一流专业"建设情况

全国本科航海院校中，有 3 所学校被确定为国家"双一流"建设高校，分别为大连海事大学、武汉理工大学和宁波大学，见表 7-2；有 4 所院校的 9 个航海类专业入选国家级"一流专业"建设点,见表7-3。

表7-2　入选国家"双一流"建设高校的本科航海院校

序号	院校名称	类别	建设学科	入选年份
1	大连海事大学	一流学科建设高校	交通运输工程	2017
2	武汉理工大学	一流学科建设高校	材料科学与工程	2017
3	宁波大学	一流学科建设高校	力学	2017

表7-3　入选国家级"一流专业"建设点的本科航海类专业

序号	院校名称	专业名称	入选年份
1	大连海事大学	航海技术	2019
2	大连海事大学	轮机工程	2019
3	大连海事大学	船舶电子电气工程	2020
4	武汉理工大学	航海技术	2019
5	武汉理工大学	轮机工程	2019
6	上海海事大学	航海技术	2019
7	上海海事大学	轮机工程	2019
8	集美大学	航海技术	2019
9	集美大学	轮机工程	2020

（3）航海教育培训质量评估情况

在2021年中华人民共和国海事局开展的航海教育培训质量评估中,有4所本科院校航海类专业的评估结果为"优异",分别为大连海事大学、武汉理工大学、上海海事大学和集美大学。根据相关文件规定,评估结果为优异的本科院校,其全日制航海类专业本科学生可申请二副(含GMDSS通用操作员)、二管轮、电子电气员适任考试,并认可其开展的全部科目理论考试的成绩。

2. 全国航海类专业近年招生情况

（1）招生数量和计划满足率

2016—2020年全国航海类专业各层次招生计划数和实际招生数统计见表7-4,可以看出,这5年中本科招生计划数和实际招生数保持稳定,大专招生计划数和实际招生数逐年增长,中专招生计划数和实际招生数均较少。

表7-4　2016—2020年全国航海类专业招生计划数和实际招生数　　　单位:人

招生层次	专业名称	2016年		2017年		2018年		2019年		2020年	
		计划	实招	计划	实招	计划	实招	计划	实招	计划	实招
本科	航海技术	2 869	2 688	2 724	2 563	2 761	2 706	2 855	2 793	2 773	2 717
	轮机工程	2 753	2 685	2 706	2 632	2 771	2 725	2 854	2 773	2 588	2 533
	电子电气	662	648	753	732	793	773	797	766	883	854
	小计	6 284	6 021	6 183	5 927	6 325	6 204	6 506	6 332	6 244	6 104

表 7-4　（续）　　　　　　　　　　　　　　　　　　单位:人

招生层次	专业名称	2016 年		2017 年		2018 年		2019 年		2020 年	
		计划	实招	计划	实招	计划	实招	计划	实招	计划	实招
大专	航海技术	6 301	4 748	6 195	4 570	6 728	5 324	7 594	6 176	7 449	6 183
	轮机工程	4 846	2 752	5 052	2 712	5 165	3 148	5 761	3 497	6 008	4 082
	电子电气	1 055	742	1 059	610	1 003	638	1 427	971	1 566	1 194
	小计	12 202	8 242	12 306	7 892	1 296	9 110	14 782	10 644	15 023	11 459
中专	航海技术	1 000	419	1 040	419	920	400	1 017	549	760	472
	轮机工程	890	224	890	151	850	196	840	285	620	229
	电子电气	80	3	80	0	80	13	80	12	80	20
	小计	1 970	646	2 010	570	1 850	609	1 937	246	1 460	721
总计	——	20 456	14 909	20 499	14 389	21 071	15 923	23 225	17 822	22 727	18 284

2016—2020 年全国航海类专业各层次招生计划满足率见表 7-5。其中,本科招生计划满足率较高,各年度总体看均超过 95%;大专招生计划满足率明显低于本科,但总体呈上升趋势;中专招生计划满足率总体较低。招生计划满足率不高,说明相关专业招生存在一定困难。分专业看,本科层次三个专业的招生计划满足率相当,只有 2016 和 2017 年航海技术专业略低;大专和中专层次航海技术专业的满足率明显高于轮机工程和电子电气专业,说明职业院校的航海技术专业相对而言更受欢迎。

表 7-5　2016—2020 年全国航海类专业招生计划满足率　　　　单位:%

招生层次	专业名称	招生计划满足率				
		2016 年	2017 年	2018 年	2019 年	2020 年
本科	航海技术	93.69	94.09	98.01	97.83	97.98
	轮机工程	97.53	97.27	98.34	97.16	97.87
	电子电气	97.89	97.21	97.48	96.11	96.72
	小计	95.81	95.86	98.09	97.33	97.76
大专	航海技术	75.35	73.77	79.13	81.33	83.00
	轮机工程	56.79	53.68	60.95	60.70	67.94
	电子电气	70.33	57.60	63.61	68.04	76.25
	小计	67.55	64.13	70.64	72.01	76.28
中专	航海技术	41.90	40.29	43.48	53.98	62.11
	轮机工程	25.17	16.97	23.06	33.93	36.94
	电子电气	3.75	0.00	16.25	15.00	25.00
	小计	32.79	28.36	32.92	43.68	49.38

(2)航海类专业招收女生情况

近年来,部分院校的航海类专业取消了对女生报考的限制,全国航海类专业每年均招收数百名女生,见表7-6。但调研发现,女生毕业后选择海上工作的人数仍较少。

表7-6　2016—2020年全国航海类专业招收女生数量　　　　单位:人

招生层次	专业名称	2016年	2017年	2018年	2019年	2020年
本科	航海技术	93	154	156	149	152
	轮机工程	75	130	141	127	140
	电子电气	12	35	31	49	27
	小计	180	319	328	325	319
大专	航海技术	243	265	334	314	272
	轮机工程	45	40	86	66	103
	电子电气	40	29	29	40	72
	小计	328	334	449	420	447
总计		508	653	777	745	766

3. 全国航海类专业近年毕业、考试和海上就业情况

(1)航海类专业毕业人数

2016—2020年全国航海类专业毕业人数统计见表7-7。

表7-7　2016—2020年全国航海类专业毕业人数统计

专业层次	专业名称	2016届	2017届	2018届	2019届	2020届
本科	航海技术	2 257	2 262	2 321	2 370	2 502
	轮机工程	2 261	2 264	2 381	2 355	2 454
	电子电气	645	438	498	496	592
	小计	5 163	4 964	5 200	5 221	5 548
大专	航海技术	4 912	4 727	4 692	4 299	4 255
	轮机工程	3 308	2 968	2 875	2 580	2 605
	电子电气	527	513	558	635	635
	小计	8 747	8 208	8 125	7 514	7 495
中专	航海技术	650	451	412	467	360
	轮机工程	353	251	216	233	153
	电子电气	23	16	11	0	9
	小计	1 026	718	639	700	522
总计		14 936	13 890	13 964	13 435	13 565

如表7-7所示,这5年来,全国航海类专业本科毕业人数略有上升,大专和中专毕业人数均有所下降。

(2)毕业生通过操作级船员适任考试情况

2016—2020年全国航海类专业毕业生通过海船操作级船员适任考试的情况见表7-8。

由表可以看出,毕业生通过适任考试的比率总体较低,且呈逐年下降趋势。分层次看,近5年本科毕业生通过考试的人数与大专基本持平;本科毕业生通过考试的比率明显高于大专和中专。

表7-8　2016—2020届全国航海类专业毕业生通过操作级适任考试人数和占比

招生层次	专业名称	2016届		2017届		2018届		2019届		2020届	
		人数	占比/%	人数	占比/%	人数	占比/%	人数	占比/%	人数	占比/%
本科	航海技术	1 272	56.36	1 020	45.09	1 038	44.72	999	42.15	858	34.29
	轮机工程	1 070	47.32	878	38.78	827	34.73	808	34.31	464	18.91
	电子电气	221	34.26	190	43.38	214	42.97	197	39.72	125	21.11
	小计	2 563	49.64	2 088	42.06	2 079	39.98	2 004	38.38	1 447	26.08
大专	航海技术	1 330	27.08	1 273	26.93	1 168	24.89	1 095	25.47	929	21.83
	轮机工程	865	26.15	822	27.70	756	26.30	686	26.59	512	19.65
	电子电气	153	29.03	150	29.24	140	25.09	133	20.94	125	19.69
	小计	2 348	26.84	2 245	27.35	2 064	25.40	1 914	25.47	1 566	20.89
中专	航海技术	49	7.54	55	12.20	82	19.90	81	17.34	58	16.11
	轮机工程	21	5.95	27	10.76	67	31.02	67	28.76	32	20.92
	小计	70	6.82	82	11.42	149	23.32	148	21.14	90	17.24
总计/平均		4 981	33.53	4 415	31.79	4 292	30.74	4 066	30.26	3 103	22.88

(3)毕业生海上就业情况

2016—2020年全国航海类专业毕业生选择海上就业的人数和占比见表7-9。

表7-9　2016—2020届全国航海类专业毕业生选择海上就业的人数和占比

招生层次	专业名称	2016届		2017届		2018届		2019届		2020届	
		人数	占比/%	人数	占比/%	人数	占比/%	人数	占比/%	人数	占比/%
本科	航海技术	1 226	54.32	1 194	52.79	1 131	48.73	1 037	43.76	1 144	45.72
	轮机工程	934	41.31	864	38.16	826	34.69	798	33.89	848	34.56
	电子电气	192	29.77	130	29.68	171	34.34	142	28.63	195	32.94
	小计	2 352	45.55	2 188	44.08	2 128	40.92	1 977	37.87	2 187	39.42
大专	航海技术	3 266	66.49	3 132	66.26	2 975	63.41	2 724	63.36	2 497	58.68
	轮机工程	2 094	63.30	1 878	63.27	1 811	62.99	1 601	62.05	1 617	62.07
	电子电气	341	64.71	314	61.21	367	65.77	324	51.02	295	46.46
	小计	5 701	65.18	5 324	64.86	5 153	63.42	4 649	61.87	4 409	58.83
中专	航海技术	296	45.54	242	53.66	264	64.08	318	68.09	221	61.39
	轮机工程	154	43.63	151	60.16	171	79.17	169	72.53	114	74.51
	电子电气	23	100	16	100	11	100	0	——	9	100
	小计	473	46.10	409	56.96	446	69.80	487	69.57	344	65.90
总计/平均		8 526	57.08	7 921	57.03	7 727	55.34	7 113	52.94	6 940	51.16

需要说明的是,本次调查各院校反馈的海上就业人数均为签约人数,而非实际到船上工作的人数。按现行考试发证规则,毕业生须通过适任考试后才能上船见习,因此实际到船上以实习高级海员身份工作的毕业生人数应不高于通过适任考试的人数(表7-8)。

4. 全国航海类教师队伍基本情况

航海类教师队伍是开展航海教育必不可少的重要力量,因此本次专门对各院校航海类教师的情况开展了调查,包括数量、持证情况、年龄、学位、职称等。由于反馈的信息不全面,本报告只统计了截至2020年底全国院校持各级职务适任证书航海类教师的数量(表7-10),以及2016—2020年引进航海类师资的情况(表7-11)。

表 7-10　全国航海院校现有航海类教师数量　　　　　单位:人

院校类型	总数	船长	轮机长	大副	大管轮	二/三副	二/三管	电子电气员
普通本科	771	190	140	73	64	152	123	29
高职	1 136	281	213	149	88	199	152	54
中职	285	76	60	32	14	43	47	13
总计	2 192	547	413	254	166	394	322	96

表 7-11　全国航海院校 2016—2020 年引进航海类教师数量　　　　　单位:人

年份	院校类型	总数	船长	轮机长	大副	大管轮	电子电气员	二三副/管轮
2016	本科	18	7	5	0	0	1	5
	高职	69	17	10	10	3	5	24
	中职	37	10	6	5	5	0	11
	小计	124	34	21	15	8	6	40
2017	本科	18	9	7	0	0	0	2
	高职	47	17	10	8	4	0	8
	中职	22	2	3	5	5	1	6
	小计	87	28	20	13	9	1	16
2018	本科	32	8	11	0	4	2	7
	高职	50	15	9	4	4	3	15
	中职	39	15	8	6	2	3	5
	小计	121	38	28	10	10	8	27
2019	本科	21	9	4	1	2	1	4
	高职	85	29	12	13	7	3	21
	中职	27	11	6	4	0	0	6
	小计	133	49	22	18	9	4	31
2020	本科	31	11	7	2	3	4	4
	高职	76	30	14	6	9	6	11
	中职	22	7	6	2	3	1	3
	小计	129	48	27	10	15	11	18

注:新引进的航海类教师只统计持有效适任证书者。

5.航海院校海上实习条件和实习安排

(1)海上实习的形式

当前我国航海类专业学生在校期间的船上实习安排一般有三种形式:

一是认识实习,或称认知实习,一般时间较短(大多不超过30天),通常安排在学习专业课之前进行,目的是使学生对船上工作情景有大致了解,获得感性认识,从而为学习专业课做准备。对有教学实习船的院校,学生认识实习基本有保障;其他院校安排实习则较为困难,部分院校与沿海客轮公司合作安排学生认识实习。

二是毕业实习,即毕业生最后学期由就业单位安排到商船上实习或顶职水手机工,通常也作为换证实习的一部分,或由院校安排到教学实习船上实习。尽管多数院校将毕业实习作为教学计划的一部分,但对于就业单位商船毕业实习,实际上院校对实习的内容和安排无法控制,一般由企业根据毕业生和企业自身的情况来安排。

三是院校与企业合作开展人才培养,实习计划由校企联合制订和实施,安排在校生到商船上实习。这类实习一般时间较长,多为4个月以上,实习质量相对有保障,学生的船上岗位适任能力可得到有效训练。但与企业深度合作安排这类实习的院校和学生数均不多,目前只有4所本科院校、7所高职院校与企业合作安排部分学生在校期间完成4个月以上船上跟岗或顶岗实习,每年总人数不超过1 000人,实习的内容和组织管理也有待进一步完善。

(2)教学实习船建设和实习安排

教学实习船是指专门建造或改造、具有基本教学设施(如教室等)、可供学生集中航行实习的船舶,包括专用教学实习船和兼用教学实习船。目前,全国有9所院校(6所本科院校、3所高职院校)自建或与企业合作共建教学实习船19艘,实习舱位合计950个,见表7-12。其中专用教学实习船2艘,分别为大连海事大学的"育鲲"轮和浙江海洋大学的"浙海科1号",其余均为兼具运输生产和教学功能的实习船。9所拥有教学实习船的院校2020年合计招生4 969人,占当年全国航海类专业招生总量的27%。

表7-12　全国航海院校教学实习船建设情况

院校名称	数量/艘	船名	船东	建造/改造时间	航区	实习舱位/个	每批次实习天数
大连海事大学	2	育鲲	大连海事大学	2008年	远洋	196	28
		育鹏		2017年	远洋	92	>180
大连海事大学	1	育明	上海育海航运公司	2012年	远洋	160	35~42
武汉理工大学	2	长航幸海	上海招商明华船务有限公司	2014年	沿海	36	21
		长航福海		2014年	沿海	36	21
集美大学	1	育德	集美大学	2015年	沿海	143	35~42
广州航海学院	4	安诚山	中远海运散货运输有限公司	2009/2014年	沿海	20	28
		安华山		2009/2014年	沿海	20	
		安裕山		2009/2015年	沿海	20	
		安隆山		2009/2015年	沿海	20	

表 7-12 （续）

院校名称	数量/艘	船名	船东	建造/改造时间	航区	实习舱位/个	每批次实习天数
浙江海洋大学	1	浙海科 1 号	浙江海洋大学	2015 年	沿海	30	15
江苏航运职业技术学院	4	长阳门	南京两江海运股份有限公司	2013 年	沿海	20	20
		长春门		2013 年	沿海	20	20
		中汇 77	安徽中汇海运有限公司	2015 年	沿海	10	10
		中汇 76		2015 年	沿海	10	10
青岛远洋船员职业学院	3	鹏宇	深圳远洋运输股份有限公司	2014 年	沿海	22	7~14
		鹏德		2014 年	沿海	22	
		万通 18	青岛洲际船务集团	2012 年	沿海	43	
浙江交通职业技术学院	1	五星交院	台州五星海运有限公司	2011 年	沿海	30	30
总计	19	—	—	—	—	950	—

从海上实习安排看,目前各院校的教学实习船大多用于学生认识实习或短期毕业实习,只有大连海事大学的"育鹏"轮安排超过 6 个月的船上培训。

（3）校企合作商船实习典型案例

近年来,部分航海院校不断探索与企业合作培养高级海员的新模式,即由校企共同制订培养计划,学生在校期间由企业安排到商船上完成 1~2 个学期跟岗或顶岗实习,符合相关规定的,由海事主管机关认可实习资历。表 7-13 列出了校企合作安排在校生到商船实习的 5 个典型案例。

表 7-13 校企合作安排商船实习典型案例

院校名称	学校类型	校企合作培养计划	起始年级	实习天数	学期安排
大连海事大学	普通本科院校	校企合作卓越班	2014	240~360	6,7
武汉理工大学	普通本科院校	校企合作卓越班	2014	360	6,7
集美大学	普通本科院校	校企合作卓越班	2017	336	7,8
江苏海事职业技术学院	高等职业学校	卓越海员现代学徒制	2016	120~180	3
江苏航运职业技术学院	高等职业学校	现代学徒制订单班	2017	150~180	3 或 4

二、中国航海教育面临的挑战和问题

1. 专业吸引力下降,学生志趣与培养目标不匹配

随着我国经济持续高速发展,航海职业对年轻人的吸引力逐步下降,对高校航海类专业的招生与培养产生了显著影响。从几所传统本科航海院校近年的高考招生录取分数看,尽管其海上专业在主要生源地均能录取一些高分考生(与陆上航运相关专业录取分数相

当），但录取最低分和平均分与十多年前相比下降明显；高职院校招生也有类似现象，且总体实际招生数与计划招生数存在较大差距。从毕业生的就业选择看，尽管航海院校一般均在专业介绍中明确"本专业就业主要面向各航运公司从事远洋运输工作"，但近几年多数航海院校的海上专业毕业生只有少数从事航海工作。

生源质量下降，加上毕业生多数不从事航海工作，意味着我国航海教育培养"具有国际竞争力的高素质航海人才"的总体目标难以实现。航运业需要大批合格的高级海员从事船上工作，同时也需要相当数量具有一定海上资历的高素质航海人才从事陆地相关工作。近年来航运企业、航海院校和海事管理机构等招聘有发展潜力的年轻管理级海员均较为困难，已对航运业高质量发展形成制约。

2. 实习条件有限，难以满足大规模培养需求

航海类专业的主要目标是培养高级海员，或培养符合操作级海员适任标准的高级航海人才，实践性强是航海类专业的一个重要特点，因此船上实习/培训是人才培养必不可少的重要环节。

我国航海院校一般均在培养计划中规定学生毕业时"达到 STCW 公约和国内法规规定的值班驾驶员或轮机员（操作级）的适任标准"，而 STCW 公约的适任标准是建立在完成认可的岸上培训和船上实习/培训基础上的，即完成一定时间的船上实习或培训是达到 STCW 公约适任标准的前提条件，但当前我国的教学实习船队和航运业提供的实习岗位数量无法满足航海类专业如此大规模的培养需求。

全国航海院校目前拥有的教学实习船中，除大连海事大学的"育鹏"轮外，其他教学实习船在建造或改造时大多是以提供学生认识实习为目的设计的，船舶舱位容量也仅能满足本校学生的短期认识实习。另外，尽管长期以来航运界不断发出"高级海员短缺"的呼声，但航运业提供的实习舱位有限（许多公司甚至不设船上实习生岗位），在选择海上就业的毕业生中，有相当比例是由用人单位派到船上担任水手机工职务，而非以实习生身份受训。

3. 校企协同育人推进乏力，未建立起成熟的卓越人才培养模式

发达国家的航海院校培养高级海员一般均采用实习船与商船相结合的方式安排学生在校期间完成 STCW 公约要求的船上实习，或采用学校—商船工学交替的"三明治"培养模式，学生毕业时可获得操作级适任证书。

近年来教育部多次发布指导意见，大力推进校企合作、产教融合，要求高等学校转变人才培养模式，重视实践能力培养，并提出行业企业应发挥重要办学主体作用，参与人才培养全过程，实现校企协同育人。部分航海院校与企业合作实施卓越培养计划于在校期间安排一年船上实习，是一种有益的探索，但也存在明显不足：一是当前院校设立"卓越班"多是与外派企业合作培养外派海员，而与中国主要航运企业合作的广度和深度不够；二是学校与实际实习单位（船东）的联系不紧密，未真正实现"融合"，船上培训安排和训练质量难以控制。

校企协同育人推进乏力，除了传统培养模式的惯性作用，还受到两个方面的限制：一是我国现行海员考试发证制度规定，航海院校学生须通过适任考试后才可上船见习，只有少数海事主管机关认可的院校其学生在校期间的船上培训或见习可计入申请适任证书的资历；二是当前我国船员大多由第三方船员公司管理，即船员不是船东公司的"自己人"，船东在实习生培养方面的热情不高。

4. 传统教育理念不适应科技和社会发展,难以支撑一流人才培养

当前,新一轮科技革命和产业变革正加速进行,船舶越来越智能化,海上安全和环保标准不断提高,对航海人才培养提出新的要求。我国现有的航海类专业一般按培养海船驾驶员、轮机员和电子电气员为目标来设置,专业课程体系仍主要是以满足单一职能操作级海员的知识和技能要求为标准来设计的,跨界融合不够,专业过窄;航海院校以专业教育见长,通识课程的建设普遍较弱,通识教育管理和运行机制尚不完善。

另外,对于综合性大学来说,尽管重视本科教育在高等教育界已形成共识,但院校仍普遍存在重科研轻教学的现象,现有的教学管理体制和考核机制难以有效调动基层单位和广大教师投身一流专业建设和一流课程建设的积极性。本科教学评价的重点仍然是评课堂效果而非课程建设(包括课程目标、教学内容与安排、教学方法、课程考核形式及标准、师资和条件保障等),没有建立起科学的课程评价、竞争和淘汰机制,使得许多课程的"含金量"不高,难以支撑一流本科人才培养。

三、提高我国航海教育质量的建议

当前我国航海教育面临着一些突出的矛盾和挑战,亟须通过深化改革来激发办学活力,提高院校人才培养服务航运业高质量发展的能力。具体建议如下:

1. 加强顶层设计,完善航海教育管理体制机制

考虑航海教育的重要性和特殊性,建议交通运输部协同教育部成立专门的航海教育专家咨询机构,负责全国航海教育改革发展政策的调研、论证和评估,强化对航海教育的宏观管理和政策引导,促进航海教育规模、结构、质量和效益协调发展。

一是加强对全国航海院校招生和就业的规划与指导,提高院校人才培养服务航运业发展的针对性和适应性。对作为国家控制布点专业的本科和高职航海类专业,要求各院校在制订招生计划时报交通运输部备案,主管部门根据院校办学条件、办学质量、毕业生就业情况并考虑行业实际需求给出指导意见;对中职航海类专业,引导院校合理确定办学定位,重点培养高素质的水手机工等普通船员。

二是推动相关方加大对航海教育的投入,鼓励校企合作培养高素质航海人才。研究制订航海类专业办学基本条件的规范性文件,对航海模拟器、轮机车间,特别是船上实习舱位等航海教育特殊办学条件的建设做出明确规定,促进各院校的举办方加大投入,鼓励院校与企业合作共建教学实习船,或由企业提供商船实习舱位,推动建立政府、航运企业和航海院校三位一体的协同育人机制。如有必要,可设立专门的船上实习专项补贴资金,对提供实习舱位的中国航运企业进行补贴。

三是建立全国航海教育质量监测和航海类专业认证体系,全面提高航海教育质量。建立航海教育质量监测数据平台和动态监测机制,对全国航海类专业的办学基本状况实施动态监测,并定期发布全国航海教育基本情况的报告。同时,在总结交通运输部海事局开展航海教育培训质量评估的基础上,参考工程教育专业认证和师范类专业认证,协同教育行政部门研究建立具有中国特色的航海类专业三级监测认证体系(包括办学基本要求监测认证、教学质量合格标准认证和教学质量卓越标准认证),基于监测认证结果建立航海类专业退出机制,并进一步完善航海教育与高级海员岗位适任资格等效认可的有机衔接机制。

2. 修改培考发制度,促进人才培养模式改革

海事主管机关负责船员培训、考试和发证管理,其制定的培考发制度对航海院校的人才培养会产生显著影响。近年来海事主管机关不断修订完善相关制度,为航海院校人才培养模式改革创造了有利条件,但仍存在一些需要改进的地方。

考虑 STCW 公约适任标准是建立在完成认可的岸上培训和船上培训基础上的,而当前我国船员适任考试发证制度规定院校毕业生须先通过适任考试才可上船见习,因此建议:①调整操作级船员适任考试理论部分的内容,上船见习前重点考核基础知识而非实际应用;②将评估调整为完成船上见习后参加,且采用综合评估形式,重点考核毕业生船上实际工作的能力;③在对院校船上培训计划进行审核的基础上,认可其学生在校期间的船上实习资历,如此可促进院校和企业各负其责——院校重视基础培养、企业重视船上培训,同时可建立起院校人才培养与航运业对高级海员实际需求良好对接的机制(企业将按船上实习生岗位数量而非按能派出水手机工的数量来招聘毕业生),以及促进校企合作培养。

另外,建议参考部分发达国家的做法,认可轮机车间和实习船集中实习的等效资历。即,船厂轮机车间(对轮机专业)实习资历等同于船上资历,教学实习船集中培训资历等同于 1.5 倍商船资历,但前述认可总计不超过 6 个月。如此可促进院校加强实习条件建设,提高教学实习船的使用效率,在保证质量的基础上缩短培养周期(STCW 公约规定申请操作级轮机员证书要求的资历是 12 个月“组合车间培训和认可的船上服务资历”,其中不少于 6 个月在合格高级船员指导下履行值班职责,即可以是“车间 6 个月+船上机舱值班 6 个月”;另,教学实习船一般有完善的训练计划,同时主管机关可实现严格监管,而大多数商船实习无法严格监管)。

3. 深化院校内部改革,提高服务航运业发展的能力

对航海院校来说,不断提高人才培养质量、提高服务航运业发展的能力,是办学的根本任务。针对当前航海教育面临的挑战和存在的问题,需要不断深化内部改革来激发办学活力。

一是合理规划航海类专业办学规模,大力推进校企联合培养。考虑当前实际,建议航海类专业本科于二年级后、大专于一年级后对学生进行分流,提前邀请航运企业(船员公司须携船东公司)进校招募组建订单班,于在校期间安排不少于一个学期的商船实习,增强人才培养的针对性和适应性。

二是探索设立驾机通用卓越航海人才试点专业,培养适应未来智能船舶和公司管理的全职能型高级海员。由海事主管机关、学校、企业共同研究制订驾机通用人才适任考试和发证办法,在校期间完成 3.5 年驾机双职能岸上教育和 6 个月船上培训,毕业后完成商船甲板和机舱各 6 个月船上实习并通过操作级综合评估后获得驾机双职能操作级适任证书。

三是改革教学评价体系和教师考核制度,落实人才培养中心地位。特别是综合性大学,建议进一步完善教学评价体系,改革教学评价模式,评价的重点由“评教”转变为“评课程设计”(以“两性一度”为标准)和“评学习成果”;同时改革教师考核制度,在建立科学的教学评价体系的基础上,将课程建设的成果作为重要成果指标纳入职称评审和聘期(或年度)考核体系。

4. 调整用人模式,探索建立新型海上劳动关系

建议船东组织与主管机关和海员工会合作,研究起草专门适用于海员用工的、包括实

习生培养在内的固定期限劳动合同或服务协议,供招募实习生时由实习生与船公司双方(或实习生、外派企业和船公司三方)签订,同时完善涉及海员用工的劳动仲裁、失信通报和劳务市场黑名单制度,保护海员和企业双方的合法权益,逐步建立航运企业长期培养和使用高级海员的新型海上劳动关系。

第二节 轮机工程专业简介

轮机工程是一门普通高等学校本科专业,属交通运输类专业,基本修业年限为四年,授予工学学位。轮机工程主要研究的就是船舶上所有机电设备和动力装置如何制造、运营、维护和检修。该专业主要分为两个方向,一是海上轮机的管理,主要是船舶平常的维护和检修;二是船舶制造,主要是进行造船机舱的设计等。

一、发展历史

从船舶技术的发展历史看,作为船舶心脏的轮机已经历了几代沿革。从船舶蒸汽动力到内燃机与涡轮机,以及与信息、环境、自动控制技术高度结合,不仅推动了世界航运业的发展和世界经济一体化的进程,更促进了多领域交叉融合的二级学科轮机工程的发展。

1963 年,经国务院批准,由国家计委、教育部共同修订的《高等学校通用专业目录》中,轮机管理为工学运输类,专业编码为 011309。

1989 年,在国家教育委员会高等教育二司公布的《普通高等学校本科专业目录及简介》中,轮机管理驶为工学运输类,专业编码 1802。

1998 年,全国普通高等学校本科专业目录修订和调整后,原轮机管理(专业代码:081705)更名为轮机工程(专业代码:081206)。

2012 年 9 月 14 日,在教育部发布的《普通高等学校本科专业目录(2012 年)中》,轮机工程专业编号更改为 081804K。

2020 年 2 月 21 日,在教育部发布的《普通高等学校本科专业目录(2020 年版)》中,轮机工程为工学专业,属交通运输类专业,修业年限为四年。

二、培养目标

轮机工程专业培养具有良好的工程技术、文化素养和高度的社会责任感,较好地掌握轮机工程领域基础理论、专门知识和基本技能,富有创新精神、创业意识和实践能力,具备国际化视野,能够在轮机工程领域从事规划设计、技术开发与运用、运行管理、运营组织和经营管理等工作,以及在教育、科研等部门从事相关工作的高素质专门人才。

本专业学生主要学习船舶动力装置及辅助装置、船舶电力系统与电气设备等方面的基本理论和基本知识,接受轮机设备操纵、维护与维修、技术管理、模拟器和实船训练等基本训练,具有操纵和维修船舶动力及辅助装置,履行船舶监修、监造职责的初步能力。

毕业生应具备以下素质、能力和知识。

1. 素质结构要求

思想道德素质:热爱社会主义祖国,拥护中国共产党领导,掌握马列主义、毛泽东思想、邓小平理论、"三个代表"重要思想、科学发展观和习近平新时代中国特色社会主义思想的基本原理;具有为人民服务,为中国共产党治国理政服务,为巩固和发展中国特色社会主义制度服务,为改革开放和社会主义现代化建设服务的志向和责任感;具有正确的世界观、人生观、价值观,具有敬业爱岗、诚实守信、热爱劳动、遵纪守法、团结合作的品质;具有良好的思想品德、社会公德和职业道德。

文化素质:具有一定的人文、艺术和社会科学知识,具有良好的人际沟通能力。

身心素质:具备健全的心理和健康的体魄,有一定的业余爱好,具有理性、开朗、易与他人合作共事的健全人格和良好风度;有较强的心理调节和承受能力,积极向上,沉着果断,能承受各种困难和挫折;具有一定的体育和军事基本知识,受到必要的军事训练,达到国家规定的大学生体育和军事训练合格标准,能够履行建设祖国和保卫祖国的神圣义务。

专业素质:具有从事工程工作所需的数学和其他相关的自然科学知识以及一定的经济管理知识,具备良好的专业英语能力,能够熟练、正确、规范地运用航海标准用语进行业务表达和交流;了解本专业领域的技术标准,熟悉船舶安全运输、海洋环境保护和船舶防污染等方面的国际公约和国内法律法规;具有扎实的工程基础知识、轮机工程和电气工程及其自动化方面的基本理论知识,了解轮机发展现状、前沿技术和发展趋势。

2. 能力结构要求

具有较好的组织管理能力、领导能力和服从意识,具有较强的交流沟通、环境适应和团队合作的能力;具有创新意识,掌握现代轮机工程等方面的基础知识,具有本专业领域科学研究和技术改造的初步能力;掌握文献检索、资料查询的基本方法,具备信息获取和职业发展学习能力;具有综合运用所学科学理论分析并提出解决问题的方案,并解决工程实际问题的能力;具有操纵船舶动力装置,实施轮机维护和修理,履行船舶监修、监造职责的初步能力。

3. 知识结构要求

具有良好的工程职业道德,强烈的爱国敬业精神、社会责任感和丰富的人文科学素养;掌握一定的军事理论知识,具备一定的军事素养;了解国内外历史、地理、宗教、法律和法规,具有一定的国际视野以及较强的人际交往和跨文化交流能力;具有良好的心理素质,有一定急救知识和救护能力,具有较强的海上求生能力,应变能力、心理调节和承受能力,具有应对危机和突发事件的初步能力;具有良好的质量、海洋环境保护、职业健康、安全和服务意识;符合 STCW 公约要求的知识结构要求。

三、课程体系

1. 总体框架

轮机工程专业课程体系按照通识类、学科基础类、专业类三类设置。人文社会科学类通识教育课程至少占总学分的 15%,数学和自然科学类课程至少占总学分的 15%,数学和自然科学类课程外的学科基础类、专业类课程至少占总学分的 40%。课程的具体名称、教学内容、教学要求及相应的学时、学分等教学安排,由各高校自主确定,同时可设置体现学校、地域或者行业特色的相关选修课程。

实践类课程在总学分中所占的比例应不低于 25%,注重培养学生的创新意识和实践能力。学生开展创新项目、发表论文、获得专利和自主创业等所获成果可折算为实践课程学分。

应构建轮机工程专业演示性实验、综合性实验、设计性实验等多层次的实验教学体系,其中综合性实验和设计性实验的学时应不低于实验总学时的 40%。

除完成实验教学基本内容外,可建设特色实验项目,以满足特色人才培养的需要。

轮机工程专业应根据人才培养目标,构建完整的实习(实训)、创新训练体系,确定相关内容和要求,多途径、多形式完成相关教学内容。载运工具运用和交通设备应用类专业应适当提高实习(实训)的学时比例,并加强工程训练的教学,以提高学生适应未来工作的能力。

轮机工程专业的毕业设计(论文)一般安排在第四学年,原则上为1个学期。

坚持"以学生为本"的原则,适当扩大公共基础课程与专业选修课程的比例,选修课程占总课程比例一般不低于15%。各高校可依据课程设置的实际情况设定。

在培养计划执行期内,针对轮机工程系统的发展变化,可对课程进行适当调整,但应保证课程体系的相对稳定。建议每4年修订一次培养计划,每年课程更新率不应超过总课程数量的10%。

2. 理论课程

(1)通识类知识

除国家规定的教学内容外,人文社会科学、外语、计算机与信息技术、体育、艺术等内容由各高校根据办学定位与人才培养目标确定。

(2)学科基础知识

公共基础知识主要包括数学、力学、经济学、管理学、系统科学以及轮机工程专业教育所需要的基础知识。教学内容应满足教育部相关课程教学指导委员会对工科类本科专业的基本要求,各高校可根据自身的人才培养定位调整提高相关教学要求。

专业基础知识主要包括工程制图、土木测量、机械基础、传热学基础、工程材料、电工电子、计算机应用技术、信息及自动化控制、通信导航、运筹优化、技术经济分析等知识领域。

(3)专业知识

轮机工程专业的课程须覆盖相应的核心知识领域,并培养学生将所学的知识应用于轮机工程系统实践中的能力。

轮机工程专业核心知识领域主要包括船舶动力装置及系统、船舶辅助设备、轮机测试与维修技术、船舶管理体系及防污染技术、船舶电子与电气技术、轮机监测与自动控制、轮机英语等。

各高校可结合自身办学特色设置一定数量的专业补充课程,传授国际化和前沿性的学科知识。同时根据学科、行业、地域特色及学生就业和未来发展的需要,强化学生的个性化发展。建议多采用工程实践案例教学,以拓展学生的知识面。紧密联系工程实际,构建更加合理和多样化的知识结构,形成各高校自身的专业特色和优势。

(4)核心课程

轮机工程专业核心课程体系示例

工程力学(72学时)、工程流体力学(36学时)、轮机工程材料(36学时)、工程热力学与传热学(54学时)、船舶柴油机(90学时)、船舶辅机(90学时)、轮机自动化基础(36学时)、轮机自动化(54学时)、船舶动力装置技术管理(72学时)、船舶电气设备及系统(90学时)、轮机维护与修理(54学时)、船舶防污染技术(36学时)、轮机英语(54学时)。

3. 实践教学

(1)主要实践性教学环节

主要包括专业类实验、实习、设计等,根据专业需要可进行必要的专业实训。

（2）实验

包括学科门类基础实验、专业基础实验、专业实验三个层次及课程实验、综合实验两个方面。实验主要类型包括演示性、综合性、设计性。应提高综合性和设计性实验所占的比例。

要求具备完整的实验大纲、指导书、任务书，学生按规范书写实验报告。鼓励有条件的学校设置相对独立的实验课程体系。

（3）实习

包括专业认识实习、生产实习、毕业设计（论文）实习。

①认识实习：目的是建立轮机工程系统的整体概念，了解轮机工程系统的构成要素、各部门之间的关系、各部门生产特点和运行特点。重点了解某一种或几种运输方式的设施设备、组织结构、工作流程、管理规范、运营管理内容及施工、运输现场技术发展趋势等。

②生产实习：深入轮机工程企业、规划设计咨询单位、技术装备制造企业、施工建设企业等进行，目的是使学生直接参与生产实践过程，得到应用基础理论和方法开展规划、设计、施工、生产、维修和运营管理等能力的锻炼。

③毕业设计（论文）实习：结合毕业设计（论文）题目和内容要求，了解轮机工程领域的实际问题，收集资料、准备数据和开展毕业设计（论文）内容的研究等。

各实习环节要求具备完整的实习大纲、实习任务书，学生按规范填写实习日志和实习报告。为保证实习环节的顺利进行，应建立相对稳定的校内外实习基地，密切产学研合作。

（4）设计

包括课程设计、毕业设计（论文）。毕业设计（论文）环节应与实践环节相结合。

①课程设计：针对课程目标，结合课程知识点，开展综合性设计，以加深对课程理论知识的理解和掌握。课程设计应密切结合实践，培养学生的实际动手能力和创新创造能力。要求具备完整的设计指导书、任务书，学生按规范完成设计内容，并具有规范化的评分标准。

②毕业设计（论文）：题目和内容应有明确的工程应用背景，坚持一人一题，工作量和难度适中，要求学生独立完成，使学生运用知识的能力和解决工程实践问题的能力获得显著提升。指导教师应引导学生完成选题、调研、查阅资料、需求分析、制订计划以及研究、设计、撰写等环节，使学生得到全面、系统的专业能力训练。指导的学生数量应适当，并保证达到规定的指导次数和指导时间。要求具备完整的毕业设计（论文）指导书、任务书和开题报告，学生按规范完成毕业设计（论文）内容，按程序进行毕业设计（论文）答辩，并具有标准化的评分标准。

（5）实训

需要有实训的专业，相关高等学校必须建有满足教学需要、相对稳定、具有相关行业资质的校内外实训基地。实训内容和时间应依据行业标准设定，并注重理论密切结合实践，全面、系统地培养学生的实际动手能力、职业素质和团队合作能力。指导教师的资质必须符合相关行业要求，指导实训的学生人数应适当。要求具备完整的实训大纲、实训记录和各阶段考核标准，同时制定切实有效的实训质量监控方案。鼓励学生利用各种教学和科研资源参加科学研究活动，支持学生参加相关专业的学科竞赛活动，提高科技创新能力。

四、教学条件

1. 教师队伍

（1）师资队伍数量和结构要求

各高校轮机工程专业应当建立一支规模适当、结构合理、相对稳定、水平较高的师资队伍，以满足专业教学需要。

新开办轮机工程专业至少应有 10 名专任教师，在 30 名学生的基础上，每增加 10 名学生，须增加 1 名专任教师。

教师队伍中应有学术造诣较高的学科或者专业带头人。专任教师中具有硕士及以上学位的比例应不低于 60%，35 岁以下专任教师必须具有硕士及以上学位，并通过岗前培训；具有高级职称的教师比例应不低于 30%。35 岁以下实验技术人员应具有相关专业本科及以上学历。

实验教学中每位教师指导学生数不得超过 15 人。每位教师指导毕业设计（论文）的学生人数原则上不超过 8 人。

由企业或行业专家作为兼职教师。

（2）教师背景和水平要求

从事本专业教学工作的教师，其本科和研究生学历中，应至少有 1 个为轮机工程专业，或有过不少于 1 年的专业培训。对有相关要求的专业，教师应取得行业岗位资质证书或培训证书，且其专业背景要与专业的教学研究方向相适应。专任教师必须具有高等学校教师从业资格（高等学校教师资格证书）。

从事专业课教学（含实践教学）工作的主讲教师，应每 3 年有 3 个月以上的工程实践（包括现场实习或指导现场实习、参与轮机工程项目开发、在轮机工程企业工作等）经历；一般应有一定数量的有企业工作经历的人员从事专业教学；从事本专业教学工作的主讲教师应有明确的科研方向和参加科研活动的经历。

（3）教师发展环境

各高校应建立基层教学组织，健全教学研讨、老教师传帮带、教学难点重点研讨等机制。

实施教师上岗资格制度、青年教师助教制度、青年教师任课试讲制度；制订青年教师培养计划，建立青年教师专业发展机制和全体教师专业水平持续提高机制，使青年教师能够尽快掌握教学技能，传承本学校优良教学传统。应加强教育理念、教学方法和教学手段的培训，提高专任教师的教学能力和教学水平。

2. 设备资源

（1）基本办学条件
轮机工程专业的基本办学条件参照教育部相关规定执行。

（2）教学实验室
基础课程实验室的生均面积、生均教学设备经费至少应满足教育部相关规定的基本要求。专业实验室应能满足本专业类培养计划实践教学体系所列要求。每种实验设备既要有足够的台套数，又要有较高的利用率。

实验室应建立设备使用档案、设备与实验的标准操作规程。有专人负责保管，定期进行检查、清洁、保养、测试和校正,确保仪器设备的性能稳定可靠。有存放实验设备、耗材的设施,有收集和处置实验废弃物的设施。

实验室应具备支持研究的能力,具有一定的课外开放时间,条件允许下应设立实验室基金。

(3)实践基地

必须有满足教学需要、相对稳定的实习基地。应根据学科专业特色和学生的就业去向,与轮机工程行业科研院所、企业加强合作,建立有特色的实践基地,满足相关专业人才培养的需要。

实践基地应制定实践管理制度并依据制度对学生进行管理。实践管理制度应包括教师选派、教学安排、质量评价等内容。实践单位应指定专门负责人并提供必要的实践、生活条件保障。

实践实习要有具体的实习大纲和实习指导书,有明确的实习内容,实习结束后学生应提交实习报告,据此给予实习考核成绩。

(4)基本信息资源

通过手册或者网站等形式,提供本专业的培养方案,各课程的教学大纲、教学要求、考核要求,毕业审核要求等基本教学信息。

(5)教材及参考书

专业基础课程中 2/3 以上的课程应采用正式出版的教材,其余专业基础课程、专业课程如无正式出版教材,应提供符合教学大纲的课程讲义。教材优先选用国家级或行业规划教材。

(6)图书信息资源

图书馆与相关资料室中应提供必要的轮机工程及相关学科的图书资料、刊物,刊物应包括轮机工程领域核心期刊,有一定数量的外文图书与期刊。

提供主要的数字化专业文献资源、数据库和检索这些信息资源的工具,并提供使用指导。

建设必要的专业基础课、专业课课程网站,提供一定数量的网络教学资源。

(7)教学经费

教学经费应能满足该专业教学、建设和发展的需要。

已建专业每年正常的教学经费应包含师资队伍建设经费、实验室维护更新经费、专业实践教学经费、图书资料经费、实习基地建设经费等。

新建专业应保证一定数额的不包括固定资产投资在内的专业开办经费,特别是应有实验室建设经费。

每年学费收入中应有足够的比例用于专业的教学支出、教学设备仪器购买、教学设备仪器维护以及图书资料购买等。

3. 质量保障

(1)整体要求

各专业应在学校和学院相关规章制度、质量监控体制机制建设的基础上,结合各自特点,建立教学质量监控和学生发展跟踪机制。

具有国际公约和国内法规要求的专业质量管理体系,应取得相应质量管理体系认证证书。

（2）教学过程质量监控机制要求

有保障教授给本科生上课的机制；有教学各环节的质量标准和教学要求；有专业基本状态数据监测评估体系，便于开展专业评估和专业认证；有专业学情调查和分析评价机制，能够对学生的学习过程、学习效果和综合发展进行有效测评；有以学生评估为主体的评教制度；有学习困难学生帮扶机制；有毕业生、用人单位、校外专家参与的研讨和修订专业培养目标、培养规格、培养方案的机制，使专业培养定位和规格不断适应学生和社会发展的需要。

（3）毕业生跟踪反馈机制要求

建立有毕业校友和用人单位对培养方案、课程设置、教学内容与方法进行征求意见及建议的机制、制度，通过对毕业生知识、素质和能力的调查与评价，不断改善人才培养质量。

跟踪反馈分析内容：毕业生在就业单位工作状况等表现以及就业状况分析；毕业生对在校期间专业课程设置、教师教学和就业工作的评价分析；用人单位对毕业生思想素质、专业技能的评价分析。

跟踪反馈调查形式：采取召开毕业生座谈会、由毕业生本人填写调查表、走访用人单位、网络调查和电话调查等多种形式。

（4）专业的持续改进机制要求

定期举行学生评教和专家评教活动，及时了解和处理教学中出现的问题；定期开展专业评估，及时解决专业发展和建设过程中的问题；吸纳行业、企业专家参与专业教学指导工作，形成定期修订完善培养方案的有效机制。

五、发展前景

1. 人才需求

中国是一个海洋大国，进出口贸易与日俱增，因此对高级海员的需求量增加。

2. 就业方向

轮机工程就业方向主要是海上方向轮机的检测、维修及控制和陆地船舶设计制造，就业行业主要分布在机械、重工、制造、海洋、进出口贸易、环保、建筑、军事等领域。就业单位主要有海事局、研究所、造船厂、船舶主机厂、海洋运输集团等。

3. 考研方向

轮机工程专业毕业生可报考动力工程及工程热物理、船舶与海洋工程、轮机工程、动力工程的硕士学位研究生。

第三节　船舶电子电气工程专业简介

船舶电子电气工程主要研究船舶电子电气设备的工作原理、构造、设计等方面的基本知识和技能，涉及电气技术、电子技术、控制技术、计算机控制及其网络技术等领域，常用于船舶运输业进行海上作业。例如：海上设施的检验，通信器、导航仪等船舶电子电气设备的维修与养护等。

一、培养目标

船舶电子电气工程专业培养德、智、体等方面全面发展,满足国际海事组织 STCW 国际公约中规定的"电气、电子和控制工程""维护和修理"和"船舶操作控制和船上人员管理"等职能要求,具备船舶电子电气制造与维修知识,掌握现代船舶电子电气设备设计、制造、维修、检验及工程管理技术,能够从事船舶电子电气、电气工程及其自动化、计算机控制等领域设计、技术开发与运用、运行管理等工作的具有创新精神和实践能力的应用型高级工程技术人才。

二、培养要求

船舶电子电气工程专业学生主要学习电气技术、电子技术(包括电力电子、通信电子)、控制技术、计算机控制及其网络技术等基础理论,接受电工电子、信息控制及通信导航方面的基本训练,掌握从事现代船舶各项自动装置的维护、修理、设计和监造的基本能力。

毕业生应具备以下素质、能力和知识。

1. 素质结构要求

思想道德素质:热爱社会主义祖国,拥护中国共产党领导,掌握马列主义、毛泽东思想、邓小平理论、"三个代表"重要思想、科学发展观和习近平新时代中国特色社会主义思想的基本原理;具有为社会主义现代化建设服务,为人民服务,为国家富强、民族昌盛而奋斗的志向和责任感;具有敬业爱岗、艰苦奋斗、热爱劳动、遵纪守法、团结合作的品质;具有良好的思想品德、社会公德和职业道德。

文化素质:具有一定的人文、艺术和社会科学知识,具有良好的人际沟通能力。

身心素质:具备健全的心理和健康的体魄,有一定的业余爱好,具有理性、开朗、易与他人合作共事的健全人格和良好风度。有较强的心理调节和承受能力,积极向上,沉着果断,能承受各种困难和挫折。具有一定的体育和军事基本知识,受到必要的军事训练,达到国家规定的大学生体育和军事训练合格标准,能够履行建设祖国和保卫祖国的神圣义务。

专业素质:比较系统地掌握船舶电子电气设备的设计、制造、维修与检验所需的自然科学、工程技术的基础理论;具有独立获取知识、提出问题、分析问题和解决问题的基本能力及开拓创新的精神,具备一定的从事本专业业务工作的能力和适应相邻专业业务工作的基本能力与素质;具有较强的竞争意识、经济意识、服从意识和创新精神,具有一定的安全和环保意识;达到国家对大学(理工)本科外语要求,并具备较强的适应本专业需要的外语读、写能力及一定的听、说能力。

2. 能力结构要求

船舶电子电气工程专业毕业生应具备的通用基本能力和专业方面的能力,通用基本能力包括计算机应用能力、外语应用能力、信息检索能力、科学思维能力、初步的科学研究和实际工作能力、一定的创新创业能力。本专业毕业生应系统地掌握电子、电气、控制技术的基本理论和专业知识,受到现代电子电气工程师的基本训练,具备对现代船舶各种自动装置的维护和修理能力,具备应用电气技术、电子技术、控制技术、计算机控制及网络技术等知识进行设计与开发的基本能力;还应具有一定的社会交往与合作能力,具有较好的语言、文字表达能力。

3. 知识结构要求

毕业生应具备的通用知识、学科基础知识和专业知识等。通用知识包括所有公共必修课程。

毕业生应系统地掌握本专业领域的技术理论基础知识和专业知识。包括：

学科基础课：电路原理、模拟电子技术、数字电子技术、自动控制原理、电机与拖动、电气控制与 PLC、电力电子技术、微机原理及接口技术、C 语言等。

专业限选课：电子导航系统、船舶综合驾驶台系统、船舶电力拖动系统、船舶电站、船舶机舱自动化、船舶管理（电子电气）、GMDSS 设备、船电英语听力与会话、船舶局域网技术与应用等。

船舶电子电气工程专业毕业生应获得本专业领域的工程实践训练，具有较强的计算机和外语应用能力；具有本专业领域内某个专业方向所必需的专业知识，了解其科学前沿及发展趋势；具有较强的自学能力、创新意识和较高的综合素质。

三、学制与学位及主要课程

1. 学制与学位

基本学制：四年

授予学位：工学学士

2. 主干学科和主要课程

主干学科：电气工程、控制科学与工程

主要课程：电路原理、模拟电子技术、数字电子技术、自动控制原理、电力电子技术、电机与拖动、微机原理及接口技术、电气控制与 PLC、通信电子线路、传感器与检测技术、PLC 通信网络高级技术、船舶电力拖动系统、船舶电站、轮机自动化、通讯导航设备、船电专业英语、船舶动力定位等。

3. 主要实践环节

主要实践性教学环节：军事训练、专业认识实习、电气工艺综合实习、PLC 通信网络与组态训练、船舶电气设备维护及检测、综合实验、毕业实习、毕业设计（论文）等。

船舶电气自动化方向的职业资格证书：建议考取中、高级电工证。

针对船舶电子电气员方向，其限选实践环节：熟悉与基本安全训练、精通救生艇（筏）和救助艇训练、高级消防训练、精通急救训练、海船船员适任考试强化训练、船舶导航设备维护及检测、GMDSS 设备维护及检测、船舶航行教学实习等。

船舶电子电气员方向的职业资格证书：参加学校组织的国家海事局规定的培训与考试，可获得由海事局签发的"熟悉和基本安全培训""精通救生艇伐和救助艇培训""高级消防培训""精通急救培训"等合格证书；毕业时，通过国家海事局组织的船舶电子电气员适任证书统考并具备规定的海上资历后，可按有关规定取得船舶电子电气员适任证书。

四、发展前景

船舶电子电气工程专业学生就业面比较广，既可以面向航运企业就业，也可以面向陆上企事业单位就业。就业方向及岗位见表 7-14。

表7-14 船舶电子电气工程专业就业方向及岗位情况

序号	就业方向	就业岗位	职业发展前景
1	船舶运输行业	电子电气员	远洋船舶锻炼1年后可担任电子电机员;2~3年后可转岗至陆上发展,从事机电技术管理工作
2	船舶修造行业	电气工程师	企事业单位锻炼2~3年后,可担任机电主管
3	船舶设备行业	电气工程师	
4	海事局等其他事业单位	工程师	
5	海警	电气工程师	
6	电气自动化类企业	电气工程师	

第四节 职业规划

航海类专业主要指航海技术、轮机工程、船舶电子电气工程等本科及大中专科专业。以上专业主要开设院校(不包含培训中心、机构及公司)如下:

东北地区:大连海事大学、大连海洋大学、渤海大学、大连职业技术学院、渤海船舶职业学院、大连装备制造职业技术学院、大连航运职业技术学院等。

华东地区:上海海事大学、宁波大学、上海海事职业技术学院、浙江交通职业技术学院、烟台大学、浙江海洋大学、浙江海洋学院、江苏海事职业技术学院、浙江国际海事职业学院、青岛远洋船员职业学院、青岛海运职业学校、山东交通学院、南通航运职业技术学院、南京交通科技学校(原南京海员技术学校)、山东海事职业学院、青岛港湾职业技术学院、滨州职业学院、威海职业学院、烟台海员职业中等专业学校、山东交通职业学院和日照航海工程职业学院等。

华北地区:天津理工大学、天津海运职业学院、河北交通职业技术学院、河南交通职业技术学院、新乡职业技术学院、沧州海事学校、秦皇岛兴荣海事中等职业学校、唐山海运职业学院。

西北地区:延安职业技术学院。

西南地区:重庆交通大学、四川交通职业技术学院。

华中地区:武汉交通职业学院、武汉理工大学、武汉航海职业技术学院、湖北交通职业技术学院、武汉船舶职业学院等。

东南地区:集美大学、泉州师范学院、泉州海洋职业学院、福建船政交通职业学院、福建航运学校、厦门海洋职业技术学院等。

华南地区:广东海洋大学、广州航海学院、广东交通职业技术学院、广东省海洋工程职业技术学校、北部湾大学、广西交通职业技术学院、海南热带海洋学院、海南科技职业学院等。

一、职业规划

根据中国职业规划师协会的定义,职业规划是对职业生涯乃至人生进行持续的、系统的、计划的过程,它包括职业定位、目标设定和通道设计三个要素。职业规划(career planning)也叫"职业生涯规划"。职业生涯规划的好坏可能将影响整个生命历程。

喜好原则：只有面对自己真正喜欢的事情，才有可能在遇见强大竞争者的时候仍然不惧坚持，在遇到极其困难情况时不轻言放弃，在面对巨大诱惑的时候也不会轻易动摇。

擅长原则：做自己擅长的事，才有能力做好、解决好具体的问题，同比才可能做得比别人好，才能在竞争中脱颖而出。

价值原则：个人认可事情足够重要，值得自己去做，否则个人再有能力也不会有幸福感。

发展原则：首先要有机会去做，有机会做了还要有足够大的市场，足够大的成长空间，这样的职业才有前途。

本章节主要从航海类专业毕业就业方向、学历提升以及从事海员后上岸转行等方面进行简单介绍，仅供参考。

二、航海类专业就业方向

1. 就业方向：海员

大部分航海院校的培养目标即是当海员，航海院校的毕业生在考取大证适任证书之后经实习期之后即可任职高级船员。大多数海事院校科班出身的学生会选择考取甲类三副、三管轮、电子电气员适任证书。根据《2020版海船船员适任考试发证规则》(20规则)的规定，四大航校(大连海事大学、上海海事大学、武汉理工大学、集美大学)通过了航海类教学质量评估，国家海事局即认可对应学校的学科理论成绩，其航海类毕业生不需经上述的大证考试，取得毕业证即可申请二副、二管轮、电子电气员适任资格(先见习，然后参加实操评估，通过后即可发证)。

（1）晋升路线

①航海技术：三副→二副→大副→船长。

②轮机工程：三管轮→二管轮→大管轮→轮机长。

③船电专业：电子电气员(起步即为二副待遇，后期船上晋升空间相对小)。

（2）发展趋势

①长期上船优势：航海＝轮机＞船电

②短期上船优势：船电＞航海＝轮机

目前截至2022年3月份，受国内外疫情影响，航运市场中国际和国内船员都相对比较紧俏，因此，各职务船员工资都有大幅度的上涨。

优势：花费开支少，待遇高，除此之外一般学校有政策，对上船达2～3年的，可以免除或返还一半的学费(中西部地区和艰苦边远地区基层单位就业的高校应届毕业生实行学费补偿、国家助学贷款代偿等)；休假时间长，上船时间为6～8个月，其余时间可以休假，这可能也会转换为劣势。

劣势：晕船、风险大(包含疫情各类情况)、人员少，工作强度大、劳动环境差，生活枯燥、与外界交流存在困难，但是伴随着船舶网络信息化的普及，这些情况正迅速得到解决。

2. 就业方向：海事局

中国海事局(China MSA)，对外称中华人民共和国海事局，对内称交通运输部海事局(China MSA)，是中华人民共和国交通运输部的直属正司级行政单位，实行垂直管理体制，从上至下分四个层级,分别是中国海事局、省级直属海事局、分支海事局、基层海事处。各级海事局在职权范围内履行水上交通安全监督管理、船舶及相关水上设施检验和登记、防止船舶污染和航海保障等行政管理和执法职责。海事局工作人员授海事衔。

交通运输部海事局成立于 1998 年 10 月,是交通运输部海事主管机构,机关驻地位于北京市东城区建国门内大街 11 号。

海事局国考:每年 12 月左右,和全国国家公务员考试统一进行,考试科目为行测和申论两门(一般需要英语四级及以上)。类似的,还有珠江航务管理局等交通运输部直属公务员单位可参加考试。

海事局事业单位(后勤保障中心)、交通运输部各航海保障中心等:每年 3—5 月,考试科目为职测和综合两门(以公告为准)。其中交通运输部各航海保障中心是交通运输部直属事业单位,包括北海航海保障中心、东海航海保障中心和南海航海保障中心,下属的事业单位包括航标处、测绘中心、通信中心等。

海事局每年都有招考,应届毕业同时具备适任资格证(就是通常说的"大证")就比较容易"上岸"。

海事局国考专业优势:航海=轮机>船电。

海事局事业单位专业优势:航海=轮机=船电。

海事局优势:社会地位高、认可度好、工作稳定。

海事局劣势:国考无绩效,工资较低,部分工作地相对偏僻等,很多事业单位的待遇比公务员的高。

3. 就业方向:航道救捞等(国)企事业单位

救助局、打捞局、航道工程局(国企)、中交航道局(国企)、中国极地中心、引航站、广州地质海洋调查局、广州铁路局(国企)、东海水产研究院等,这类单位属于国企或事业单位,但是这种还是以水上工作为主,与机关事业单位有所不同。

这类国企事业单位每年在各大航校都会有大四宣讲会直接招录,长江海事局引航站每年定向到四大航校招录 5~10 名事业编制引航员,例如打捞局、极地中心、广州地质海洋调查局等很多是直接面试给编制。船电轮机可以选择到广州打捞局其下属的修造中心工作,航海等专业也可以参加救捞局的直升机飞行员选拔,最近在 2020 年招录过一次。

其中,引航站招聘引航员分两种:一种是直接在航海类院校招聘应届毕业生,毕业后到单位报道后,去上船做到二副,再在引航站通过见习和考试等逐步晋升到各级别引航员;另外一种是直接面向船上船员招聘,一般是二副、大副以上才能参加相应的招聘,同样需要参加相应的事业单位考试。

优势:招录自由,国家公职人员编制,虽不是机关,但仍有一定社会认可度;工作时间一般是工作 2~3 个月,休息 1 个月;离岸近,网络通信方便等。

劣势:以水上工作为主,部分事业单位为自负盈亏,三副、二副、大副以及船长的工资差距没有远洋明显。

4. 就业方向:港航船检地方单位

在每年的省考和事业单位招考中,例如渔政执法总队、交通运输局、港航事务中心、水务所等,都有航海、轮机、船电及其专业的招考,特别是船检局,对船电专业相对青睐,例如安徽 2021 年各市船检局对轮机船电进行了大量招募,部分省份的渔政执法总队也会在省考中招聘航海类学生,但是招考的岗位比较少。

此类事业单位一般是非船上岗位,比如某市港航事业发展中心、海上应急服务中心、地方航道局、三峡通航管理局、内河船闸处等。

地方对口的事业单位会直接招聘到相关专业,航海类专业一般属交通运输类和海洋工程类。

5. 就业方向:职业教师

很多人误以为航海类不能像师范毕业生一样从事教师工作,其实不然,可以在校期间或进入工作院校单位后考取高校教师资格证,每年都会有大、中专职业院校招募航海类专业教师。

此类教师有:航海类大、中专类院校,其中有民营的,也有国有的(需参加笔试,一般为控制数编制),应届毕业生一般只能参加中专类院校的招聘,具有高级职务的在职船员可以有相对更高的院校招聘岗位。

优势:社会地位高,工作稳定,工作量少。

劣势:招聘给的编制较少。

6. 就业方向:军队文职

军队文职每年4—5月会在军队人才网发布公告进行招聘,对于航海类专业招生也是非常多。所招毕业生一般到海军、海警部队里当教员助理,轮机船电专业毕业生则是进行舰艇维修等。

优势:招录岗位多,福利待遇好,社会认可度高。文职人员工资构成包括基本工资、津贴、补贴等,与现役军官基本相当,总体上高于地方同类人员。例如试用期内工资津贴标准:应届高校毕业生中,大学本科为 7 200 元,硕士研究生为 7 600 元,博士研究生为 8 500元;社会人才中,大学本科为 7 600 元,硕士研究生为 8 000 元,博士研究生为 9 000 元。

7. 就业方向:直招士官、军官

直招军官 2018 年军改停招了两年,从 2021 年开始又继续招录,海军和海警招录航海类军官,入伍直接给予少尉军衔,这类一般只针对双一流高校(即大连海事大学、武汉理工大学等),故此 2021 年直招军官航海类没有招满。

直招士官,就是根据部队需要,面向社会从各级各类学校毕业生中直接招收具有特定专业或技能的适龄青年,直接到部队当士官,入伍后起步工资 5 700 元左右,而正常情况下,需要当两年义务兵之后才能取得士官职级。

考虑到海事院校航海类专业的身体素质整体较好,相对毕业直接上船,直招士官也是比较好的职业发展之路。一般航海类士官分配到海军或武警海警部队担任技术士官。专业对口、充实基层、招用一致、保障重点,是士官招收工作的原则。

各阶段士官服役年限和月工资一般为:

下士 3 年,月工资 5 600 元左右;

中士 3 年,月工资 7 000 元左右;

上士 4 年,月工资 8 200 元左右;

四级军士长 4 年,月工资 9 200 元左右;

三级军士长 4 年,月工资 10 400 元左右;

二级军士长 4 年,月工资 12 000 元左右;

一级军士长可服役至退休,月工资 13 000 元左右。

招收士官首次授予军衔,比照同年度部队选取的士官进行,其中招收的普通高等学校毕业生,其大学在校就读的四年视同服现役时间。本科毕业生入伍后授予下士军衔,服役满 1 年后授予中士军衔。高职(专科)毕业生入伍后授予下士军衔,服役满 2 年后授予中士军衔。

8. 就业方向:陆上航运就业

(1)港口调度员、监工等,中国的港口多,很多岗位招聘航海技术、海事管理等专业。此岗位类似岸上的机场岗位,一般需要白、夜两班倒,工资随着工龄会涨。各个沿海城市的港口集团一般是国企,具有五险一金,福利待遇比较好。

(2)船舶研究所、解放军军械所、船厂(私企、国企军工)招聘轮机船电专业的岗位较多,国企的中船研究所一般研究生起步,也有招聘本科生的。比较有名的船厂有沪东中华集团和江南造船厂,这两个是造航母军舰的,岗位有研发设计助理、一线员工等,岗位不一,待遇和情况也不同。

三、航海类专业学历提升

1. 考研

(1)报考综合性院校,主要包括:大连海事大学、武汉理工大学、上海海事大学、上海交通大学、哈尔滨工程大学、海军工程大学、天津大学、西北工业大学、大连理工大学

(2)报考研究院所,主要包括:中国舰船研究院、中国舰船研究设计中心、中国船舶科学研究中心、哈尔滨船舶锅炉涡轮机研究所、上海船舶设备研究所、西安精密机械研究所、天津航海仪器研究所、中国船舶及海洋工程设计研究院、武汉数字工程研究所、宜昌测试技术研究所、上海船用柴油机研究所、武汉船用电力推进装置研究所、郑州机电工程研究所、杭州应用声学研究所、江苏自动化研究所、华中光电技术研究所、邯郸净化设备研究所、武汉第二船舶设计研究所、武汉船舶通信研究所、扬州船用电子仪器研究所、南京船舶雷达研究所、洛阳船舶材料研究所、上海船舶电子设备研究所、大连测控技术研究所等。

这些军工研究所报考人员比较少,每年都有大量调剂。

军工研究所优势:

一是招收调剂名额均为国家招生计划内的全日制学术型硕士研究生,毕业后可根据培养单位规定进行双向选择就业或定向分配(包分配)。

二是硕士研究生学制为 2.5 年,第一年学位基础课在合作的双一流大学代培(中国船舶集团有限公司第七一一研究所(中船 711 所)即在上海交通大学上课),第二年起返回培养单位在导师指导下进行学位论文研究。

三是按培养单位政策,研究生在学期间免交学费、住宿费,并享有生活补贴、科研补贴和奖学金等。

2. 出国留学

轮机学生可申请专业按照相关度递减,顺序如下:轮机相关类(marine technology)、海事管理类(marine management)、机械类(mechanical engineering)、电气工程类(electrical engineering)、能源与动力工程类(engery and power engineering)、土木(civil engineering)、交叉学科(interdisplinary)、其他。

轮机相关专业国外值得申请的(以涉海为主的)涉海专业学校(学院)有:

加州海事学院(The California Maritime Academy)是美国可授予学位的 7 所海事类高等院校之一,学校设有国际商务与物流、设施工程技术、世界研究与海事事务、海事工程技术、海事运输和机械工程等专业。如果想继续在海事类院校深造和开阔视野,轮机专业的学生可以根据自身情况考虑申请该校的船舶运输(Marine transportation),轮机工程技术(Marine engineering technology),海洋学(Oceanography),国际商业和物流(International Business and Logistics),全球研究和海事(Global Studies and Maritime Affairs)等方向。该校有运输与工程管理理学硕士(Master of Science in Transportation and Engineering Management),是针对上船几年后想回陆地工作的轮机新人量身定制的且完成在线相关学习即可。

麻省海事学院(Massachusetts Maritime Academy)的历史超过了 100 年,设有众多本科和研究生专业,包括应急管理、设备工程、国际海运业务、海洋工程、海事安全与环保、海洋运输等,研究生要求雅思 6.5,需提供两份推荐信和一份成绩单,该学院的海事企业管理理学硕士(Master of Science in Maritime Business Management)比较适合轮机(及航海)专业申请。

华沙海事学院(Warsash Maritime Acadamy)是英国著名的海事院校。雅思要求 6.5 分,托福要求 92 分,有国际海运业务(International maritime business)、国际航运和物流(International shipping and logistics)、国际贸易和海事法(International trade and maritime law)等申请方向,如果想去英国,推荐考虑。

纽约州立大学海事学院(The State University of New York-Maritime College)有一个国际运输管理(International Transportation Management (ITM))和海事和海军研究(maritime and naval studies)的硕士项可以考虑,要求两份推荐信和 250 字的个人陈述。ITM 还另外明确要求一页简历,托福要求 79 分以上。

德州农工大学的海事学院(Texas A&M Maritime Academy)以培养美国海岸警卫队(United States Coast Guard(USCG))的船员为主要目标,并不一定适合本来就不想上船的轮机船员,这里之所以列出主要是该校实力强大,硕士项目选择丰富,值得考虑留学的全面了解,该校的船海也很不错。

其他的还有美国商船学院(US Merchant Marine Academy)、大湖海事学院(Great Lakes Maritime Academy)、托莱多海事学院(the Maritime Academy of Toledo)、缅因海事学院(Maine Maritime Academy)、中大西洋海事学院(Mid-Alantic Maritime Academy)等,具体信息可以去官网详细了解。

四、船员上岸就业指南

对于航海类毕业生毕业后选择上船工作的准船员,可能经常会面临要不要上岸、何时上岸、怎么上岸的问题。

也有很多人一直很纠结,不知道应该怎么选择。其实,做海员是一种选择,不做海员也是一种选择。

选择总有得到和失去,当忍受不了失去的部分的时候,换另一种选择也未尝不可。

只是在做决定前想清楚,哪一部分对于当下的你更为重要,比如,更需要赚钱,更想晋升到船长、轮机长等高级职务时,就选择跑船;觉得家人朋友、自由的生活更重要,就选择上岸。

没有所谓最好的选择,只是基于当下的你,更想要什么。

1. 继续从事航海相关工作

（1）相关国家机关事业单位。包括海事局、渔政、海关、打捞救助局等相关单位。

（2）航海类教师。一般来讲，大专以上学历、具有三副三管以上职务，可任职航海类中职院校教师；本科及以上学历、大副及船长以上可任职大专院校教师，部分学校对学历并无太高要求。

（3）引航员。在港口上任职，必须船长大副以上资历，分一、二、三级引航员和助理引航员四个等级。担任一、二、三级引航员者必须具有一定年限引航经历，并经正式考试合格，到得相应的引航员证书。

（4）验船师。在船厂工作，从事船舶检验（包括图纸审查、船用产品及集装箱检验），须取得适任证书。

（5）代理。在船务管理公司任职，一般在沿海城市工作。船代是船公司的代理，货代是货主的代理。

（6）船舶机务/海务管理。船舶机务管理任职要求较高，一般要求有丰富经验的高级船员，资历尚浅者可从机务助理做起。海务要求大副、船长以上，主要工作有岸上和船上人员交接、货物交接、生活物品交接等。

（7）一级/二级建造师。如果学历是大专及以上，专业学的是船舶工程技术、机电工程等相关专业，可以报考二级或一级建造师资格证书。

（8）游艇驾驶。要取得游艇驾驶证书，须报名参加专业培训（包括理论培训、模拟训练、实际操作）后参加当地海事部门组织的考试取得适任证书。

（9）航海相关互联网公司。如航运e家、航运在线等相关互联网公司，不定期有各类岗位招聘，比如培训咨询师、派遣员、运营等，有相关专业或船舶工作经验会是工作优势，可以在平时多关注这类公司微信公众号或者前程无忧、boss直聘等App上的招聘信息。

总而言之，选择跟航海相关的工作，上岸转行会相对容易一些，船上的资历和工作经验也会有一定帮助。

2. 从事非航海类相关工作

有人说，当船员已经够苦了，下了船，再也不想碰这一行了，跨行业的工作肯定比航海相关的起步更难一些，但是如果你已经下定了决心，就认准脚下的路，一步一个脚印，勇往直前。

如果有大专及以上学历，很多工作都可以试试，选一个自己感兴趣的行业或者职业，比如互联网、房地产、金融、教育培训、餐饮业、物流业等。

如果觉得自己性格比较内向，不擅长沟通，也可以考虑学一项专业技能，比如程序员、设计师、新媒体运营等；或者往上继续深造，跨专业考研，就业方向会更多一些。

如果是大专以下学历，可以尝试一些学历门槛相对较低的工作，比如销售类，业绩压力大，但是做得好薪资也很可观，比如汽车销售、房产销售/中介、保险销售、教育培训招募等。

也可以学一门技术，比如理发、装修、电焊、模具、汽车修理等，从学徒做起，以后也可以自己创业开店经营，或者开超市之类，但是创业有风险，要考虑周全，多做准备。

还可以尝试做当下热门的自媒体，比如抖音、快手、公众号等，像抖音80万粉丝的某账号，就是从船员转行到岸上的成功案例，还有些海员也会在抖音上分享船员英语如何学习等，也吸引了很多粉丝。

还有一些几乎没有门槛的工作,比如滴滴司机、外卖员、快递员等。

从长期发展来看,需要选择一个有发展前景的职业,如果只是短期找不到合适的工作又需要赚钱,可以考虑例如外卖员和厨师学徒等,选择学徒可以一步步做到大厨,以后甚至可以自己开个小餐馆,但是外卖员几乎就没有什么上升空间。

3. 上岸的最佳时机

选择上岸的时间,其实主要和个人情况相关,如果不打算长期上船工作,就可以多留意岸上的工作,有合适的机会就下船。

如果家庭经济负担比较重,要还房贷车贷,可以多在船工作几年,做到管理级、大副、大管或船长、轮机长,此时再选择转行到岸上,选择航海相关工作,机会更多,虽然薪资待遇可能和跑船没法比,但因为专业度和资历够高,在岸上也能找到一份相对稳定的工作。

4. 上岸前的准备工作

一方面是心理上的准备。长时间在船工作,与岸上的工作和生活会有一定脱节,需要时间去自行调整、适应。

在薪资待遇这块,也要想清楚,岸上的工资水平很难和船上相比,表面看起来,船上工作又脏又累,但是在岸上的工作压力一点也不小,工资还低很多,这个时候就要接受这种心理落差。

又想工作轻松,又想工资高是很难的,如果实在过不了这个坎,那就回去继续上船工作。

一方面是职业上的规划。在转行之前要有清晰的规划。你准备在什么行业发展?你的优势和劣势在哪里?你的第二选择又是什么?

在选择第一行业和第二行业的时候尽可能有一些相关性,毕竟人生能闯荡的时间是有限的,这样在第一选择不是太顺利的时候可以转到第二选择,才不至于太突然。

如果实在不知道如何选择职业,有一个方法可以帮助你做参考,百度"MBTI 职业性格测试",通过测试了解自己的性格适合哪种职业方向。

总之,船员想改行,建议要么趁年轻,义无反顾,不要有什么等两年再看看的优柔寡断,而应该时刻留意合适的岸上就业机会,瞄准机会就行动;要么就是在做船员期间刻苦钻研业务,练就本领,凭自己的经验和资历做敲门砖,到陆地上找一份船舶相关的好工作,学好英语也会是加分项。

而且,一定得放弃拿高工资的心理,学会去适应岸上的生活节奏,这样上岸的工作之路才会更加顺畅。

(以上信息由船员信息(2022-03-26)港对海事海巡在线、航运 e 家相关信息进行整编。)

思政一点通

中国航海日与世界海员日

2005 年 7 月 11 日,是值得航海人永久纪念的日子:600 年前的这一天,伟大的航海家郑和率领船队出使西洋,由此揭开了七下西洋的序幕;同时,这一天也作为中国首届"航海日"载入光辉的航海史册

2010年6月21—25日国际海事组织在菲律宾马尼拉召开国际海事会议,通过每年6月25日为世界海员日,鼓励各国政府及航运组织向海员致敬,感谢其对人类和世界的贡献。

党的十八大以来,习近平总书记多次在讲话中谈及海洋强国建设,我们要关心海洋、经略海洋、保护海洋,深耕蓝色国土,建设海洋强国。习近平总书记高度重视海洋事业发展,强调"推动海洋强国建设不断取得新成就";要求"像对待生命一样关爱海洋";提出"海洋命运共同体"重要理念。

海洋是我们赖以生存的"第二疆土"和"蓝色粮仓",海兴则国强民富。海洋事业关系民族生存发展状态,关系国家兴衰安危。从古代开始,我们就有"舟楫为舆马,巨海化夷庚"的海洋战略,如今海洋更是可持续发展的"蓝色引擎"、高质量发展的"战略要地"。中国是一个海洋大国,海洋面积相当于陆地面积的三分之一。党的十九大报告提出"坚持陆海统筹,加快建设海洋强国"的发展目标,近年来我国海洋工程装备、海洋可再生能源等新兴产业蓬勃发展,成为新的经济增长点。蛟龙号见证"中国深度";"蓝鲸2号"创造了产气总量和日均产气量两项世界纪录;2019年全国海洋生产总值超过8.9万亿元,比上年增长6.2%……我国海洋事业总体上进入了历史上最好的发展时期,在建设海洋强国的航道上,中国这艘巨轮风帆高扬、势头正劲。

望各位同学乘着"航海日"的东风,朝着振兴中国航运业的目标,扬帆,起航!海洋强国,经略海洋,积极投身于中国航海事业!

思考题

1. 阐述对轮机工程专业的理解。
2. 根据所学知识,做好自己的航海职业规划。

附录 A 国内部分航运企业简介

一、中远海运

中国远洋海运集团有限公司(以下简称中国远洋海运集团或集团)由中国远洋运输(集团)总公司与中国海运(集团)总公司重组而成,总部设在上海,是中央直接管理的特大型国有企业。

截至 2022 年 2 月 1 日,中国远洋海运集团经营船队综合运力 11 217 万载重吨/1 384 艘,排名世界第一。其中,集装箱船队规模 304 万 TEU/507 艘,居世界前列;干散货船队运力 4 339 万载重吨/426 艘,油、气船队运力 2 937 万载重吨/224 艘,杂货特种船队 514 万载重吨/160 艘,均居世界第一。

中国远洋海运集团完善的全球化服务铸就了网络服务优势与品牌优势。航运、码头、物流、航运金融、修造船等上下游产业链,形成了较为完整的产业结构体系。集团在全球投资码头 58 个,集装箱码头 51 个,集装箱码头年吞吐能力 1 151 万 TEU,居世界第一。全球船舶燃料销量超过 2 819 万吨,居世界第一。集装箱租赁业务保有量规模达 391 万 TEU,居世界第二。海洋工程装备制造接单规模以及船舶代理业务也稳居世界前列。

服务全球贸易,经营全球网络,中远海运集团以航运、港口、物流等为基础和核心产业,以航运金融、装备制造、增值服务、数字化创新为赋能和增值产业,全力打造"3+4"产业生态,致力于构建世界一流的全球综合物流供应链服务生态。

二、轮船招商局

轮船招商局创立于 1872 年,奠定了中国近代民族航运事业。招商局航运业务板块,属于招商局集团交通、金融、房地产三大核心板块中的交通板块业务,始终以保障国家能源运输安全、促进中国航运事业发展为己任。截至 2020 年 12 月底,招商局航运业务板块船舶总运力 347 艘(含订单),共计 4 553 万载重吨,在全球非金融船东中排名第二。

秉承招商局航运的百年基业,招商局能源运输股份有限公司(简称"招商轮船")于 2004 年成立,2006 年在 A 股上市,并以轮船招商局创始年份 1872 铸入其股票代码,寓意传承百年航运基业的新起点。招商轮船是招商局旗下专业从事远洋运输的航运企业。公司经营和管理着中国历史最悠久、最具经验的远洋油轮船队,是大中华地区领先的超级油轮船队经营者,也是国内输入液化天然气运输项目的主要参与者,拥有全球最大规模的超级油轮(very large crude carrier, VLCC)和超大型矿砂船(very large ore carrier, VLOC)船队,国内领先的液化天然气(liquefied natural gas, LNG)和滚装船队。经过多年发展,招商轮船形成了"油散气滚集管网"全业态的业务格局,主营业务涵盖油品运输、干散货运输、气体运输、滚装运输和集装箱运输,在船员管理和海外网点服务等方面独具优势。

招商轮船以全球卓越航运践行者为愿景,以"信行四海、通航五洲"为文化理念,向客户与市场承诺:为每一次信赖远航! 通过严格实施安全管理、积极打造特色船队,充分发挥资本市场功能、创新研究实践智能航运,招商轮船致力于用招商智慧塑造航运信赖,为建设具有核心竞争力的世界一流航运企业而不懈努力。

三、华洋海事中心

华洋海事中心(简称华洋)成立于1995年,秉承"求是、创新、追求卓越"的企业文化,坚持市场化、国际化、规范化发展,华洋已成为一家集航运全产业链经营和信息产业开发为一体的国有集团化企业。

坚持市场导向,以提升客户服务为宗旨,华洋在全国重点市场区域及新加坡等地成立了40余家投资机构,员工数量达800人,自有高级船员队伍超过4500人。华洋具备全球服务的网络快速响应能力,客户和合作伙伴遍及全球。构建有力协同的服务网络,是华洋实现精准客户服务,成就品牌价值的基石。

航运产业是华洋传统优势产业。通过对航运产业链各环节的有机协同,搭建了涵盖航运经营、船舶管理、船员派遣与服务、船员培训、船舶代理等细分业务的航运全产业链经营模式,为客户提供全方位解决方案。

信息产业是华洋着力发展的支柱产业。以软件外包服务发展起步,以客户需求为依托开发市场,积极研发自主知识产权产品,华洋为客户提供软件开发、信息系统集成及网站运营等综合信息服务。

作为负责任的企业公民,华洋一直致力于分享发展成果,与社会共同成长。华洋始终关注船员权益保障,提高中国船员的国际形象。践行低碳社会理念、推动社会主义新农村建设,华洋投入自有资金绿化小浪底库区千亩荒山,促进当地用工,有效改善了当地生态环境和经济发展水平。

四、中泉船务公司

中泉船务公司系中泉(集团)公司属下的全资国有企业,成立于1983年,主要从事国际海员的招募、培训、办证及外派全程管理。30多年来,公司艰苦创业,稳步发展,业务形成规模,常年向新加坡、日本、韩国以及欧洲等地的20多家船东公司提供高素质船员。中泉船员的特点是素质好、吃苦耐劳、敬业奉献、纪律性强。在国际航运界树立了"中泉船员"品牌形象。

在未来发展中,中泉船务公司要设立中泉国际船舶管理有限公司,实现公司从单一的外派海员劳务向海务、机务、船舶维修、船舶配员、提供安全航行等综合性业务的方向发展。要以安全为理念、以服务为责任,以创新追求,努力把公司建设成海峡西岸的航运配员中心、培训中心、信息中心和管理服务中心。为实现我国的"航运强国"和"海员强国"目标做出积极贡献。

五、北京鑫裕盛船舶管理有限公司

北京鑫裕盛船舶管理有限公司成立于2001年,总部设在北京,上海、武汉、深圳、南宁和日照设有分公司,大连、厦门设有办事处,上海、武汉、日照设有国际海员培训中心,是经交通运输部、商务部以及人力资源和社会保障部批准的,专业从事中国海员劳务派遣的人力资源服务供应商,致力于中国海员外派事业,是天津市船员服务行业协会副会长单位。中国船东协会成员、中国对外承包商会成员、中国外派海员协调机构成员;通过挪威船级社ISO9001:2015质量管理体系认证和ISO14001:2015环境管理体系认证。

北京鑫裕盛公司目前已拥有一支强大的船员管理团队,陆上在职员工300余人,其中具有丰富的航海与管理经验的管理级人员50余人。公司在船员的招募、培训、管理和外派运营等方面形成了一套完善的并符合国际船舶管理体系及中国海事局相关规定的运作机制,目前已拥有一支12 000余人的船员队伍,其中干部船员6 000余人,分别服务于各大散货、集装箱、油轮、特种船等船舶上。

附录 B　国内部分航海类院校简介

一、大连海事大学

大连海事大学源于 1909 年设立的邮传部上海高等实业学堂船政科。是交通运输部所属的全国重点大学,是国家"211 工程"重点建设高校、国家"双一流"建设高校,是交通运输部、教育部、国家海洋局、国家国防科技工业局、辽宁省人民政府、大连市人民政府共建高校。学校素有"航海家的摇篮"之称,是中国著名的高等航海学府,是被国际海事组织认定的世界上少数几所"享有国际盛誉"的海事院校之一。学校践行"学汇百川,德济四海"的校训,传承"坚定、严谨、勤奋、开拓"的海大精神,发扬"同舟共济、艰苦卓绝、科学航海、爱国为根"的海大传统,坚持航运特色,强化内涵发展,向着世界一流海事大学建设目标努力奋斗!

大连海事大学

二、上海海事大学

上海海事大学是一所以航运、物流、海洋为特色,具有工学、管理学、经济学、法学、文学、理学和艺术学等学科门类的多科性大学。办学历史可追溯到 1909 年晚清邮传部上海高等实业学堂(南洋公学)船政科,是我国高等航海教育的发源地。几经变迁,2004 年经教育部批准更名为上海海事大学。2008 年,上海市人民政府与交通运输部签订协议,共建上海海事大

上海海事大学

学。学校设有水上训练中心,拥有 4.8 万 t 散货教学实习船"育明"轮。学校以吴淞商船"忠信笃敬"校训根植于中国传统文化的土壤,是儒家思想精髓,"言忠信""行笃敬"是一个人立身行事的内在要求,也蕴涵了吴淞商船的精神追求与办学理念。致力于培养国家航运业所需要的各级各类专门人才,已向全国港航企事业单位及政府部门输送了逾 18 万毕业生,被誉为"高级航运人才的摇篮"。

三、集美大学

集美大学办学始于著名爱国华侨领袖陈嘉庚先生 1918 年创办的集美学校师范部和 1920 年创办的集美学校水产科、商科。1994 年,集美师范高等专科学校、集美航海学院、集美财经高等专科学校、厦门水产学院、福建体育学院合并组建集美大学。学校以"诚毅"为校训,坚持"嘉庚精神立校,诚毅品格树人",在海内外享有广泛声誉。在长期办学过程中,学校形成了航海、水产等面向海洋的学科专业特色和优势,航海教育在国内外有较大影响,是我国培养高级航海人才的重要基地,学校的教学实习船"育德"轮总载重达 6.4 万 t,是目前世界上最大的教学实习船。学校积极推进新时期教育对外开放,充分发挥面向东南亚、毗邻台港澳等区位优势,服务国家"一带一路"倡议。已与全球 100 余所知名大学和科研机构建立了友好合作关系,与国际海事组织(IMO)、国际海事大学联合会(IAMU)、国际航标协会(IALA)等开展学术交流与合作,是教育部(中国)留学服务中心战略合作伙伴单位,是经教育部批准较早具有招收台港澳、华侨学生和外国留学生资格的院校之一,是厦门市陈嘉庚奖学金和福建省政府来华留学生奖学金招生单位、福建省及集美区台湾青少年研学旅游基地、香港特区政府"青年内地双向交流计划"资助单位,是福建省首批"海外华文教育基地"。

集美大学

四、武汉理工大学

武汉理工大学是教育部直属全国重点大学,是首批列入国家"211 工程"和"双一流"建设高校,是教育部和交通运输部等部委共建高校。学校办学历史起源于 1898 年建立的湖北工艺学堂,学校经过长期的育人实践,铸就了"厚德博学、追求卓越"的大学精神,确立了"育人为本、学术至上"的办学理念。学校建有材料复合新技术国家重点实验室、硅酸盐建筑材料国家重点实验室、光纤传感技术国家工程实验室、国家水运安全工程技术研究中心等 40 个国家级和省部级科研基地,建有内河智能航运交通运输部协同创新中心、汽车零部件技术湖北省协同创新中心、安全预警与应急联动技术湖北省协同创新中心等 3 个省部级协同创新中心。

武汉理工大学

五、广州航海学院(广州交通大学(筹))

广州航海学院办学源于 1964 年,由于海上运输及抗美援越的需要,交通部决定由广州海运管理局负责创办广州海运学校;学院坚持"立德树人、学以致用、服务强校、特色发展"的办学理念,秉持"勤学 善思 厚德 求新"校训;立足广州,面向华南,服务广州国际航运中心建设和区域经济发展,积极为粤港澳大湾区和海洋强国建设贡献力量,努力建设特色鲜明的高水平应用型大学。2018 年,广东省委、广州市委明确以广州航海学院为基础筹建广州交通大学。2021 年 4 月,广州交通大学建设项目立项获广州市发改委正式批准。2021 年 5 月广州市政府公布的"十四五"规划明确提出:加快建设广州交通大学,打造高水平有特色的应用型大学。2021 年 5 月,学院获批成为广东省硕士学位授予立项建设单位。是国际海事组织认可的航海院校,我国华南地区航运业高级人才重要的培养基地,被誉为"航海家的摇篮"。

广州航海学院

六、广东海洋大学

广东海洋大学坐落于广东省湛江市,是国家海洋局与广东省人民政府共建的省属重点建设大学、广东省高水平大学重点学科建设高校、粤港澳高校联盟成员,入选卓越农林人才教育培养计划,是教育部本科教学水平评估优秀院校。学校的前身是创建于 1935 年的广东省立高级水产职业学校,2005 年 6 月 15 日更名为广东海洋大学。其海运学院(原航海学院)成立于 2001 年 8 月,位于海滨校区。现有骨干专业源自 1935 年创办的广东省立高级水产职业学校的渔捞科和轮机科,是华南地区具有重要影响力的航运人才培养基地。

广东海洋大学

七、山东交通学院

山东交通学院是一所以培养综合交通人才为办学特色的全日制普通本科高校,是山东省高等教育应用型人才培养特色名校立项建设单位,山东省与交通运输部共建高校。学校始建于 1956 年的交通部济南汽车机械学校。学校以工为主,"管、理"为支撑,以培养具有爱国主义精神、国际化视野,富有创新意识和实干精神的交通事业高级应用型专门人才为办学特色的高校。山东交通学院航运学院是山东省首家开展航海教育的本科院校。学院开设航海技术、轮机工程、船舶电子电气工程和海事管理 4 个本科专业。轮机工程为省级特色专业、省级一流专业、省高水平应用型重点立项建设专业(群)和省教育服务新旧动能转换专业对接产业项目核心专业;航海技术为省级一流专业、省特色名校工程重点建设专业、省高水平应用型重点立项建设专业和省教育服务新旧动能转换专业对接产业项目专业;船舶电子电气工程为省高水平应用型重点立项建设专业和省教育服务新旧动能转换专业对接产业项目建设专业。

山东交通学院

八、青岛远洋船员职业学院

青岛远洋船员职业学院成立于 1976 年,坐落于青岛市市南区,是一所办学特色鲜明、教育质量一流,文化底蕴深厚;集学历教育、在职培训、科技研发为一体的国有公办普通高校。学院隶属于中国远洋海运集团有限公司,教育行政管理隶属山东省,是一所面向全国招生的高等职业院校。学院前身为青岛海运学校。2021 年 8 月 13 日,校名确定为"中共中国远洋海运集团党校/中国远洋海运人才发展院/中国远洋海运研究院/青岛远洋船员职业学院",新校区于 2021 年 9 月 29 日正式启用。新校区按照打造"具有鲜明中远海运特色、世界一流水平企业大学"的总体要求进行规划建设,充分展示集团"全球最大航运企业、多项世界第一"的形象,未来形成"南有博鳌、北有青岛"的高端资源布局,把新校区打造成一个集党性锻炼、人才培养、科技研发、文化传承、战略助推、宣传展示等功能为一体,国际化、高水平的一流校区,成为全球企业大学的新标杆。

青岛远洋船员职业学院

九、江苏海事职业技术学院

江苏海事职业技术学院是江苏省人民政府批准建立的全日制高等职业院校,是中国特色高水平高职院校和专业建设单位、全国优质专科高职院校、江苏省示范性高职院校、江苏省高水平高职院校建设单位、教育部第一批示范性职业教育集团(联盟)培育单位。学校初创于 1951 年,其前身是 1951 年中央人民政府交通部和全国海员总工会创办的海员训练班和 1956 年长江航运管理局创办的南京河运工人技术学校。办学近 72 年来,学校几经更名、转隶、并校和升格,专业得到全面拓展,办学规模不断扩大,办学条件全面提升,内涵建设持续深化,先后培养出近 20 万名优秀校友,遍布全球,学校也被誉为"新中国优秀航运人才的摇篮"。

江苏海事职业技术学院

十、天津海运职业学院

天津海运职业学院源于 1962 年建立的天津市科学技术进修学院。2006 年 2 月,经天津市人民政府批准整体改制,成立天津海运职业学院,现隶属于天津市教育委员会。学院占地面积 976 亩,建筑面积 20 万余平方米,在校生一万余名。建院以来,学院坚持"百年办学、百年立校、百年树人"发展战略,内涵建设不断深化,办学质量不断提升,社会影响力日益彰显。学院是教育部和天津市政府共建"滨海新区航海运输技能型紧缺人才培养基地",

是国家海事局批准的船员培训机构之一,具有国际海事组织(IMO)承认的船员教育与培训资格,是规模最大、资质最全、功能最领先的海船船员学历教育和培训基地。目前,学院是天津市职业教育创优赋能高水平高职院校建设单位。

天津海运职业学院

参 考 文 献

[1]中国航海学会．中国航海史:古代航海史、近代航海史、现代航海史[M]．北京:人民交通出版社,1989.

[2]交通运输部海事局．中国海员史(古、近代部分)[M]．北京:人民交通出版社,2017.

[3]王杰,李宝民,邢繁辉,等．中国高等航海教育史略:1909—1953[M]．大连:大连海事大学出版社,2009.

[4]杨靳．国际航运经济学[M]．北京:人民交通出版社,2009.

[5]杜嘉立．船舶原理[M]．大连:大连海事大学出版社,2011.

[6]盛振邦,刘应中．船舶原理(上册)[M]．上海:上海交通大学出版社,2003.

[7]李斌．船舶管理(轮机)[M]．大连:大连海事大学出版社,2021.

[8]吴晓光．轮机概论[M]．大连:大连海事大学出版社,2015.

[9]陈海泉．船舶辅机[M]．大连:大连海事大学出版社,2015.

[10]陈立军,王涛．船舶辅机[M]．大连:大连海事大学出版社,2015.

[11]许乐平．海洋与港口船舶防污染技术[M]．北京:人民交通出版社,2010.

[12]吴宛青．船舶防污染技术[M]．大连:大连海事大学出版社,2020.

[13]张存有,李可顺,李伟．轮机业务概论[M]．大连:大连海事大学出版社,2021.

[14]"全国航海院校基本情况调查研究"课题组．中国航海教育的现状与挑战[J]．航海教育研究,2021,38(4):1-16.

[15]史春林,马文婷．交通强国建设视阈下中国航海教育国际化研究[J]．交通运输部管理干部学院学报,2019,29(4):38-41.

[16]赵希．中国航海教育的现状与思考[J]．航海教育研究,2007(2):8-10.

[17]王淑敏,朱成博．"一带一路"战略与中国航海教育立法[J]．航海教育研究,2015,32(4):1-5.